大宗面制品加工理论与实践

胡新中　马　蓁　著

科学出版社
北　京

内 容 简 介

本书在对国内外大宗面制食品加工与贮藏中的科学问题和实践创新进行分析讨论的基础上，较为系统地论述了我国传统大宗面制食品（面条、馒头、擀面皮、锅盔、馕）、新兴面制食品（方便面、全谷物、冷冻面制食品）及国外大宗面制主食品（面包、意大利面、披萨、乌冬面、日本拉面）的加工技术和工艺创新，并对其存在的问题和发展趋势进行了分析。本书属于谷物科学与技术研究领域，对谷物食品加工、贮藏、口感与营养、风味及面制食品文化进行了概括和总结，对了解新时期谷物食品产业面临的问题、挑战具有十分重要的参考价值。

本书适合食品科学与工程、粮食工程领域的科研人员、技术人员参考。

图书在版编目（CIP）数据

大宗面制品加工理论与实践/胡新中，马蓁著. —北京：科学出版社，2021.3

ISBN 978-7-03-067736-5

Ⅰ. ①大… Ⅱ. ①胡… ②马… Ⅲ. ①面食–食品加工 ②面食–食品贮藏 Ⅳ. ①TS213.2

中国版本图书馆 CIP 数据核字（2020）第 262254 号

责任编辑：陈 新 付 聪 闫小敏 / 责任校对：郑金红
责任印制：吴兆东 / 封面设计：无极书装

科学出版社 出版
北京东黄城根北街 16 号
邮政编码：100717
http://www.sciencep.com

北京虎彩文化传播有限公司 印刷

科学出版社发行 各地新华书店经销

*

2021 年 3 月第 一 版 开本：720×1000 1/16
2021 年 6 月第二次印刷 印张：14 1/2
字数：292 000

定价：128.00 元

（如有印装质量问题，我社负责调换）

前　言

小麦是重要的粮食作物，我国小麦总产量居世界首位，年产量约1.3亿t。小麦加工主要分为磨粉、面制食品加工两个环节。我国约72%的小麦用于磨粉，其中属于大宗面制食品的面条和馒头分别占39%和30%。面制食品作为人类最重要的主食之一，提供了人类摄入食物中50%的碳水化合物、35%的蛋白质和50%的维生素B。我国传统面制食品具有丰富独特的文化内涵，是长期经验的积累和智慧的集成，具有良好的风味、营养和安全性。我国传统面食文化源远流长，民间美食不胜枚举，深受消费者喜爱。究其原因，新鲜的原材料加上传统的加工工艺迎合了消费者追求特色风味的需求，值得我们总结和思考。

面制食品产业是我国食品产业的重要组成部分，也是发展最快的产业之一。传承与创新大宗面制食品，使其兼备营养性、方便性和健康功能，是保证我国传统面制食品不断满足现代消费者新需求的重要手段。然而，从目前我国传统面制食品产业整体发展来看，与国外同行或其他食品产业相比，小麦加工和面制食品适度加工的自动化与智能化制造水平落后，全麦粉生产水平和小麦副产物食品加工技术水平低及原料利用率低，导致行业整体经济效益较低，产业发展急需强有力的科技支撑。

本书共4章，第1章为大宗面制食品加工中的科学问题，第2章至第4章分别介绍了大宗面制食品的加工、新兴面制食品的加工、国外大宗面制主食品的加工。

本书比较全面、系统地总结了作者的研究成果及国内外大宗面制食品的发展趋势，书中引用了国内外大量的研究文献，既能反映国际谷物科学学科的发展动态，又能反映我国大宗面制食品研究的进展情况，在此向这些研究人员表示感谢。本书相关内容的研究工作得到了陕西省谷物科学国际联合研究中心、陕西传统面制主食品产业提升及示范、谷物食品科学与营养创新团队项目的资助；在试验研究和本书撰写过程中，董锐、闫喜梅、盛夏璐、朱蕊贞、刘雨、卜宇等投入了大量的时间和精力，在此一并表示衷心的感谢。

大宗面制食品加工是一个复杂的系统，涉及内容广，在理论研究和生产中还存在诸多尚待研究和深入探讨的问题。因此，书中不足之处恐难避免，敬请同仁和广大读者批评指正，以便今后我们在该领域取得更多的进步。

著　者

2019年6月14日

目　　录

第1章　大宗面制食品加工中的科学问题

谷物科学和食品科学是国际上紧密相关的两大学科，都是围绕人类必需的碳水化合物、蛋白质、脂肪三大营养素及维生素和微量元素进行深入研究，都朝着追求食物营养、卫生、安全、方便、美味的方向发展。高科技、高附加值产品的研究与开发已成为当今世界谷物科学和食品科学研究的重点。

小麦是重要的粮食作物，我国小麦总产量居世界首位，年产量约 1.3 亿 t。小麦籽粒中约含有 12%的蛋白质、69%的淀粉、14%的纤维素、3%的脂肪、2%的矿物质元素等。小麦加工主要分为磨粉和面制食品加工两个环节。根据《食品工业发展报告（2015 年度）》，我国约 72%的小麦用于磨粉（约 7000 万 t 面粉）后加工面制食品，其中面条制品占 39%（其中鲜面条 26%、挂面 10%、方便面 3%），馒头占 30%，饼子占 6%，包子占 4%，饺子占 1%，其他面制食品占 20%。可见，面条制品和馒头是我国的大宗面制食品（工业和信息化部消费品工业司，2016；魏益民，2015）。

面制食品是人类最重要的主食之一。它提供了人类摄入食物中 50%的碳水化合物、35%的蛋白质和 50%的维生素 B。面条分为两大类，即中华面条和意大利面条。中华面条和意大利面条在加工原料、加工技术、食用方式等方面均有很大差异。中华面条是以面粉（小麦粉、荞麦粉、大麦粉、米粉等）或杂豆（扁豆、豌豆、小豆）粉为原料，经过加水和面形成面团，面团再经压延、挤压，或搓、拉、扯、揪、拨等加工方法，形成的长条状、管状、片状或其他形状面制食品的统称（魏益民，2015）。意大利面条也称为通心粉，选用硬质小麦（杜伦小麦）粉经过挤压工艺加工而成。与国外的通心面、乌冬面相比，我国的传统面制食品存在质量标准体系不完善、需要加热食用而导致不能长时间保存、营养功能特性需要提升、附加值潜力还没有挖掘出来、加工工业化程度亟待升级、中华面条的内涵还没有充分释放等问题。

馒头是以面粉为原料，经酵母发酵和汽蒸制熟的面制食品。广义的馒头类食品包含蒸馍、包子、花卷、烙饼等发酵面制食品，馒头类食品是我国人民的传统主食品。我国每年馒头的消费量在 2100 万 t 以上，年产值 3000 亿元（刘晓真，2014）。馒头由于营养丰富、含水量大，很容易受到细菌和霉菌影响而腐败变质，在贮藏过程中由于水分散失导致淀粉老化。因此，发霉变质和淀粉老化都会缩短馒头保质期，而造成大量经济损失，严重制约着我国馒头主食工业化发展（刘长虹和韩旭，2009；钱平，2005），已引起国内外科学界的普遍关注。

我国大宗面制食品的加工关键技术和装备研发水平与欧美、日本等相比，差距正逐渐缩小。日本、荷兰、匈牙利、韩国以智能化、自动化加工为核心，其大宗面制食品和面、压延、切条等工序适度加工装备研发水平处于国际领先地位。欧美以营养化、稳定化为突破口，研发全麦粉及其食用品质改良加工新技术与装备，于20世纪90年代推动全谷物食品进入餐桌，早餐谷物加工关键设备产业化水平处于国际领先地位。日韩、欧洲等以方便、美味可口为产品新需求，研发小麦加工副产物的食品化利用新技术与新模式，值得我国系统学习。我国市场上全谷物烘焙类食品和早餐谷物食品发展迅速（分别占全谷物产品的42%、24%），但其技术水平（营养组分稳定化技术、加工专用装备方面等）和市场水平（相关法律法规不健全、市场接受度和认可度偏低）与欧美存在较大差距，还处于起步阶段。

根据角度不同，我国传统主食品生产中的关键科学问题有不同的关注点，现在主要就加工与贮藏过程中的科学问题进行分析，分述如下。

第一，食品加工适应性问题。

不同的原料具有不同的物理化学特性，从而适合于加工成不同的食品，反之，不同的食品需要特定的原料，这就是加工适应性，也是原料学的重要研究内容。随着加工精度的提高，谷物及豆类皮层富含的膳食纤维、籽粒结构中的胚被当成副产物而浪费，导致对人体有益的膳食纤维、矿物质、维生素等营养物质大量损失，针对这一现象，国际、国内提倡消费全谷物，以应对日益严重的现代文明病。但是，谷物食品因为富含膳食纤维，加工成的产品口感粗糙，消费者接受度差，所以需要从消费者的角度来了解全谷物和杂豆的加工适应性，提高杂粮、杂豆全谷物食品的口感，并进行工业化生产。

根据原料的品种、理化特性、加工特性和产品生产工艺与产品质量的相关性研究，确定各类食品的原料品质、加工工艺适宜性。我国全麦和全谷物面条与馒头、新兴全麦制品（冲调粉、谷物棒和全麦片）、多谷物食品等食品品种单一、加工耗时、口感欠佳、品质不稳定、缺乏评价标准，尚未建立全麦或全谷物食品的品质评价体系，也未制定相应的标准及规范。需要以保障全麦面条、馒头及新兴全谷物食品的品质为基础，改善全麦面团粉质、拉伸、持气等加工特性，解决全麦面条、馒头等主食品成型难、易开裂、口感差等问题，制定相关食品的原料标准、产品品质标准和生产技术规范，促进谷物食品产业可持续发展。

为提高小麦加工副产物的综合利用率，实现小麦加工副产物的高值化利用，需要针对麦麸、麦胚等小麦副产物富含膳食纤维、维生素、多酚黄酮类等营养成分但食品化利用率低这一特点，开展小麦加工副产物食品化利用技术的研究，探索麦麸和麦胚食品化利用新模式。结合挤压、感应电场、高压、酶等技术实现麦麸、麦胚的灭酶和微细化，重点钝化脂肪氧化酶、多酚氧化酶等酶活，延长货架期和减缓褐变速度，减小谷物物料粒度，改善适口性和提高膳食纤维含量。

第二，食品加工过程中营养成分的变化及其机制问题。

针对全谷物及杂豆食品中的主要营养成分，研究淀粉在糊化、老化、复蒸、复水等过程中结构的动态变化，明确淀粉组成、结构变化与谷物及杂豆食品的加工特性、口感和货架期的关系；分析多谷物及杂豆面团中各类蛋白质在不同处理及加工条件下的聚合与解聚特性，明确蛋白质结构动态变化对面团黏弹性、热特性和食品质构的影响机制；探究谷物及杂豆食品加工、贮藏、运输过程中淀粉、蛋白质、脂类、添加剂等各组分间的互作规律，揭示复合物种类、结构与含量对食品质量的影响。重点研究食品组分在加工过程中的化学、物理、生物学变化与规律及其对食品品质、营养和安全的影响；研究食品组分在复杂体系中的不同加工方式，以及该条件下其结构和性质的变化及其对食品加工、贮藏性能的影响，不同加工条件下的响应机制；探讨食品物理加工、化学加工、生物加工过程中多组分的相互作用及其对食品营养、加工特性、品质和安全的影响，为营养、安全食品的理性设计和生产提供理论基础。

其中首要考虑的是传统主食品淀粉回生和抗老化机制。由于传统主食品以谷物为主要原料，其含有 60%左右的淀粉，在加工后的贮藏过程中存在老化、霉变和复蒸性、复水性、安全性差等急需解决的关键问题，这些问题已成为制约我国传统主食品产业化发展的瓶颈。主食品的抗老化技术是保证其品质、延长货架期的首要因素，也是关系到传统米面主食能否实现商业化与工业化生产的关键技术。近年来，我国科研人员在米面主食抗老化方面虽然取得了一定的成果，但系统性研究较少，一般多局限于某一方面。与西方的面包相比，我国传统主食品抗老化保鲜技术的研究水平比较低，起步也较晚，距离产业化、商品化的要求甚远（王静和孙保国，2012）。在加工过程中食品组分间的相互作用及其对食品营养、加工特性及品质影响的方向上，应加强食品组分在加工过程中变化的分子基础及其行为效应，以及在复杂加工过程中食品品质和新物质形成与演化量化规律的研究（高瑞昌等，2013）。

第三，原料及食品包装、贮藏和运输。

谷物及面制食品在运输与贮藏过程中，易受到环境中水分及氧气的作用，发生吸潮结块、氧化哈败、霉菌繁殖等品质劣变。传统使用的布袋、编织袋、纸袋等包装材料阻湿阻气性能较差，不利于保持食品新鲜度。活性包装技术可一定程度延长产品的货架期，提高长期储存食品品质稳定性。其中，真空包装技术成熟、成本较低，但通常会影响产品质构，而新技术“被动真空”热包装可以使馒头常温保存半年以上，且对馒头的质构影响较小。因此，可以通过热包装及活性智能包装技术延长生鲜面制食品保质期，降低贮藏及物流损失，延长产品货架期。另外，针对不同谷物和不同类型鲜面条的定制化气调包装技术可实现高效生产、灵活应用，引起业界广泛关注；尚处于起步阶段的天然可降解抗菌包装膜、抗氧化包装膜等产品符合市场要求，具有研发价值。

第四，传统主食品生产过程中有害物质的安全性控制问题。

食品组分在加工过程中往往因加工参数而发生诸多变化，这些变化有的可以赋予食品特殊的风味、营养功能和优良的产品品质，但也会产生一些危害物质，带来安全隐患。食品安全问题与国民健康和食品产业发展密切相关，食品加工过程中有害物质的产生、迁移及控制已引起国内外学术界的高度关注。目前在这一领域的研究还不够深入，对一些有害物质的产生机制及对食品加工过程中产生的新物质是否有害还知之甚少，缺乏扎实的基础研究和理论。迫切需要对食品加工过程中所发生的生物化学反应及其产物进行分析探索，深入了解有害物质在加工过程中的复杂变化，解析产生的物质及其形成的具体途径，并通过严谨的毒理评价阐明其形成机制，为建立有效的控制方法、食品加工安全系统提供理论基础和预警体系（高瑞昌等，2013）。

加工过程中有害物质的形成、迁移与控制研究，应在有害物质鉴定、形成机制研究基础上，进一步深入研究其迁移、降解及调控机制。由于食品组分和加工过程的复杂性，原辅料组分与组分之间、组分与添加剂之间、组分与加工条件之间、组分与食品功能之间的关系会随着加工过程发生动态的化学和生物学变化，导致食品生产过程中危害物的产生和演变而引起食品安全问题。因此，应从分子水平深入研究危害物形成及其影响食品安全性、健康性的机制，以解决导致危害物生成的加工模式和原料组成的有效定向调控问题。

第五，食品制造过程中微生物或酶的作用机制问题。

微生物作为食品工业的核心主体，在食品加工过程中其变化与食品的营养、品质及安全等方面息息相关，需着重研究菌种的筛选与构建技术、代谢产物生化合成途径的改造、目标代谢产物合成效率的提高途径。本领域重要的科学问题有：①微生物在食品加工过程中的变化机制及对外界环境的应答机制；②食品加工过程中微生物的生物化学变化规律及其对食品品质、营养和安全的影响；③食品微生物在发酵食品加工过程中的作用机制，有益微生物在食品加工中的调控机制；④食品加工过程中微生物的生物合成与生物转化调控（高瑞昌等，2013）。

针对食品行业特点，立足食品安全层面及使用成本方面，加强酶产品安全评价及食源性菌株筛选过程中菌株构建方面的研究；酶产品在食品领域的应用相较一般生物工程领域更加纷繁复杂，应加强酶制剂在具体行业中应用规律的研究。谷物精深加工及传统发酵食品的高效生物转化利用生物工程、酶工程技术开发不同功能性的米淀粉、米蛋白、高果糖、低聚糖、脂肪替代品；解决工业化生产的米粉（米线）、方便米饭、馒头、挂面、鲜湿面条等米面制品的保鲜问题；确定传统发酵食品保健疗效中间产物的功能因子（孙宝国等，2014）。

第六，传统主食品的品质稳定化和活性组分保持问题。

在加工过程中，食品的一些功能成分可能会损失，如果在食品中添加一些功能性成分，赋予食品一定的功能，使普通食品功能化，将有利于提高食品的营养价值，从而满足人们对食品的健康诉求。针对我国主要粮食作物和杂粮、杂豆品质稳定化与重要功能活性组分保持的科学及技术问题，研究粮食中含量丰富的营养功能成分（多酚黄酮类、可溶性膳食纤维、慢消化淀粉、功能脂质、支链氨基酸）在主食这一复杂体系下的含量及生理活性动态变化规律，阐明典型加工中功能组分的活性变化调控机制，并进一步开发杂粮加工过程中品质稳定化与活性组分保持的关键技术，有助于实现传统主食品工业化生产，达到口感与营养功能的协调。为保障传统米面主食的口感、风味、品质等，就要从深层次上研究原料配方、工序选择、工艺指标等对主食中基本成分的结构、相互作用等的影响，以及影响主食品质的机制，从而为改良配方、改善工艺及提高主食品质奠定基础，以实现对手工食品的超越，使主食能更好地满足消费者的需求。

多肽、多酚、多糖等作为杂粮、杂豆的功能因子，需要明确其在加工、食用过程中的构效关系。①在加工阶段和食品消化阶段，需要阐明燕麦 β-葡聚糖、荞麦多酚、杂豆抗性淀粉及活性多肽等功能因子的消化特性与其降糖降脂等功能的关系。②杂粮、杂豆缺乏能形成网络结构的面筋蛋白，是主食中杂粮含量低的关键技术瓶颈，急需明确面筋含量不足及不含面筋蛋白的杂粮、杂豆面团中非面筋网络结构的形成规律和面制食品质构特性的影响因子。③蒸煮类饮食与肠道菌群间调节机制亟待明确。④开展燕麦、荞麦、高粱、谷子、大麦等谷物苦味脱除、口味提升、功能因子保持技术的研究。

第七，食品营养学。

探究食品功能因子对机体健康的影响机制，解析其与营养健康的构效关系，是促进传统食品产业向营养健康方向转型首要解决的关键科学问题。通过现代生物信息学、系统生物学、大数据与信息技术、营养组学、代谢组学等多种技术手段，充分发掘食品资源潜力，重点研究谷物食品原料中功能因子的快速高效筛选与鉴定技术；围绕食品营养与健康的关系，探究膳食功能因子对人体靶基因表达的影响，阐明食品功能因子之间的协同作用及其与健康的构效关系；利用宏基因组学、营养功能组分稳态化保持与靶向递送技术，深入研究基于个体需求的营养健康食品靶向设计与精准制造技术，增加食品中功效组分的消化吸收效率，提高食品的生物利用度，从而有效预防营养代谢类疾病的发生和提高健康水平。通过信息学与构效关系的研究，为我国传统食品功能性的提高、特色新谷物资源原料的挖掘及规模化应用，以及精准营养或精准食疗的普及提供前期理论基础。

第八，食品风味化学与消费心理。

食品风味融合重组与智能化辨识技术匮乏，已成为制约食品品质提升的瓶颈。探究食品风味趋变与智能化辨识机制，是创制风味品质调控与标准化辨识技术首要解决的关键科学问题。结合风味组学、代谢组学、心理学、分子感官学等技术手段，着重研究主要粮食原料与传统大宗面制食品加工风味品质趋变和调控机制；通过对分子感官与电极偶联效应进行多重矩阵修正和权重解析，探究食品风味品质定量预测模型的构建方法，开展食品风味趋变与智能化辨识策略研究及喜好风味心理反应研究，从而为食品风味品质调控、新型调味配料制备等关键技术创制、风味品质智能化辨识系统开发、新型食品开发提供前期基础。

苦味是消费者不愿接受的味道，为提高产品口感，部分食品在加工过程中会进行苦味物质的检测和控制。燕麦中生物碱、蛋白质分解、脂肪酸氧化和荞麦中黄酮、芦丁都会导致产品产生苦味，使消费者接受度降低。因此，阐明苦味物质来源和产生条件，解析苦味物质化学结构及苦味阈值，阐明不同苦味物质结合受体种类、苦味信号转导途径，是保障燕麦、荞麦等杂粮产业稳定发展和食品安全急需解决的一项关键问题。

第九，谷物食品食用过程中的量效关系。

谷物和杂豆种类繁多，营养与功能特性差异大，但目前尚无系统、全面的全谷物和杂豆营养指南与食用推荐标准，尤其是特定年龄人群、特定人群在选择全谷物及杂豆种类、配伍与食用量选择时缺乏科学指导。针对不同地区居民的饮食结构、消费者年龄（儿童、青年、中年、老年）和特定人群（孕妇、糖尿病、高血脂、肥胖等）身体状况的差异，通过长期调查和跟踪试验，明确不同饮食结构、年龄和身体状况条件下，全谷物和杂豆食品的配伍、食用量、连续食用时间与其保健功效的关系。在阐明全谷物和杂豆食品在食用过程中量效关系的基础上，针对不同人群建立一套科学、系统、完善的食用标准，最大限度地发挥全谷物和杂豆食品的营养保健功能。明确特定人群全谷物和杂豆食品食用量与其保健功效的关系；构建全谷物和杂豆食品营养复配科学体系；针对不同人群建立科学、系统、完善的食用标准，方便消费者选择。

关于淀粉老化、面筋蛋白或非面筋蛋白面团形成、加工过程中有害物质的控制、微生物发酵及活性物质保持等的科学问题，都容易受加工过程中水分含量、水分组成和微生物种类的影响。水分扩散控制得精准，淀粉老化会在一定程度上得到缓解，微生物也会得到抑制，产品的口感和保质期会大大增加，食品的营养功能也会发挥到最大。下面就从水分控制、微生物控制、淀粉老化、口感与营养、面制食品风味、面制食品文化 6 个方面来进行具体分析。

1.1　水分控制

食品的水分含量不仅与食品的口感、新鲜度、脆度等有关，而且在食品工业中，加水量的多少与生产成本和商业利润密切相关，具有重要的研究意义。水分的研究内容一般包括含量、存在状态、运动轨迹和活度等。在食品体系中，水分子间的作用力可以分为氢键结合力和毛细管力两类，水分可分为强结合水、弱结合水和自由水。食品中的水分主要以自由水的状态存在，强结合水的含量很少。

1.1.1　水分含量

我国传统面制食品水分含量差异较大，一般可以分为高水分含量食品（＞40%，如馒头、水饺）、中水分含量食品（20%～40%，如鲜湿面、月饼、馄饨、油条、煎饼、肉夹馍）和低水分含量食品（＜10%，如麻花、点心、挂面）。不同水分含量对食品物理化学性质的影响各不相同，如食品中发生的蛋白质变性、脂肪酸水解、酶活性变化、面团形成、淀粉凝胶化等化学反应，以及食品的黏弹性等流变学特性等都与水相的存在有着密切关系（陈成等，2015）。而这些理化性质可以决定食品质量、风味、质构，但是水分也可以引起食品的腐败变质。适当数量的定位、定向存在于食品中的水分对食品的结构、外观及腐败敏感性有着很大的影响。

对大多数食品来说，水分、油脂和碳水化合物等组分可以反映食品组织结构、分子结合程度，以及在加工、储藏过程中内部变化等方面的重要信息。利用核磁共振成像技术可以从食品的截层图像上直观地看到水分的分布状态，可以非常方便地研究食品加工过程中影响水分分布状态的因素。

低场核磁共振（low-field nuclear magnetic resonance，LF-NMR）和差示扫描量热法（differential scanning calorimetry，DSC）是目前表征聚合物体系中水分形态、分布和运动的两种经典方法。LF-NMR 是利用氢质子在磁场中的自旋-弛豫性，通过弛豫时间的变化分析研究物质的水分形态、分布和迁移。横向弛豫时间越短，说明样品中水分的自由度越小，与非水组分结合越紧密；横向弛豫时间越长，水分自由度越大（刘锐等，2015a）。而差示扫描量热法是根据自由水和束缚水之间结晶行为的不同来区分水分的不同状态。

和面过程中，水和面粉混合，面粉中蛋白质吸水形成面筋，在揉面过程中面筋相互粘连最终形成粗结构面团。然而，由于初始揉面过程中水分并不是均匀分布的，因此实际形成的粗结构面团是一种各向异性材料，可近似为水分含量大的面筋基体区夹杂着水分含量小的干燥面粉硬质区。在初始揉面过程中，不同的局部硬质区的阻碍作用导致面团塑性流动性变差，加之蛋白质大分子在外力作用下相互纠缠，亦会在面团内部产生残余应力，进一步导致面团的力学性能变差。经过一段时间后，水分得以均匀分布，干燥硬质区消失，由于不再有硬质区的阻碍作用，加之蛋白质大分子的松弛重构，面团可视为各向同性材料，其塑性流动性大幅度提升，从而使揉面变得容易，很快达到表面光滑的状态。

面粉易吸湿，加水后成团。面粉成分决定了其吸水能力，其中淀粉（正常和破损淀粉）吸水量约占面团总水分含量的 46%、蛋白质吸水量占 31.5%、戊聚糖吸水量约占 22.5%（Bushuk，1966）。电镜显微照片表明，水化的面粉颗粒显示出可见的部分为带状物，可能是表面张力导致水化蛋白膜形成（Amend and Belitz，1989），这些水化蛋白膜与面筋结构相似，能够快速与面粉其他成分发生物理或化学交联，聚集形成面团。面团形成第一步是面粉成分与水结合形成均一化混合物，和面就是使面粉中未与水结合的界面发生水合，使面团表面逐渐光滑、均匀。面团形成的根本原因现在还有很大争议，主流观点认为蛋白质结构间的互作是核心原因。

在水分含量为 35%左右的鲜面条面团中，水分主要以弱结合水形态存在，占总水分含量的 80%左右。真空和面（真空度 0.06MPa）可以促进水分与面筋蛋白的相互作用，降低面团中水分子的流动性，促进水分结构化；而非真空或过高真空度均会导致面团中水分自由度增加，和面时间不足或和面过度均会导致水分流动性增加（刘锐等，2015a）。添加亲水多糖的鲜湿面在贮存的过程中强结合水、弱结合水、自由水的弛豫时间均出现增加趋势（$P<0.05$），说明鲜湿面淀粉在老化过程中的动态变化与 3 种水分组分的变化密切相关；亲水多糖能作用于淀粉及面筋蛋白表面极性基团所吸引的结合水、结构域中的不易流动水及大分子外的自由水，同时亲水多糖对 3 种水分流动性的影响并非呈单一的线性关系，这可能与贮藏过程中直链淀粉相互交联形成双螺旋有序结晶，以及支链淀粉外侧短链的重结晶引起体系变化有关（肖东等，2016）。瓜尔豆胶鲜湿面、卡拉胶鲜湿面主要通过抑制结合水和自由水的流动性并增强不易流动水的流动性来达到抑制老化的作用；可溶性大豆多糖鲜湿面主要通过增强内部整体水分的流动性来达到抑制老化的作用。

1.1.2 水分迁移

馒头内部的水分迁移运动是馒头老化变硬的主要原因。在馒头的贮藏过程中，由于水分迁移，馒头内部水分含量减少而变硬。在馒头的冷藏过程中，被破坏的淀粉非结晶部分进行重结晶变成有序结晶结构，自由水损失较多，胶体稳定性破坏，馒头开始变硬、掉渣（宋宏光和刘长虹，2005）。淀粉在重结晶过程中迫使最初与淀粉非结晶区域结合的水分迁移到淀粉的结晶区域中，使不同状态水分的活度降低，即馒头在冷冻储藏过程中不同移动性水分子的重新分布引起核磁共振参数强结合水和弱结合水的横向弛豫时间缩短（何承云等，2009）。经过−18℃冷藏 24h 的馒头，在不加水条件下进行微波复热，发现水分有从馒头中心向皮层迁移的现象，且馒头水分含量变化幅度较大，馒头核磁共振图像明亮度与时间呈正相关；在加水条件下复热时，馒头水分含量变化幅度较小，加水对馒头微波复热过程中水分损失有一定补偿作用（林向阳等，2005）。随着贮藏过程中水分含量的降低，馒头老化速率呈线性增加。因此，控制馒头中水分的迁移可起到抑制馒头老化的作用。通常采用添加部分面粉改良剂（如亲水胶体等）提高馒头的持水性，使馒头在贮藏中水分含量保持在较高的水平（35%～40%），可使馒头硬化减缓，长时间保持柔软，而这一水分含量对馒头质量的感官指标及理化指标均无影响（王春霞等，2012）。

损伤淀粉含量对小麦面团面筋网络中水分迁移呈现“∩”形影响（付奎等，2014）。同一放置时间下未发酵面团中结合水的流动性与含量是发酵面团的 10 倍以上；发酵面团中不易流动水的流动性与含量是未发酵面团的 1.5 倍左右；发酵面团自由水含量更高，说明发酵后面团中的不易流动水更多，可能是由于发酵面团具有更大的体积，面筋网络结构更疏松，对结构中的水更具备束缚作用。

添加谷氨酰胺转氨酶（TG）能在一定程度上催化面筋蛋白分子内或分子间的交联聚合，促使水分与面筋蛋白、淀粉、戊聚糖等大分子物质结合，增加体系中结合水的含量，从而使横向弛豫时间缩短，结合水的峰值面积增大，且 TG 添加量与强结合水的横向弛豫时间显著相关（刘燕琪等，2016）。TG 可催化面条体系中酰基转移反应，提高面条体系中 N—H 的活跃性，进而增强结构中氢键的作用，使蛋白质二级结构中 β-折叠的含量显著增加。同时，酰基转移反应主要发生在伯酰胺和仲酰胺部位，且随着 TG 添加量的增加，体系中生成的游离氨基增多，竞争水的能力增强，减弱了 C═O（C═）与水形成氢键的作用，从而使体系中无序结构的含量降低。TG 可促使大豆蛋白质吸水并将水分保留在蛋白质结构之间，使部分自由水转化为不易流动的结合水（何冬兰等，2010）。

面包表皮和内瓤间不平衡的蒸汽压，以及淀粉分子吸附水分子能力的改变会造成水分含量、分布和组成的变化，从而影响淀粉老化（Besbes et al.，2013）。面包芯部的水分含量最高，从芯部到皮层水分含量逐步递减。由于面包皮层和芯部的蒸汽压不同，水分由面包芯部向面包皮层迁移（图 1-1）。面包瓤及芯部的水分活度降低导致老化最明显（Kim-Shin et al.，1991）。去掉面包皮的面包，因为水分转移的规律被打破，贮存后比完整面包硬度低（Baik and Chinachoti，2000）。水分动态变化包括面包芯部与面包皮层之间水分再分配及水分在面包组分（淀粉与蛋白质）之间的再分配。随着淀粉老化，面包芯部的水分流动性越来越小（Kim-Shin et al.，1991）。

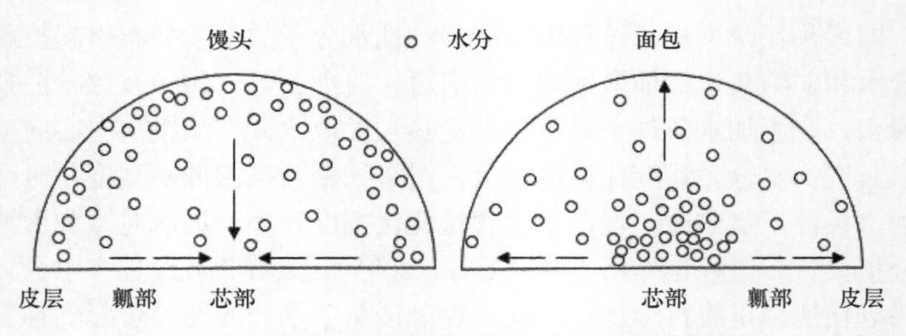

图 1-1 馒头、面包贮藏过程中水分迁移示意图

馒头水分含量及分布与面包完全不同。首先是馒头皮层的水分含量高于芯部，而面包皮层的水分含量低于芯部；其次是馒头中水分从皮层向芯部转移（图 1-1），与面包截然相反。研究表明，馒头在 22℃贮存条件下，芯部水分含量相对稳定，皮层（从表皮开始向中心 10mm 以内）水分先快速增加（6h），在 12h 后皮层水分（41.52%）与芯部水分（39.25%）达到平衡，并在贮存过程中迅速降低（沙坤等，2007）。热包装馒头随着贮存时间延长，总水分含量从 39.8%仅仅降低到 39.2%，但馒头中强结合水从 3.15%降低到 0.04%，结合水变成了弱结合水或自由水，导致淀粉对水分的束缚能力降低；而且在常温贮存过程中随着包装外环境温度的变化，水分从馒头中扩散到包装袋内壁，发生了水-汽相变。在 90 天的贮藏期间，水分由湿润的馒头皮层和馒头瓤部向干燥的馒头芯部迁移，馒头瓤部的水分含量（37.9%～40.8%）基本等于馒头皮层（39.1%～40.7%）和芯部（38.0%～39.9%）水分含量的平均值，说明馒头内部水分迁移始终处于一个动态变化的过程（Sheng et al.，2016）。

水分是食品非常重要的一种组分，化学变化和微生物生长都需要水分，过量的水分会加速食品质变，食品表面极微量的冷凝水可成为细菌繁殖和霉菌生长的重要水源。总体而言，采用物理、化学、生物酶制剂、包装、冷藏等方式控制大宗面制食品水分扩散，防止贮藏过程中水分散失，可以有效延长面制食品货架期。

1.2 微生物控制

微生物种类成千上万，其中与食品有关的有几百种。食品中的微生物有两类：一类是对食品制造发挥有利作用的微生物，一类是在食品的制造或贮藏过程中起有害作用的微生物。即使是同一种微生物，有时会起到有利作用，有时会起到有害作用。和动植物一样，微生物分为由有核膜的真核细胞组成的真核微生物（高级微生物）和由无核膜的原核细胞组成的原核微生物（低级微生物）。

真核微生物包括酵母菌类和霉菌类。酵母菌类属于真菌类单细胞微生物，有球形、蛋形、椭圆形、柠檬形、香肠形、圆筒形等形状。酵母菌类包括可产生子囊芽孢的酵母菌（面包酵母、酒精酵母），形成出射芽孢的酵母、无芽孢酵母（假丝单孢酵母）。霉菌类也称作丝状菌，可分为形成接合孢子的菌类（毛霉菌、根霉菌）、子囊菌类（米曲霉菌、青霉菌、红曲霉菌、赤霉菌）、担子菌类（食用菌）、不完全菌类（镰刀菌）。

细菌属于原核微生物，按照基本形态可分为球菌、杆菌、螺旋菌三种。与食品关系密切的细菌包括革兰氏阴性好氧杆菌（假单细胞菌属、葡萄杆菌属、醋酸杆菌属、产碱杆菌属）、革兰氏阴性兼性厌氧菌（大肠杆菌、产气杆菌、沙门氏菌属、沙雷氏菌属、变形杆菌属）、革兰氏阳性球菌（细球菌属、葡萄球菌属、明串球菌属）、内部形成芽孢的杆菌（芽孢杆菌属、梭菌属）、革兰氏阳性无芽孢杆菌（乳酸杆菌）、放线菌和与此相关联的微生物（棒状杆菌属、短颈细菌属、丙酸杆菌属）。

我国传统面制食品中微生物种类差异较大，如导致发酵面制食品（馒头、饼子、面皮）腐败的常见微生物是大肠杆菌、乳酸菌、葡萄球菌、酵母菌、霉菌、耐热芽孢杆菌等。中等水分含量面制食品（如鲜湿面条）中常见的腐败菌有乳酸菌、酵母菌、肠杆菌。低水分含量面制食品（如挂面）不利于微生物繁殖，常见的微生物为霉菌、酵母菌（何国庆等，2016）。

传统面制食品中微生物的形成与原料、加工方式、包装条件和贮藏方式都密切相关，每个环节都必须严格把控，才能保证产品符合国家相关标准。具体表现在：第一，原料小麦粉本身带有大量的微生物，只要条件适宜，这些微生物就会进一步生长和繁殖；第二，在面制食品加工过程中，环境、机器、人工操作也会带入微生物，因此卫生条件对面制食品保质期的影响至关重要；第三，虽然面制食品加工过程中有蒸煮、烙、烤、油炸等加热杀菌工序，但是汽蒸时温度一般在10～108℃，一些耐热菌及芽孢杆菌不能彻底去除或杀灭，高温烘烤也不一定完全能杀死耐热芽孢杆菌；第四，包装过程中食品冷却过程、包装环境、包装材料也会带来二次污染；第五，贮藏及运输过程中的温度变化、包装破裂带来的污染也会导致微生物超标。

食品无菌包装技术是指在限定的卫生条件下，将包装食品、包装容器、包装材料或包装辅助器材灭菌后，在无菌的环境中将食品进行充填包装和封合的一种包装技术。通过这种包装技术加工的食品无需防腐剂和冷藏来延长食品的保质期。

无菌包装的主要特点是能有效防止食品变质。食品中富含微生物生长所需的营养素，它们在食品中生长繁殖，最终导致食品变质、腐败，因此，减少或杀灭这些有害的微生物将有效地保护食品。无菌包装的食品灭菌效率高，而且可以在常温下保存和运输，无须利用特殊装置，可降低流通费用，节省能源，方便运输；

有些产品经过无菌处理能够提高质量，如生装的肉类、禽类罐头，通过加热灭菌后变熟，组织软化，风味改善；鱼类的骨头和鱼刺变得酥松可食；采用高温瞬时或者超高温灭菌的先进技术，使食品的加热时间大大缩短，从而能最大限度地保持食品原有的色、香、味和营养价值。无菌包装的食品卫生性已得到充分保证，因此，启封后即可放心食用，如消毒牛奶、罐头食品等食用十分方便。经无菌处理的食品，其中的有害微生物含量甚微，在有效保存期内质量保持良好，而且在常温下就可储藏，有利于产销。

无菌包装技术给食品生产者提供了很好的选择，现在食品加工者已将无菌包装用于各个适合的领域，已成为包装食品的最佳选择。产品的运销是常温流通，不需冷藏，储存运销的成本低，明显减少了企业的流通成本。

包装封口对无菌包装来说是最后的环节，也是关键的一个环节，直接影响产品的包装品质和储存期。其要求是一方面能防止微生物和气体或水蒸气侵入，另一方面是不能让产品自身的气味和原液溢出。

1.2.1 热包装

热处理是食品加工与贮藏中用于改善品质、延长食品贮藏期的最重要的处理方法之一。食品工业中热处理的主要作用是杀死微生物，主要是病原菌和其他有害微生物；还可以钝化酶，主要是杀死过氧化物酶、脂肪酶、抗营养因子等；同时可以改善食品品质和特性，提高食品营养成分的利用率；但热处理也会损失一部分热不稳定性营养素，同时需要消耗较多的能量（张有林，2006）。

热包装是将热的食品迅速封装于 PE、PVC 等塑料包装材料中。因为产品中含有热蒸汽，使包装袋迅速鼓胀，静置一段时间，包装食品吸收了冷凝的水蒸气后，包装袋内就会产生一定的真空度。此技术的原理是热胀冷缩，物体受热以后会膨胀，在受冷的状态下会缩小。热包装与目前常用的热收缩包装截然不同，热包装是被包装的物体在热的状态下进行包装，而热收缩包装是对裹包在被包装物品外面的热收缩膜进行加热，薄膜会立即收缩，紧紧包裹在产品外面，从而达到包装目的（黄俊彦和崔立华，2005）。

热包装技术是一种简单易行的包装技术，可以最大限度地保留食品自身营养，节能环保。在馒头工业化生产中，一般采用自然冷却的方法来放凉馒头，环境对这种冷却方法的影响比较大，冷却环境中相对湿度和温度的变化都会影响馒头的品质，甚至有可能使其发生萎缩、发黄等现象，且馒头在自然环境中极易受到微生物二次污染。热包装技术是将蒸好的馒头直接送入无菌操作间进行热包装，省去冷却的步骤，有效地避免了自然环境的影响。热包装技术可同时解决影响馒头保鲜的微生物污染和淀粉老化问题，在加工过程中不添加任何化学添加剂，确保馒头品质和安全，通过热包装后，产品常温保质期可达 90 天（图 1-2），改变了目前食品保鲜采用防腐剂和真空高温杀菌的现状，节能环保，基本解决了馒头保鲜过程中发霉和淀粉老化的问题。

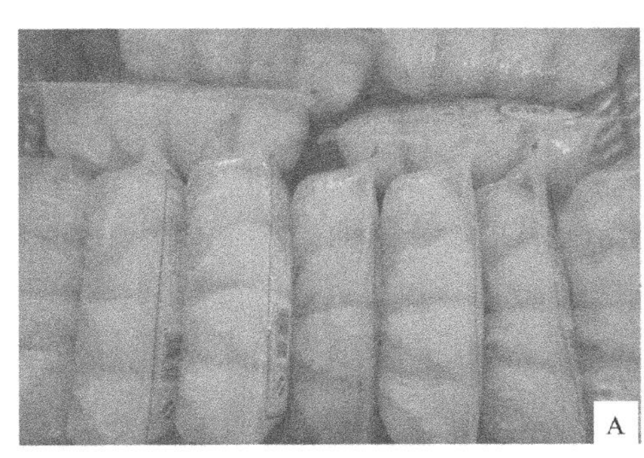

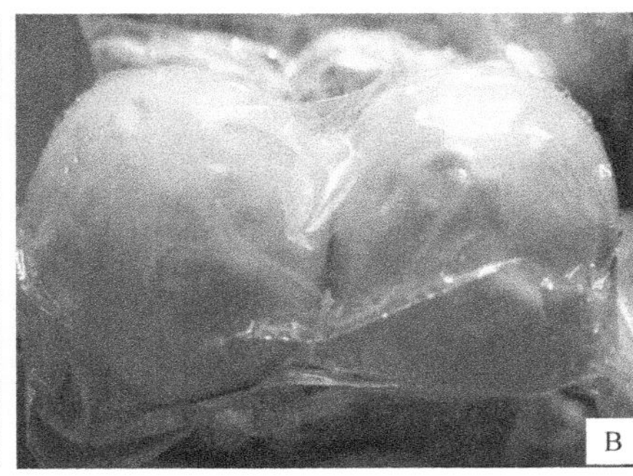

图 1-2　热包装馒头

A. 包装 1h 内的充气状态；B. 包装冷却之后的类似真空状态

随着面团制作过程中加水量的增加（加水量 40%～44%），21h 内热包装内的真空度在 0～1h 先急剧增大，后缓慢减小，6h 后真空度变化不大，趋于稳定。随着外界环境温度升高，包装内水分从馒头内部扩散到包装袋内壁，形成水汽，温度降低后，水汽被馒头吸收而消失，并且这种水分运动在贮藏过程中反复发生。在常温贮藏过程中，馒头皮层水分含量先快速下降，然后缓慢下降，最终保持平衡；馒头瓤部水分含量先缓慢下降，最终保持平衡；馒头芯部水分含量先缓慢上升，最终保持平衡。在此过程中馒头各部分水分含量从多到少的顺序为皮＞瓤＞芯。贮藏前期，馒头中的水分由湿润的馒头皮层和瓤部向芯部迁移，其后保持动态平衡。在贮藏期间，馒头中强结合水先下降，在 42 天后保持平衡；半结合水前期整体呈上升趋势，仅在 21～28 天时出现波动，在 42 天后保持平衡；自由水所占比例在 21～28 天急剧上升，在 28～42 天急剧下降，其他时间均保持平衡。热力学参数（起始糊化温度、峰值糊化温度、终止糊化温度、热焓值）和相对结晶度均随着贮藏时间的延长而呈现上升的趋势，但上升缓慢（Liu et al.，2019；Sheng et al.，2016）。

1.2.2　气调包装

密封包装馒头中的微生物主要是在馒头加工、冷却与包装过程中感染的青霉、曲霉，微生物数目与种类的变化与馒头的组成成分和外部环境的变化密切相关。

气调包装能延长馒头的货架期（盛琪等，2016）。在馒头冷却过程中辅以紫外照射，采用不同的气体（100% N_2、80% N_2+20% CO_2、50% N_2+50% CO_2、20%

N_2+80% CO_2）对馒头进行包装，以空气包装为对照，测定馒头在 25℃贮藏过程中微生物、理化及感官评定指标的变化。结果表明：紫外照射可有效防止二次污染。贮藏过程中馒头的菌落总数整体呈现上升趋势，包装内顶部 CO_2 浓度越大，抑菌效果越显著，20% N_2+80% CO_2 气调包装的馒头在贮藏 8 天后，菌落总数仍低于 10^4CFU/g；馒头的水分含量和 L^*值（表示亮暗）逐渐下降；a^*值（表示红绿）、b^*值（表示黄蓝）和硬度呈现上升的趋势，感官上保持了馒头原有的色泽、风味和质地。高浓度 CO_2 的气调包装是馒头保鲜的理想手段，可将馒头的货架期延长至 8 天以上。

1.2.3 物理处理

物理处理是指通过光照、压力、温度控制等物理方法对食品进行处理，食品成分没有发生化学变化的一类加工方法。生鲜面条 4℃贮藏 3 天后，细菌总数在 5.54×10^8～7.70×10^8 个/g，而霉菌/酵母菌总数在 2.30×10^8～2.50×10^8 个/g，细菌总数约是霉菌总数的 3.35 倍（$7.70\times10^8/2.30\times10^8$），说明生鲜面条的变质主要由细菌增殖造成。微波处理生鲜面条的抑杀菌效果明显优于紫外处理方式，紫外处理的细菌总数（7.70×10^8 个/g）约是微波处理的细菌总数（5.54×10^8 个/g）的 1.39 倍（赵笑笑等，2016）。减压贮藏技术具有贮藏物失水率低、有效保持品质、延长货架期的独特优势（Burg 和郑先章，2007），馒头减压贮藏 25 天无霉变、无异味（郑先章和郑郤，2009）。

酸洗能杀死表面的微生物，延长产品货架期。酸液酸度 1.65%、酸洗时间 45s、酸洗温度 25～30℃能解决鲜湿面贮藏时间短的问题，能明显延长鲜湿面的货架期（傅小伟等，2007）。

1.2.4 添加剂

鲜湿面、馒头常用的化学防腐剂主要有苯甲酸（钠）、山梨酸（钾）、对羟基苯甲酸酯、丙酸盐、亚硫酸及其盐类、硝酸及亚硝酸盐、脱氢乙酸钠、丙酸钙、丙二醇、乙醇、富马酸二甲酯、二氧化氯、食品级过氧化氢、山梨醇、尼泊金乙酯、R-多糖、双乙酸钠等（表 1-1）。对二氧化氯和微波结合处理效果的研究发现，先对和面用粉进行微波灭菌 50s 后，再向和面用水中添加 0.03g/kg 的二氧化氯，两者结合使用后灭菌率可达到 99%以上（刘增贵，2008）。

乳酸菌发酵上清液（乳酸菌培养液于 10 000r/min 离心 5min）对馒头保鲜具有一定效果（金永亮，2016）。在馒头表面喷洒乳酸菌发酵上清液的 2 倍浓缩液，可使馒头表面的细菌数降低 17.6%，霉菌数也明显降低 9.5%，在更长的时间保持

表 1-1　生湿面制食品中防腐剂的使用标准规定（GB 2760—2014）

产品名称	防腐剂名称	最大使用量/（g/kg）	备注
生湿面制食品（如面条、饺子皮、馄饨皮、烧麦皮）	丙酸及其钠盐、钙盐	0.25	以丙酸计
	单辛酸甘油酯	1.00	
	二氧化硫、焦亚硫酸钾、焦亚硫酸钠、亚硫酸钠、亚硫酸氢钠、低亚硫酸钠	0.05	最大使用量以二氧化硫残留量计
大米及其制品	ε-聚赖氨酸盐酸盐	0.25	
小麦粉及其制品		0.30	
杂粮制品		0.40	
其他杂粮制品（仅限杂粮灌肠制品）	乳酸链球菌素	0.25	
方便米面制品（仅限方便湿面制品）		0.25	
方便米面制品（仅限米面灌肠制品）		0.25	
其他杂粮制品（仅限杂粮灌肠制品）	山梨酸及其钾盐	1.50	
方便米面制品（仅限米面灌肠制品）		1.50	

馒头不被污染，使保存期延长 2 天。

天然防腐剂及其与化学保鲜剂复合使用对面制食品的保鲜效果也逐渐成为研究热点，有关植物提取物、挥发油、有机酸、多糖类等对传统面食的抑菌保鲜作用的研究已经有了初步进展。芳樟油、香柠檬油、茶树油、迷迭香油、甜橙油、姜油、百里香酚、丁香酚、茴香脑、柠檬醛对鲜湿面条中常见腐败菌都有一定程度的抑制作用（吴克刚等，2012）。

1.2.5　低温贮藏

食品低温贮藏是将食品温度降低并维持在低温（冷却或冻结）状态，以阻止食品腐败变质，延长食品贮藏期。根据低温贮藏食品物料是否冻结，可将其分为冷藏和冻藏。冷藏温度一般为−2～15℃，而 4～8℃为常用的冷藏温度。冷藏的食品贮藏期一般从几天到数周，因冷藏食物物料的种类而有所不同。冻藏是指食品物料在冻结的状态下进行贮藏，一般冻藏温度为−30～−12℃，常用的冻藏温度为−18℃。冻藏适合于食品物料的长期贮藏，其贮存期从十几天到几百天（张有林，2006）。

温度对淀粉类食品老化的影响很大，根据高分子结晶原理，高分子结晶分为三个阶段：晶体的形成（成核）、晶体的生长、晶体的成熟。当淀粉温度稍高于玻璃态转变温度时，晶体的成核速率最大；当淀粉温度稍低于熔化温度时，晶体的聚合速率最大；当温度在成核最适温度和聚合最适温度之间时，淀粉糊老化速率最大（浓度为 50%的淀粉糊温度约为 5℃）。冷冻贮藏能延长馒头保质期达 6 个月，还能降低微生物的污染；但冷冻环境下馒头的口感和风味会显著降低，且冷链流通耗能较高。

低温贮藏不仅可以用于新鲜食品原料的贮藏，也可以用于食品加工品、半成品贮藏。在 4℃条件下，随着贮藏时间的延长，生鲜面条的水分含量降低，酸度先升高后降低，均在第 9 天达到最值，微生物总数升高，细菌为主要易感的菌群，在贮藏第 9 天时，面条出现霉点、异味，到达保质期终点；冷藏馒头面团的水分含量先升高后降低，酸度先升高后降低，均在第 18 天达到最值，微生物总数下降，酵母菌为主要菌群。在−18℃条件下，面条、面包面团和馒头面团中的微生物整体均呈下降趋势，其中冷冻面条中的主要菌群为细菌和酵母菌，冷冻面包面团和馒头面团的主要菌群为酵母菌（原林，2017）。

随着贮藏时间的延长，冷冻面团中面筋蛋白和谷蛋白的大分子聚合体会出现不同程度的解聚现象，导致可溶性蛋白增多，面筋蛋白与水分结合力变弱，网络结构遭到一定破坏，黏弹性降低（王沛，2016）。

1.3 淀粉老化

淀粉是蒸煮类面制食品的主要成分，是由许多葡萄糖分子聚合而成的高分子化合物，分为直链淀粉和支链淀粉，其中支链淀粉占 80%左右，其余 20%左右为直链淀粉。直链淀粉和支链淀粉可形成微小的结晶，即 β-淀粉。加热生面团时，淀粉发生糊化，淀粉的晶体结构被破坏，β-淀粉分子间的氢键断裂，与水分子形成氢键，形成 α-淀粉。馒头中的淀粉就是糊化后的 α-淀粉。温度降低到常温后，糊化的 α-淀粉又自动排序，形成致密的高度结晶的不溶性淀粉分子，重现淀粉的 β 化，这就是淀粉的回生，也称作淀粉老化或凝沉现象。中国传统米面主食在贮藏过程中质地由软变硬，组织变松散，皮变干裂，瓤变粗糙，易掉渣，弹性和风味也随之消失，其本质就是淀粉老化。

淀粉回生作用与淀粉的种类、直链淀粉含量与支链淀粉含量之比、支链淀粉侧链的链长、糊化淀粉冷却贮藏温度、溶液的 pH 和无机盐含量等因素有关。

（1）淀粉的种类

研究证实在水分含量为 70%的条件下，不同种类淀粉短期回生速率为玉米淀粉＞马铃薯淀粉＞大米淀粉＞小麦淀粉；长期回生速率为马铃薯淀粉＞玉米淀粉＞大米淀粉＞小麦淀粉（Orford et al.，1987）。

（2）直链淀粉与支链淀粉含量之比

在淀粉糊中，直链淀粉分子链易发生老化；支链淀粉老化则主要取决于侧链的长短，并在局部形成结晶区（Fredriksson et al.，1998）。因而直链淀粉含量高的玉米淀粉较糯玉米淀粉和糯米淀粉易于回生老化。

（3）支链淀粉侧链的链长

支链淀粉侧链葡萄糖单元聚合度（DP）＜9 或＞25，淀粉回生速率较低；若 DP 在 12～22，淀粉回生热焓值则显著增加。这主要归因于淀粉形成双螺旋所需最低葡萄糖聚合度为 DP=6，若 DP 过高，分子迁移阻力增加，亦不利于支链淀粉侧链取向重排（Vandeputte et al.，2003）。

（4）淀粉冷却贮藏温度

在 4℃条件下，淀粉回生中晶体成核速率最大；25℃条件更有利于淀粉重结晶晶体增长；采用 4～25℃变温贮藏则抑制淀粉回生过程，并显著提高淀粉的慢消化性（丁文平和王月慧，2003）。

（5）溶液 pH 与无机盐含量

pH 为 5～7 时有利于淀粉回生，过低或过高的 pH 降低淀粉回生速率。无机盐可阻碍淀粉链的有序化，从而降低淀粉回生速率，抑制淀粉重结晶过程中结晶区的形成（田耀旗，2011）。

影响淀粉分子重结晶、老化的因素很多，因此研究各因素对淀粉老化过程的影响，可以完善淀粉类食品的加工工艺，提高淀粉类食品的品质。

1.3.1　淀粉结构的影响

淀粉颗粒主要由毛发区和结晶区构成，这种结构形式对馒头在蒸制过程中的糊化及贮藏过程中的老化均有重要影响。在糊化过程中淀粉颗粒的毛发区和结晶区均发生膨胀，原有的氢键被破坏，大量的直链淀粉析出，支链淀粉随之发生溶解分离（Liu，2005）；而在温度降低时，淀粉老化开始发生，伴随着分子间新氢键的形成，并形成新的结晶，新形成的结晶与原有淀粉颗粒中的结晶结构不同（Biliaderis，1991），因此老化不是糊化的逆过程。淀粉中的支链淀粉和直链淀粉比例对馒头老化有一定的影响。馒头老化在最初阶段由直链淀粉主导，直链淀粉快速重结晶，该过程在淀粉糊化后较短的时间（几小时到十几小时）内完成（Goodfellow and Wilson，1990）。直链淀粉分子之间形成交联网络（链长为 40～70 个葡萄糖单元的直链淀粉容易形成双螺旋结构，并随之结晶），小分子则能快速地与脂肪形成结晶（Kowblansk，1985）。随着储存时间的延长，支链淀粉逐渐对老化起主导作用，其分子最外层短链的相互聚合（DP=15）生成结晶是馒头长期老化、品质劣变的主要原因，这是一个长期缓慢的过程（Gudmundsson，1994）。虽然前人对小麦淀粉组成与馒头品质的关系，以及馒头加工过程中发生的变化进行了不少研究（Huang et al.，1993；Miles et al.，1985），但淀粉结构特征与馒头老化的关系仍不十分清楚。

1.3.2 水分含量的影响

水作为一种增塑剂，影响淀粉分子迁移和分子链聚合的速率，对淀粉老化有很大影响（周国燕等，2009）。与西方传统主食品面包相比，我国传统蒸煮类产品——馒头，由于采用蒸汽加工，水分含量是面包的一倍，在贮藏过程中更容易发霉变质和发生淀粉老化。

水分含量及水分与淀粉的相互作用对面制食品淀粉的老化影响显著（Majzoobi et al.，2011）。水分含量与面包老化呈负相关，在面包实际生产中，增加面包制作中加水量能显著延缓面包老化（He and Hoseney，1990；Rogers et al.，1988）。面包贮存过程中水分发生了含量降低、在面包皮和面包瓤之间重新平衡，以及在面包各部位之间重新分布三个阶段的变化（Kulp and Lorenz，1981）。即使把面包装在密封袋中，面包芯的孔洞壁也会变硬，同时面包皮水分含量增多，面包表皮变硬。水分从面包芯到面包皮迁移时面包结构变得紧密，其原因是水分子与更多其他分子形成氢键。实践中也发现，当二次烘焙面包的温度高于玻璃态转变温度时，面包软化之后再放置变得比复热之前的产品更硬；馒头连续 3 天复热，其再次吸水能力逐渐减弱，口感变差，老化趋势与面包完全相同。

蒸煮类食品的老化度随着贮藏时间的延长而增加，然而，增加水分含量可延缓贮藏过程中淀粉的老化。在馒头的贮藏过程中，水分迁移使馒头内部水分减少而硬化。随着贮藏过程中水分含量的降低，馒头老化速率呈线性增加。因此，控制馒头中水分的迁移，可起到抑制馒头老化的作用（王春霞等，2012）。

1.3.3 水分扩散的影响

淀粉类食品表皮和内瓤间不平衡的蒸汽压，以及淀粉分子吸附水分子能力的改变会造成水-淀粉结合态、水分含量、水分分布和组成变化，从而影响淀粉老化（Besbes et al.，2013）。水-淀粉结合态会影响淀粉的结晶形态。A 型淀粉螺旋结构紧密，结构相对稳定，B 型淀粉具有比较开放的螺旋结构，螺旋内含有更多的水分，因此 A 型淀粉具有较高的糊化温度，性质相对稳定（图 1-3）。

自由水和结合水含量变化会改变面包老化的速率与程度。近年来，核磁共振技术的应用使人们对淀粉结晶的机制有了很大的了解。在糊化淀粉重结晶的过程中，水分子从面筋中释放出来，进入淀粉的晶体结构，与淀粉晶体相结合，其流动性逐步减弱，导致面包老化（Slade and Levine，1993；Wynne-Jones and Blanshard，1986；Leung et al.，1983）。也有分析认为，不是水分子进入到了结晶的淀粉中，而是水分子在淀粉的非晶相发生了重新分配（Kim-Shin et al.，1991）。

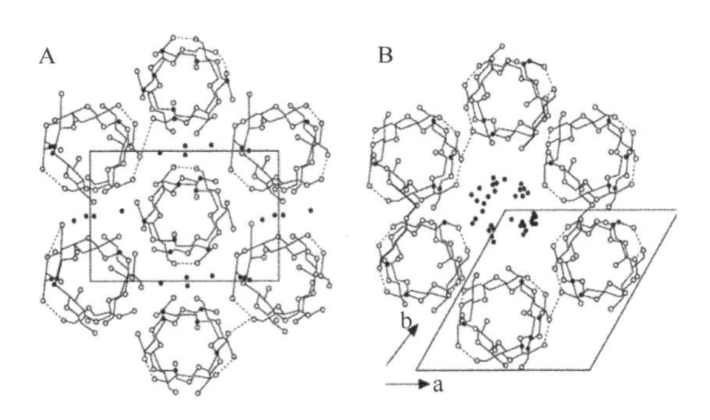

图 1-3　不同晶型淀粉的双螺旋分子排列示意图（Liu，2005）
A. A 型淀粉结晶；B. B 型淀粉结晶，a、b 代表水平面

水分运动对淀粉老化有一定影响，淀粉（直链和支链）在水和热作用下膨胀，氢键被破坏，淀粉糊化。淀粉重结晶时，以前被毛发区均匀包裹的结合水部分扩散进入结晶区，水分子结合能力降低而渗析出来。若能保持水分子的结合能力，将可抑制淀粉重结晶（图 1-4）。由此可见，水-淀粉结合态可以影响淀粉的结晶状态，一方面自由水作为增塑剂促进淀粉分子链的迁移；另一方面结合水参与支链淀粉分子的重结晶（孟祥艳，2007）。

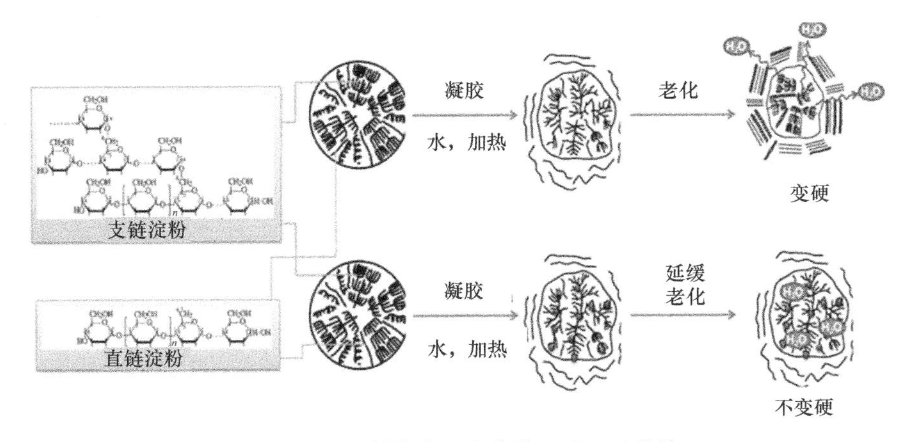

图 1-4　水分运动对淀粉糊化和老化的影响（孟祥艳，2007）

水分具有流动性，能够促进未连接的凝胶分子移位，起到塑化剂的功能，促使水分从面包芯迁移到面包皮（Fessas and Schiraldi，2001）。在水分从面包芯迁移到面包皮的过程中，水分通过的地方，结构变得紧密，其原因是水与更多分子形成氢键。这就可以解释当二次烘焙面包温度高于玻璃态转变温度时，面包软化后再放置变得比之前老化的产品更硬，以及微波加热和二次加热的面包在支链淀粉结晶含量未明显提高的情况下快速硬化。

面包的硬化与面包中水分迁移紧密相关。随着老化的进行，面包中水分的流动性越来越小（Chen et al.，1997），不易流动水分的流动性降低，而其他流动性强的组分流动性增加（Ruan et al.，1996）。馒头在贮藏过程中，随着水分的迁移，逐渐硬化，硬化速率随着水分含量的减少而加快。馒头中芯区和表皮区之间的水分浓度差较小，水分迁移不明显，中芯区的水分含量并没发生显著的变化，但是馒头的硬化现象明显发生，表明馒头硬化的直接原因并不是宏观上的水分迁移。在贮藏过程中，水分含量并没发生显著的变化，仅在中芯层、表皮层发生了局部的水分迁移，水分在淀粉毛发区和结晶区发生了重新分配，水分的重新分配对馒头硬化起的作用更大。

包装可以防止水分散失，面包芯的老化机制主要是支链淀粉重结晶与时间相关，一个刚刚出炉的面包中支链淀粉是完全非结晶态的，随后逐步老化，其中直链淀粉部分结晶，面包内部形成网状结构，水分在微观和宏观下均发生再分配，面包变硬。

使用在线热包装技术包装馒头并进行常温贮藏，在前 21h，馒头水分含量和包装真空度呈负相关；在第 0 天，强结合水和水分含量呈相反的变化趋势，水分含量从 40%过渡到 44%，强结合水含量从 27.2%降低至 25.8%；在 42 天贮藏期内，强结合水含量呈下降趋势，然后保持在一定水平。X 射线及核磁共振检测表明，水分从湿润的表皮和瓤向相对干燥的馒头芯移动。馒头水分含量显著影响热包装馒头的淀粉老化速率，热包装技术显著延缓馒头淀粉老化（Sheng et al.，2016）。

1.3.4 添加剂的影响

常用的延缓淀粉老化的添加剂包括乳化剂和酶制剂。乳化剂如双乙酰酒石酸单甘酯可以强化面筋的网络；分子蒸馏单甘酯可以抑制直链淀粉的老化。酶制剂如木聚糖酶可以改善面团的延伸性，增强面筋；抗老化酶如麦芽四糖酶可以延缓支链淀粉的老化（岑涛，2011）。乳化剂和酶制剂配合使用，可以更有效地改善发酵面制食品的品质，抑制淀粉的老化。

在馒头制作过程中，添加一定剂量的乳化剂（单甘酯、硬脂酰乳酸钙钠等）、酶制剂（纤维素酶、半纤维素酶、麦芽糖淀粉酶等）、亲水性胶体（黄原胶、海藻酸钠、卡拉胶等）等，首先，能够阻碍馒头淀粉粒子重组，有效减少淀粉结晶的糊精及小分子糖类，改善馒头的抗老化性能，同时防止米面食品在加工或贮藏过程中发生水分散失；其次，多数胶体本身是多糖，其羟基能与淀粉链上的羟基及周围的水分子形成大量的氢键，起到保持水分、阻止淀粉回生的作用（方晓波等，2011）。

常用的延缓发酵面制食品淀粉老化的酶制剂主要有淀粉酶、木聚糖酶（戊聚糖酶、半纤维素酶）、氧化酶、脂肪酶、蛋白酶等。抗老化淀粉酶选择性地作用于支链淀粉，切断了支链淀粉的侧链，且降低了其形成双螺旋的趋向，从而降低了支链淀粉回生的速率。对于传统的中式馒头产品，抗老化淀粉酶如麦芽四糖酶也有良好的延缓老化效果。

胶体的加入会使淀粉的短期老化程度增强，长期老化程度减弱（Khanna et al.，2006；Yoshimura et al.，1999）。向淀粉中加入适量的亲水胶体，可以改善体系的糊化性质、流变性质、凝胶特性、老化性质、热力学性质和成膜性质等。瓜尔豆胶、硬脂酰乳酸钠、水溶性大豆多糖对鲜湿面老化的抑制效果均极显著（$P<0.01$）。瓜尔豆胶添加量 0.4%、硬脂酰乳酸钠添加量 0.22%、水溶性大豆多糖添加量 0.18%、β-环糊精添加量 0.15%能显著延缓鲜湿面淀粉回生（肖东等，2015）。交联淀粉富含亲水性较强的基团，可增加淀粉分子的亲和力，具有增稠性、黏性及保水性，添加后可使面团中的淀粉分子之间及淀粉分子与面筋蛋白分子之间形成较为细密的网络结构，从而延缓馒头老化，最佳添加量为 0.55%（于秀荣等，2006）。添加 0.5%的玉米羧甲基淀粉能明显抑制馒头老化进程（苏东民等，2009）。随着对不同淀粉与不同亲水胶体以不同配比复配的深入研究，亲水胶体-淀粉混合体系在工业生产中的应用范围将会更加广泛（郭晓娟等，2016）。

脂质能够与淀粉形成复合物，阻止淀粉分子间的缔合作用，从而阻止淀粉的老化，也可以和不同的蛋白质进行结合，从而影响面筋的网络结构（王春霞等，2012）。起酥油和精制猪油都能够起到延缓馒头老化的作用，是由于油脂的加入提高了馒头的持水性，有效阻止了馒头芯水分向馒头皮层迁移，因此馒头芯的硬度增加变缓（王凤成等，2006）。加入乳化油脂的馒头硬度有所降低，乳化油脂有延缓馒头老化的作用（白建民等，2009）。

1.3.5　贮藏温度的影响

从淀粉老化机制可知，温度是影响淀粉老化的重要因素。冷藏（3℃）条件比室温（23℃）和冷冻（−18℃）条件可加快贮存过程中馒头的老化，冷冻可将馒头的贮存期至少延长 6 个月（成晓瑜，1998）。水在没冻结时，分子的动能随贮存温度的降低而减小，从而难以提供水分子与淀粉分子之间形成氢键所需的能量，所以冷藏（3℃）条件比室温（23℃）和冷冻（−18℃）条件能加快馒头的老化。而冷冻贮存可以使水分子形成细小的结晶，从而使水分子与淀粉分子发生稳定的结合，所以馒头在恢复到室温后可以保持良好的柔软度。馒头老化受贮存温度影响很大，冷藏条件下最易老化，低于−18℃和高于 49℃时馒头不易老化（王杭勇和秦礼谦，1987）。这是由于过低温度降低了淀粉分子的运动速度，因此其不易凝沉，过高温度加速了淀粉分子运动，因此其不易重结晶、凝沉。

淀粉老化按晶体的增长过程分为晶体的形成（成核）、晶体的生长、晶体的完善或成熟3个阶段。温度对这3个阶段的形成都起着重要作用。淀粉在温度下降到玻璃态转变温度过程中晶核生成的速度增加；当温度上升到熔化温度时晶体的生长最快。贮存温度从室温降低到冷藏温度时，膨化马铃薯淀粉相对结晶度从8.4%上升为16.45%，说明老化程度与贮存温度成反比（孟祥艳，2007）。降温速度对淀粉重结晶也有一定影响。与自然冷却和冷风冷却相比，真空冷却可以将熟制馒头快速（15min）降温，但真空冷却的馒头硬度大、口感差（洪乔荻等，2014）。

1.4 口感与营养

中国消费者注重食物口感大于食物营养。

传统食品工业化过程中能否保持原有口味一直是难以解决的问题。中国传统食品特别讲究的配料、火候、人工等因素，在工业化生产中很难达到手工操作的标准，因此就不能绝对保证口味，而且大部分即食型传统食品在包装或二次加热后会发生口感和风味品质降低，就更不能保证其口味的纯正性，因此建立可保持原质原味的工业化生产和包装技术，是传统主食品大规模生产流通的先决条件，也是我国传统食品工业化进程中维持传统食品永久生命力的关键因素，是迫切需要解决的问题。优质独特的风味是衡量传统食品工业化成败的标准（谭丽平等，2009）。

1.4.1 大宗面制食品口感

馒头类加工工艺的妙处之一在于汽蒸，该工艺使产品具有烘焙食品无可比拟的优越性（李里特，2007），如与烘烤加工相比，汽蒸火候易控，现代热物理知识也说明，汽蒸很容易把加热温度控制在100℃左右，使馒头、包子等熟化时外不焦内不生，将营养破坏程度降到最少；汽蒸可以长时间稳定地维持在100℃，即使体积大的面块也足以使芯部达到充分高温，杀菌彻底；而且，馒头的汽蒸温度及水分达不到发生美拉德反应的条件，所以不产生油炸、焙烤食品含有的丙烯酰胺。这使得人们开始意识到采用汽蒸方法制熟的中国馒头是一种更为安全、健康的食品，更加有益于健康和安全。

蒸制在馒头的生产中具有十分重要的作用，包括熟制、灭菌、转态。其本质是馒头坯的半固体状态（可塑生面团），经过蒸制变成固体状态（有弹性的馒头）。一方面，蒸制是馒头熟化的基础；另一方面，蒸制赋予了馒头特有的营养特性和物理特性。蒸制过程中淀粉糊化使得产品易消化；蛋白质变性使得产品有固定的形状。蒸制使馒头的体积、重量和比容都增大，使得馒头有蓬松的内部结构。蒸制过程前期温度逐渐升高，微生物大量繁殖，随着蒸制的进行，当达到一定温度后，微生物活性开始降低直至微生物全部死亡（丁志理等，2018）。

正因为蒸制可以做到无论大还是小的食品，只要时间充分，内外都可达到100℃的熟化温度，才有了包子、饺子等，实现了包容诸菜、配餐方便、营养全面。汉堡、三明治虽然有馅，但都必须将烤好的面包切开，再加上熟的肉馅，不然外面即使烤焦，馅还可能是生的。带馅的面制食品是中国古代的一大发明，还有煲汤、煲粥等，美味健康，这些都和蒸煮加工有关。刚蒸制出来的馒头口感是最好的。随着馒头本身温度的降低，其质地会变硬，口感会变差。复热后的馒头品质与第一次蒸制的馒头品质也有差距。蒸汽复热可有效补偿馒头失水，使其质地得到改善。微波-蒸汽复热则会加重馒头的失水，其质地也会在一定程度上变差。

面条的质构特性和口感是消费者最为关心的品质因素。引起其质构变化的原因可能是生鲜面条制作完成后，在前期的贮藏过程中会有继续醒发的过程，面筋进一步形成，但面粉中蛋白质和淀粉所能吸收的水分是定量的，贮藏过程中由于水分向表面迁移，面条中水分分布不均，水分较难进入面条中心，因此前 24h 内面条硬度和咀嚼度升高；随着贮藏时间的延长，水分分布逐渐均匀，但微生物开始繁殖生长，发酵产酸，会对面筋网络结构产生一定的影响，使得面条的弹性下降，黏性逐渐上升（胡云峰等，2017）。

1.4.2　大宗面制食品营养

中国人的主食米饭、馒头、粥和西餐中的面包相比更有益于健康。中国传统食品的营养价值，可以说在合理性、丰富性、科学性方面都值得向世界推广（李里特，2007）。

西方国家的文化大都是游牧文化，因此食物结构往往以动物性食品为中心。当有识之士指出这种食物结构的缺陷和危害，从人体健康、动物保护和环境可持续发展三个方面倡导素食时，医学界曾存在很大的误解和偏见。后来，随着医学、营养学研究的发展，20 世纪 90 年代，素食的优越性被广泛认可。1983～1988 年康奈尔大学 Colin Campbell 教授、牛津大学 Richard Peto 教授等和中国预防医学科学研究院陈君石院士共同实施了针对中国不同地域 65 个县膳食与健康的合作调查项目。项目报告《中国膳食、生活方式与死亡率》（*Diet, Life-Style and Mortality in China*）在西方国家引起很大反响。Campbell 教授总结研究结论时指出：“中国项目的主要发现是，动物性食品、脂肪摄食得越少，癌、心脏病和其他慢性病的发病率明显低下”；“高收入人群，血液总胆固醇、尿蛋白明显高，这是动物性食品、高蛋白摄取多的指标，同时是白血病、肝癌、结肠癌、直肠癌、肺癌、脑肿瘤、糖尿病等发病率高的原因”；“膳食中即使有少量的动物性食品也能使一些疾病发病率大大提高，而多摄取植物性食品可以减少疾病发生”。Campbell 教授最后总结说：“我认为完全素食（vegan food）是理想的食物结构，它可以大大减少疾病，甚至迄今没有发现它的缺点；完全素食与普通素食（vegetarian food）、非素食相比，无论从哪个角度看，都同等或更加能拥有健康”。

2002 年 4 月 25 日瑞典国家食品管理局和斯德哥尔摩大学发表了重大发现：油炸薯片或焙烤的淀粉质食品含有非常高浓度的丙烯酰胺（acrylamide，AA）。丙烯酰胺是神经毒素，世界卫生组织（WHO）国际癌症研究机构（IARC）定其为致癌物。世界卫生组织和美国国家环境保护局（EPA）规定饮水中其浓度限量为0.5μg/kg。可是经过超 100℃加热的淀粉类食品，如油炸薯片的 AA 浓度为1200μg/kg，薯条为 450μg/kg，饼干为 410μg/kg，面包为 140μg/kg，大大超过危害限量。这个发现再次突显了我国传统蒸煮食品的优越性。

馒头蒸制 0～15min 的过程中，清球蛋白含量、麦谷蛋白含量及醇溶蛋白含量均呈下降趋势，剩余蛋白质的含量呈上升趋势；蒸制 15～30min，蛋白质各组分的含量变化趋势均不明显，但粗蛋白含量几乎不变。在发酵过程中，酵母菌会利用面团中营养物质合成小分子多肽；在蒸制前 20min 内，一部分小分子多肽逐渐消失或逐渐减少，多数分子肽变化不大，说明蒸制对馒头中小分子肽影响不大。在蒸制前 15min 内，可溶性总蛋白、清球蛋白及麦谷蛋白电泳图谱中，条带逐渐变浅且条带数逐渐减少，高分子蛋白逐渐降解，有一部分清球蛋白分解或降解，麦谷蛋白逐渐分解。在馒头蒸制前 15min 内，α-螺旋含量逐渐降低，β-折叠及 β-转角含量逐渐增加，α-螺旋与 β-折叠含量比值降低，二硫键含量呈上升趋势，巯基含量呈下降趋势，表明随着蒸制的进行，蛋白质分子空间结构更加紧密，蛋白质刚性降低、柔韧性增加（郑静静，2015）。

1.5 面制品风味

食品风味是指摄入口腔的食品刺激人的各种感觉受体，使人产生的短时的综合生理感觉，受人的生理、心理和习惯支配，带有强烈的地区和民族的特殊倾向性。

食品风味是构成食品美感的最重要因素，调查表明，80%的人重复选购同一种食品是因为好吃。中国传统食品文化源远流长，民间美食不胜枚举，但随着食品工业的高速发展，食品风味有趋同现象。传统美食受到消费者高度欢迎，究其原因，新鲜的原材料加上传统的加工工艺迎合了消费者追求特色风味的需求。在人们膳食结构不断变化的今天，消费者比以前更加注重食品风味。因此让工业化生产的食品体现传统的、特色的、多样的风味是科技工作者急需解决的问题，主要包括探索风味物质的分离与鉴定方法，研究食品风味成分的形成机制，改善和模拟天然食品的风味（谭丽平等，2009）。

食物在热处理过程中，原有的香气成分因受热挥发而有所损失，但食品中的其他组分也会在热的影响下发生降解或相互作用而生成大量新的香气物质。新香气成分的形成既与面制食品原料中的蛋白质、淀粉、脂肪、维生素、水分等内在营养物质有关，也与热处理的方法、时间有关，最为常见的有烹煮、烘焙和油炸等方式。

在烹煮条件下发生的非酶反应，主要有美拉德反应、维生素和类胡萝卜素的分解、多酚化合物的氧化、含硫化合物的降解等。

加热可以改变原料的性质，使其由生变熟。食物受热所产生的物理变化包括吸水膨胀、分裂和溶解。烹煮后，淀粉含量高的原料吸水润胀，组织结构被破坏，硬度降低，黏弹性增加（糊化现象），组织改善。淀粉水解产生葡萄糖，在一定程度上影响风味。油脂在一定烹煮条件下发生水解反应，脂肪酸游离出来，带来风味。蛋白质在吸水加热条件下形成凝胶，在蛋白酶作用下产生氨基酸和多肽，赋予面制食品风味和滋味（李里特，2007）。

烘焙处理通常温度较高，时间较长，使烘焙面制食品产生大量香气。烤面包除了在发酵过程中形成醇、酯类化合物，在烘焙中还会产生 70 种以上羰基化合物，其中异丁醛、丁二酮等对面包香气影响很大。炒米饭、炒面条等食物的芳香气味，大多与吡嗪类化合物和含硫化合物的产生有关。面制食品在烘焙时发生的非酶反应主要有美拉德反应和维生素、油脂、氨基酸及单糖的降解，以及 β-胡萝卜素、儿茶酚等的热降解。面制食品加工中原料的双糖比单糖更有效地保留了挥发性风味成分，这些风味成分包括多种羰基化合物（醛和酮）和羧酸衍生物（主要是酯类），双糖和分子量较大的低聚糖是有效的风味结合剂，环状糊精因能形成包埋结构，所以能有效地截留风味成分和其他小分子化合物。美拉德反应可以产生挥发性风味成分，这些化合物主要是吡啶、吡嗪、咪唑、吡咯等。二羟丙酮和甲硫氨酸反应呈现烤焦马铃薯味。单糖和双糖一般都经过熔融状态后才进行热分解，这时发生了一系列的异构化及分子内、分子间脱水反应，生成以呋喃类化合物为主的香气成分，并有少量的内酯类、丙二酮类物质形成，其反应途径与美拉德反应中生成糖醛的途径相类似。如果继续受热，则单糖的碳链发生断裂，形成丙酮醛、甘油酯、乙二醛等小分子香气成分；若糖经受更高的温度或受热时间过长时，产物最后便聚合成焦糖素。淀粉在高温状态下一般不经过熔融状态即进行热分解，在 400℃以下时，主要生成呋喃类、糖醛类化合物，同时会生成麦芽酚、环苷素及有机酸等小分子物质；若加热到 800℃以上，则会进一步生成芳环烃和稠环芳烃类化合物，其中不少物质具有一定的致癌性。

油炸面制食品诱人，油炸除了在高温下发生与烘焙相类似的反应，更多的是发生油脂的热降解反应。油炸面制食品的香气物质有 2,4-癸二烯醛和吡嗪、酯类化合物及面制食品独特的香气物质。给食物外面挂一层淀粉糊或拍撒干面粉再油炸，特点是外焦里嫩，滋味独特。炸薯条、炸薯片及高温煎炸、烘焙的某些食品中，含有较高水平的丙烯酰胺，而一袋炸薯片所含的丙烯酰胺是安全范围的 500 倍。水煮的食物不含丙烯酰胺。瑞典检测了 100 多种经过高温加工处理（煎、炸、烤）的碳水化合物食物样本，并经动物试验证明，丙烯酰胺有致癌作用。丙烯酰胺主要在高碳水化合物、低蛋白质的植物性食物加热（120℃以上，140～180℃为生成最佳温度）烹调过程中形成，而在食物加工之前检测不到。丙烯酰胺的主要前体物为游离天冬氨酸（马铃薯和谷类的代表性氨基酸），其与还原糖发生美拉德反应形成丙烯酰胺。食品中形成的丙烯酰胺比较稳定。油炸食品的苯并[α]芘含量较高，也有一定致癌风险。2005 年，中国卫生部检测表明，我国居民食用油炸食品较多，其中薯类油炸食品中丙烯酰胺平均含量比谷类油炸食品高出 4 倍，暴露量较高，长期低剂量摄入，对人体健康有潜在危害。

1.6 面制食品文化

人类的文明始于饮食，对人类而言，生存是第一要务，因此，饮食便成为人类生存的第一要务，没有哪一个人、哪一个民族、哪一个国家会逃脱这一法则。中国是人类文明的发祥地之一，当然也是世界食品文化的发祥地之一。

对中国饮食文化而言，饮食是其次要部分，而饮食所承载的文化才是其主要部分。最初的食品仅仅是维持生命，后来人类开始用火使食物变成熟食以后再吃，这就进入文明时期，于是食品成为人类智慧和技艺的凝聚体，人类食物与动物食物便有了质的区别，食品具有了文化的意义（庞杰，2009；徐星海，2009）。

食品是指各种供人食用或者饮用的成品和原料，以及按照传统既是食品又是药品但不包括以治疗为目的的物品。食品为人类生存提供能量、营养、饱腹感，是维持人类生存的重要物质基础。按照加工方式，食品可分为传统食品和现代食品。

传统食品是指生产历史悠久、采用传统加工工艺、反映地方和民族特色的食品（孙宝国和王静，2013）。传统食品可以描述为起源于当地，以本土传统农产品等为主要原料加工而成的符合当地人饮食习惯，长期被当地人日常食用或因庆祝节日等特殊目的而食用，具有丰富的加工经验、独特的地域特色和传统文化特质的食品（谭丽平等，2009）。传统食品是相对现代食品而言的。现代食品是指随着科学技术发展而出现的新型食品，如保健食品、转基因食品、有机食品、绿色食品等新食品类型。

中国传统食品具有独特的色香味，这是传统食品在特定区域内经久不衰、深受当地居民喜欢的原因。然而，传统食品是在过去经济发展水平较低的年代产生的，受当时饮食理念限制等，相当一部分传统食品如传统焙烤食品，都具有高油、高糖、高脂肪、高热量等特点。这些特点与现代人追求健康饮食的理念相悖，所以在保留传统口味的基础上，开发适应现代人要求的食品是传统食品加工企业要面对的问题（谭丽平等，2009）。传统食品按照消费方式和材料特点可以分为传统主食品、小吃、豆制品、菜肴。

主食是指供应广大老百姓一日三餐消费、满足人体基本能量和营养摄入需求的主要食品，在膳食结构中占主导地位，对我国消费者而言即为谷物食物。目前，国际上发达国家的食品工业化水平已达到 75%，有的国家已经达到 90%以上。世界各国都非常重视本土传统食品的研究，交流、品牌保护、质量保证和创新已经成为制约传统食品现代化的关键问题，我国除小部分传统食品形成了一定发展规模外，大部分发展艰难，问题较多，在工业化进程中没有受到重视，或被当作落后过时的东西，或因为加工方法落后，卫生质量、外观、口感、方便性等不符合现代人的要求而日渐消亡（李里特，2004）。我国传统主食品主要包括包子、饺子、馒头、面条、月饼、馄饨、粽子、油条、年糕、煎饼、汤圆、麻花、烧麦、八宝饭、米粥、肉夹馍等。

小吃是在口味上具有一定风格特色的食品的总称，可以作为宴席间的点缀或者早点、夜宵的主要食品。图 1-5 为陕西特色传统小吃街。小吃取材广泛、花色繁多、主辅兼备、应时应点，是我国传统烹饪的高超技巧和独具风格的美食特征的直接体现，也是一种地方文化的集中体现（孙维明，2010）。现代人吃小吃通常不是为了吃饱，除了可以解馋，品尝异地风味小吃还可以了解当地风情。也有的人因胃口小或由于疾病不能吃得太多，三餐不足以供应必要的营养，需要在正餐后额外吃一些小吃补充。小吃一般售卖起点低，价格不高，普通消费者都可以买得起。与正餐相比，小吃具有制作速度快，不需要坐下来消费，可以边走边吃的特点；小吃制作需要一定的技术，消费者很难或不太愿意在家里自己制作，更愿意在小吃摊点消费，具有不可替代性；无论春夏还是秋冬，无论早上、晚上还

图 1-5　陕西特色传统小吃街（彩图请扫封底二维码）

是下午，无论消费者是非常饥饿还是八分饱，无论在路上还是在室内，消费者都愿意去购买小吃。

豆制品是以大豆、小豆、绿豆、豌豆、蚕豆等豆类为主要原料，经加工而成的食品。大多数豆制品是由大豆的豆浆凝固而成的豆腐及其再制品。我国是大豆的故乡，栽培大豆已有 5000 年的历史，同时是最早研发生产豆制品的国家。几千年来，汉族劳动人民利用各种豆类创制了许多影响深远、广为流传的豆制品，如豆腐、豆腐丝、腐乳、豆浆、豆豉、酱油、豆芽、豆肠、豆筋、豆鱼、羊肚丝、猫耳、素鸡翅、大豆耳等。

菜肴一般指烹调好的蔬菜、蛋、肉等副食品。我国传统菜肴讲究“色、香、味、形、质、营、器”七大特点，烹饪技术包括蒸、炸、烩、烧、烤、煎、爆、熏、汆、煲、炖等，中式菜肴复杂多变，每一道菜都由主料、配料搭配而成，再加上厨师精湛的烹饪技术和调味技术，增加了我国传统菜肴进行工业化生产的困难程度（王静和孙宝国，2012）。

我国传统食品具有丰富独特的文化内涵，是长期经验的积累和智慧的集成，具有良好的风味性、营养性、健康性和安全性（王静和孙宝国，2012）。我国传统食品工业产值约 1500 亿元（周鹏等，2009）。世界传统食品大体上可以分成两类，即西式传统食品（西餐）和中式传统食品（中餐）。西餐反映了游牧民族饮食文化特点，中餐代表了农耕文化特色（李里特，2007）。

1.6.1 面制食品文化的内涵

食品文化是人类在饮食方面的创造性行为及其成果，是关于饮食生产与消费的科学、技术、习俗和艺术等的文化综合体，凡涉及人类饮食方面的思想、意识、观念、哲学、宗教、艺术等都在饮食文化范围之内。

中国食品文化以长江、黄河流域以农业为主要食品生产方式的汉族的食品文化为主体，兼顾其他少数民族的食品文化。因为不同阶段食品原料和人们的思想认识不同，中国食品文化也表现出不同的特点。中国食品文化发展方向沿着由萌芽到成熟，由简单到繁多，由粗放到精细，由物质到精神，由口腹到养生的趋势发展。具体发展阶段可分为萌芽时期（原始社会）、成形时期（夏商周）、初步发展时期（秦汉）、全面发展时期（魏晋隋唐）、成熟时期（宋元明清）、繁荣时期（民国至今）（庞杰等，2009）。

中国传统面制食品文化大致可以这样理解，以麦类作物（小麦、燕麦、荞麦）面粉为原料，经过发酵或不发酵，利用不同的加工器具、烹制工艺，加工成主食、小吃、点心和糕点，其不仅作为食物享用，还作为一种精神和文化交流的载体，在制作和享用中代表节日、礼仪和风俗。例如，中国人过生日都喜欢制作和享用长寿面，以求健康长寿之意；老年人过寿蒸桃馍，向长辈表示孝敬之心；中国月饼是中华民族独有的中秋团圆寄情之物；制作花馍、项圈馍，保佑儿女一生顺利；新年吃饺子，象征新旧更替、财源广进。中国传统面制食品文化丰富多彩，寓意深刻而美好，为现代面制食品工业发展提供了丰富的文化内涵和物质基础（李曦，2013；俞为洁，2011）。

1.6.2 我国传统面制食品文化的发展过程

小麦现在是我国第二大粮食作物，是我国北方人的主食，可是在汉朝以前，小麦和大麦等麦类作物一样是“粗粮”，采取的是粒食，即整个囫囵煮、蒸或炒了吃，其食品称作粝食，即粗粝之食。

面食在汉唐时期已是北方人的主食，当时的面食主要有饼、馒头、面，糕、团大多由米粉（常用糯米粉）做成，不属于面制食品。

饼专指各种扁圆形的面食，是汉唐时的面食大类，有我们现在熟知的油饼、烧饼、胡饼等。胡饼开始加馅，与现在的肉饼、菜饼类似，不加馅的胡饼逐渐与烧饼同化，元朝以后，胡饼这个词就消失了。

馒头指蒸制的发酵面食。现代人常把它同西方的面包相提并论，其被誉为中华面食的象征。馒头本有馅，后北方人称无馅的为馒头，有馅的为包子。中国人吃馒头的历史，至少可追溯到三国时期。馒头出现后，提高了人们主食的质量，并由此派生出花卷、包子等食品（俞为洁，2011）。

面条起源于中国，古时称作烙面、汤饼、煮饼、水溲饼、汤面等，简称面。 西汉时期，由于军事、大型盛宴的需要，开发了可供储藏、便于食用的烙面。烙面是用富含淀粉的荞麦、小米、豆面等和成面糊，在锅上摊出煎饼。烙面的含水量较低，便于储藏和携带，又是熟食，可即食，也可切条在汤锅中煮食。东汉时期，人们把由面粉和水制成的面团或面饼经水煮、烙或蒸后统称为饼。水煮的称作水溲饼，蒸的称作蒸饼。将未发酵的小麦或杂粮饼烙蒸熟后再烩汤吃，现在在黄土高原地区的民间饮食中仍可见。

魏晋时，面条称汤饼，南北朝时称水引饼或水引面，宋代时汤饼改称为面条。饼是中华面条的原始雏形，剁荞面是中国最早的面条形态，饸饹面是挤压面条（包括粉丝）的鼻祖，是面条规模化生产的初级形式。手擀面是小麦引入西域、关中和中原后，在剁荞面和饸烙面制作工艺的基础上发展起来的一种家庭食用面条。新疆拉条子是兰州拉面的祖先，兰州拉面是手工拉面的雏形。这些可能就是中华面条的起源和演变过程（魏益民，2015）。

现代生活中常见的面制食品有鲜面条、半干面、油炸或非油炸方便面、小麦挂面、杂粮挂面、面皮、米皮、荞麦饸饹、醋粉等特色传统食品（图 1-6）。

图 1-6　常见的传统加工面制食品（彩图请扫封底二维码）

1.6.3　我国传统面制食品存在的问题和研究展望

总体而言，我国传统面制食品饮食文化根植于中华文化思想与观念中，五谷为养，五果为助，五畜为益，五菜为充，以植物性食物为主，以动物性食物为辅，以温和的蒸煮加工为主要熟化方式，以药食同源为主要特色，是人与自然辩证统一、和谐发展的高度概况，是最健康的饮食方式，值得大力宣传与推广。中国饮食文化对世界有重要影响，但与单独注重营养的西方饮食文化又有本质的区别。为了使我国面制食品适应现代消费者的需求，面制品加工的科研人员和生产企业还应在以下几个方面予以重视。

第一，简单加工、轻简化加工技术被忽视，过度追求口感，忽视了简单加工保留了大量的膳食纤维、矿物质、维生素，其对慢性病防治有不可估量的作用。

第二，对于蒸煮类食物的消化吸收，调节人体肠道菌群和营养代谢的机制还不完全清楚，需要系统研究。

第三，全谷物及杂豆面制食品种类多、营养和功能特性差异较大，目前尚无系统、全面、方便的全谷物及杂豆营养指南及食用推荐标准供消费者选择。

1.7　小　　结

和面、压延、干燥、包装等作为面制食品加工中的重要工序，标准化、自动化、连续化和智能化的生产技术还不成熟，整个生产过程中工艺控制方式粗放，容易导致产品质量控制严重滞后、检测精度和频率低等问题，最终导致面制食品品质稳定性差、加工能耗高、劳动强度大、原料利用率低、缺少技术规范和评价标准等突出问题，急需利用现代加工技术实现谷物食品工业化生产。

主食的工业化发展是一个国家粮食产业发展的根本。所谓主食工业化，是指在发扬我国传统主食品优秀文化的基础上，采用现代科学营养原理和先进技术装备，进行规模化生产，提供标准化、方便化、安全化、营养化的即食主食品。主食工业化生产中由机械化生产代替传统手工制作，实现操作规范化、生产机械化、产品标准化和工艺科技化，经现代科学技术改造，形成一个全新的主食生产工艺。因此，目前我国面制食品加工面临着工艺的标准化、自动化、智能化和连续化程度低等问题。

谷物在我国居民膳食结构中占有的比例较大，是我国平衡膳食模式的重要特征，也是西北地区人民的传统饮食。但是近 30 年来谷类作为我国居民膳食模式中传统主食品的地位发生了变化，谷类消费量逐年下降，动物性食物和油脂摄入逐年增多，导致能量摄入过剩，同时，谷类过度加工导致维生素、矿物质、膳食纤维丢失而引起摄入不足，这些因素都会增加患慢性病的风险。因此，坚持以谷物为主，适度加工，平衡膳食，并结合地方的饮食特点和生活习惯，提高居民营养状况，是谷物食品科技工作者肩负的重要使命。

陕西作为我国面食的重要发源地和使用地之一，2017 年小麦粉产量约为 600 万 t，面条、馒头等多种传统主食品深受当地人喜爱。荞麦、杂豆等是陕西特色杂粮作物，不仅含有碳水化合物、蛋白质等常规营养素，还含有维生素、矿物质、多酚、多肽等多种对人体有益的健康因子和功能因子，是当今世界公认的能有效预防“富贵病”的健康食品，有利于预防心血管疾病、癌症、慢性呼吸道疾病和糖尿病发生。我国从 20 世纪 90 年代开始重视全谷物和杂豆食品对营养均衡的重要性，当前广大消费者非常注重杂粮的营养和功能，以杂粮、杂豆为主体的全谷物食品已悄然兴起，杂粮、杂豆营养与健康的关系已被公众认识。市场对杂粮、杂豆的需求正以每年 15%的速度递增，杂粮食品在膳食结构中的比例不断增大。据不完全统计，2015 年我国以杂粮为主体的全谷物健康食品的销售额已超过 1500 亿元。《中国居民膳食指南（2016）》推荐居民每天的谷薯类摄入量为 250～400g，其中全谷物和杂豆为 50～150g。

全谷物食品能够有效预防心血管疾病、消化道肿瘤、糖尿病等“富贵病”，受到粮食加工、食品制造和营养科学领域的高度重视。2005～2010 年，欧盟启动了“健康谷物”综合研究计划，组织专家研究全谷物食品的营养代谢、保健机制、加工技术、食品制造、消费行为等问题，并不断发布全谷物的健康声明，有效控制了 2 型糖尿病和心脑血管疾病发病势头。据美国谷物化学家协会的资料，长期摄入全谷物食品，中风危险降低 30%～36%，心脏疾病危险下降 25%～28%，

2 型糖尿病危险下降 21%～30%，结肠癌危险下降 21%～43%，并且有助于控制体重。美国、澳大利亚、加拿大等发达国家的膳食指南推荐居民进食的谷物中至少有一半为全谷物。我国目前居民健康遇到的问题完全可以通过饮食调节得到缓解。

工业和信息化部发布的《粮食加工业发展规划（2011—2020 年）》强调，重点建设加工园区建设工程、技术改造工程、粮食食品安全检测能力建设工程、主食品工业化工程等。

国家发展改革委、国家粮食局印发的《粮食行业“十三五”发展规划纲要》强调，要加快粮油加工业调结构、去产能，以营养功能为重点，大力发展主食产业化；提出要开发适宜不同消费群体、具有不同营养功能、适合不同区域的优质挂面和鲜湿面等大众主食品和区域特色主食品，增强市场竞争力。

国家发展改革委发布的《全国新增 1000 亿斤粮食生产能力规划（2009—2020 年）》要求，引导社会公众调整膳食结构，增加小麦及面制食品消费，加快推进以蒸煮面制食品为代表的主食工业化、现代化、产业化发展，加强小麦、面粉及面制食品的基础研究和成果产业化，全面改造和提升面制食品加工业。

国务院办公厅发布的《中国食物与营养发展纲要（2014—2020 年）》要求，强化对主食类加工产品的营养科学指导，推进主食工业化、规模化发展；加大对食用农产品生产的支持力度，加大对食物加工、流通领域的扶持力度，鼓励主产区发展食物加工业。

国务院办公厅印发的《国民营养计划（2017—2030 年）》，要求加大力度推进营养型优质食用农产品生产，开发利用我国丰富的特色农产品资源，以传统大众型、地域特色型、功能型产品为重点，开展营养主食的示范引导。

我国谷物食品加工业基础研究相对薄弱，现代加工技术储备不足，重大技术和高端装备依赖进口，自主研发水平较低，科技创新能力不强。高效自动化或智能制造技术装备研发与集成促进面制食品从“传统机械化加工和规模化生产”向“智能互联制造”转换。紧密围绕谷物食品加工工艺，注重原始创新和集成创新相结合，对高耗能、低效率的设备进行升级，推进谷物食品加工的精准化、节能化、高效化、自动化和智能化发展，打造具有自主知识产权和核心技术的谷物食品加工技术与工艺体系，全面提升谷物加工装备制造业的现代化水平。

围绕营养化、多样性的国民健康饮食消费新需求，开展营养谷物食品研发及产业化工作，在全谷物健康食品开发、传统主食品营养功能化制造、谷物食品营养均衡靶向设计等关键技术及新产品研发上实现跨越式研究和发展，全面提升保障公众营养健康主食的能力，并不断深入推进谷物食品的工业化、规模化、标准化生产，以及社会化供应、产业化经营。

主要参考文献

白建民, 刘长虹, 韩禅娟. 2009. 乳化油脂对面团流变特性和馒头品质的影响[J]. 粮食加工, 34(6): 46-48.
Burg S P, 郑先章. 2007. 中西方减压贮藏研究概述[J]. 制冷学报, 28(2): 1-7.
岑涛. 2011. 乳化剂和酶制剂在发酵面制品中的改良作用[J]. 粮油工程, 18(1): 10.
陈成, 王晓曦, 王瑞, 等. 2015. 核磁共振技术在食品中水分迁移状况的研究现状[J]. 粮食与饲料工业, (8): 5-9.
成晓瑜. 1998. 改善馒头品质的研究[D]. 北京: 中国农业大学硕士学位论文.
丁文平, 王月慧. 2003. 大米淀粉胶凝和回生机理的研究[J]. 粮食与饲料工业, (3): 11-14, 17.
丁志理, 刘长虹, 毋梦竹, 等. 2018. 馒头蒸制过程中淀粉性质变化研究[J]. 食品工业, 39(11): 114-118.
方晓波, 苏东民, 胡丽花. 2011. 我国主食馒头抗老化技术研究进展[J]. 保鲜与加工, 11(4): 47-49.
付奎, 王晓曦, 马森, 等. 2014. 损伤淀粉对面团水分迁移及面筋网络结构影响[J]. 粮食与油脂, 27(6): 17-22.
傅小伟, 黄斌, 陈波, 等. 2007. 湿面保鲜工艺研究[J]. 中国粮油学报, 22(1): 23-25.
高瑞昌, 谢建华, 任红艳, 等. 2013. 我国食品加工学领域基础研究现状和发展趋势——基于国家自然科学基金申请和资助情况分析[J]. 中国食品报, 13(12): 1-11.
工业和信息化部消费品工业司. 2016. 食品工业发展报告[M]. 北京: 中国轻工业出版社.
郭晓娟, 刘成梅, 吴建永, 等. 2016. 亲水胶体对淀粉理化性质影响的研究进展[J]. 食品工业科技, 37(6): 367-371, 376.
何承云, 林向阳, 张远. 2009. 核磁共振技术研究馒头水分的迁移变化[J]. 食品科学, 30(13): 143-146.
何冬兰, 彭宝玉, 张莹, 等. 2010. 微生物谷氨酰胺转氨酶对大豆分离蛋白凝胶性的影响[J]. 中南民族大学学报(自然科学版), 29(53): 41-44.
何国庆, 贾英民, 丁立孝, 等. 2016. 食品微生物学[M]. 北京: 中国农业大学出版社.
洪乔荻, 邹同华, 郭雪, 等. 2014. 不同冷却方法对馒头贮藏过程品质的影响[J]. 食品与机械, 30(1): 176-178.
胡云峰, 王奎超, 陈媛媛. 2017. 不同加水量对生鲜面条品质的影响[J]. 食品研究与开发, 38(24): 88-92.
黄俊彦, 崔立华. 2005. 热收缩包装技术及其发展[J]. 包装工程, 26(3): 59-62.
金永亮. 2016. 乳酸菌在馒头保鲜的应用研究[J]. 中国食品安全, (8): 137-138.
冷进松, 戴媛, 刘长虹. 2013. 蒸制与蒸烤馒头在储存过程中理化及微生物指标的对比研究[J]. 食品科学, 31(21): 176-181.
李里特. 2004. 中国传统食品的科学与价值[J]. 食品科技, (1): 8-11.
李里特. 2007. 中国传统食品的营养问题[J]. 中国食物与营养, (6): 4-6.
李玮, 李栓, 胡杰. 2010. 谷氨酰胺转氨酶在传统中式方便食品品质改良中的应用探讨[J]. 食品研究与开发, 31(7): 173-175.
李曦. 2013. 陕西饮食文化谈薮[M]. 西安: 陕西师范大学出版社.
林向阳, 何承云, 阮榕生, 等. 2005. MRI 研究冷冻馒头微波复热过程水分的迁移变化[J]. 食品科学, 26(8): 82-86.
刘长虹, 韩旭. 2009. 少根根霉对酵子馒头品质的影响[J]. 食品研究与开发, 30(9): 14-18.
刘锐. 2015. 和面方式对面团理化结构和面条质量的影响[D]. 北京: 中国农业科学院博士学位论文.
刘锐, 魏益民, 张影全. 2015a. 中国挂面产业与市场研究[M]. 北京: 中国轻工业出版社.
刘锐, 武亮, 张影全, 等. 2015b. 基于低场核磁和差示量热扫描的面条面团水分状态研究[J]. 农业工程学报, 31(9): 288-294.
刘晓真. 2014. 我国面制主食消费现状及趋势分析[J]. 农业工程技术(农产品加工业), (7): 20-22.
刘燕琪, 李梦琴, 李超然, 等. 2016. 谷氨酰胺转氨酶对面条水分状态及蛋白质结构的影响. 中国粮油学报, 31(1): 10-16.
刘增贵. 2008. 湿生面条的保鲜研究[D]. 无锡: 江南大学硕士学位论文.
孟祥艳. 2007. 淀粉老化机理及影响因素的研究[J]. 食品工程, (2): 60-63.
庞杰. 2009. 食品文化概论[M]. 北京: 化学工业出版社.
钱平. 2005. 小麦粉品质对馒头老化的影响及馒头抗老化研究[D]. 北京: 中国农业大学博士学位论文.
沙坤, 钱平, 刘海杰, 等. 2007. 工艺条件对馒头比容及硬化度的影响研究[J]. 食品科技, (12): 54-57.
盛琪, 郭晓娜, 彭伟, 等. 2016. 气调包装对馒头品质及保鲜效果的影响[J]. 中国粮油学报, 31(9): 126-130.
宋宏光, 刘长虹. 2005. 馒头贮存过程中理化指标变化的研究[J]. 粮油加工与食品机械, (2): 70-72.
苏东民, 李浩, 马荣琨, 等. 2009. 玉米羧甲基淀粉对馒头品质及老化特性的影响[J]. 粮食加工, (4): 47-51.
孙宝国, 曹雁平, 李健, 等. 2014. 食品科学研究前沿动态[J]. 食品科学技术学报, 32(2): 1-11.
孙宝国, 王静. 2013. 中国传统食品现代化[J]. 中国工程科学, 15(4): 4-8.
孙维明. 2010. 我国地方小吃发展现状及其对策分析[J]. 中国集体经济, (21): 28-29.
谭丽平, 陈明海, 张惠, 等. 2009. 我国传统食品涵义界定及其发展现状的研究[J]. 食品工业科技, 30(3): 345-350.
田耀旗. 2011. 淀粉回生及其控制研究[D]. 无锡: 江南大学博士学位论文.
王春霞, 周国燕, 胡晓亮, 等. 2012. 馒头的老化机理及延缓老化方法的研究进展[J]. 食品科学, 33(11): 328-332.
王凤成, 李鹏, 王显伦. 2006. 油脂对馒头品质的影响[J]. 中国粮油学报, 21(3): 238-240.
王杭勇, 秦礼谦. 1987. 乳化剂延缓馒头老化作用机理的研究[J]. 郑州粮食学院学报, (1): 41-50.
王静, 孙宝国. 2012. 我国主要传统食品和菜肴的工业化生产及其关键科学问题[J]. 农产品加工(创新版), (2): 6-9.
王沛. 2016. 冷冻面团中小麦面筋蛋白品质劣变机理及改良研究[D]. 无锡: 江南大学博士学位论文.
魏益民. 2015. 中华面条之起源[J]. 麦类作物学报, 35(7): 881-887.
吴克刚, 赵欣欣, 谢佩文, 等. 2012. 植物精油及单离香料熏蒸控制生湿面制品腐败微生物研究[J]. 粮食与油脂, 25(6): 14-16.
肖东, 周文化, 陈帅, 等. 2016. 亲水多糖对鲜湿面货架期内水分迁移及老化进程的影响[J]. 食品科学, 37(18): 298-303.
徐星海. 2009. 食品文化概论[M]. 南京: 东南大学出版社.
于秀荣, 吴存荣, 张浩, 等. 2006. 马铃薯和玉米交联淀粉对馒头抗老化性的研究[J]. 粮食储藏, 35(5): 46-48.
俞为洁. 2011. 中国食料史[M]. 上海: 上海古籍出版社.
原林. 2017. 冷冻冷藏预制面制品微生物菌群分析和质量控制[D]. 郑州: 河南工业大学硕士学位论文.
张有林. 2006. 食品科学概论[M]. 北京: 科学出版社.
赵笑笑, 张慧茹, 王雪琴, 等. 2016. 生鲜面条保鲜方式及其菌群生长分析[J]. 河南工业大学学报(自然科学版), 37(3): 37-41.
郑静静. 2015. 蒸制对馒头中蛋白质及食用品质的影响[D]. 郑州: 河南工业大学硕士学位论文.
郑先章, 郑郤. 2009. 中国制冷学会 2009 年学术年会论文集[C]. 北京: 中国制冷学会: 400-407.
周国燕, 胡琦玮, 李红卫, 等. 2009. 水分含量对淀粉糊化和老化特性影响的差示扫描量热法研究[J]. 食品科学, (19): 84-87.
周鹏, 陈卫, 江波, 等. 2009. 中国食品科技的发展状况[J]. 中国食品学报, 9(1): 1-6.
Amend T, Belitz H D. 1989. Microscopical studies of water/flour systems[J]. Zeitschrift für Lebensmittel-Untersuchung und Forschung, 189(2): 103-109.
Baik M Y, Chinachoti P. 2000. Moisture redistribution and phase transitions during bread staling[J]. Cereal Chemistry, 77(4): 484-488.
Besbes E, Jury V, Monteau J Y, et al. 2013. Water vapor transport properties during staling of bread crumb and crust as affected by heating rate[J]. Food Research International, 50(1): 10-19.
Biliaderis C G. 1991. The structure and interactions of starch with food constituents[J]. Canadian Journal of Physiology and Pharmacology, 69(1): 60-78.
Bushuk W. 1966. Distribution of water in dough and bread[J]. Bakers Digest, 40: 30-40.
Chen P L, Long Z, Ruan R, et al. 1997. Nuclear magnetic resonance studies of water mobility in bread during storage[J]. Lebensmittel-Wissenschaft und-Technologie (Switzerland), 30(2): 1-183.
Fessas D, Schiraldi A. 2001. Water properties in wheat flour dough Ⅰ: classical thermogravimetry approach[J]. Food Chemistry, 72(2): 237-244.
Fredriksson H, Silverio J, Andersson R, et al. 1998. The influence of amylose and amylopectin on gelatinization and retrogradation properties of different starches[J]. Carbohydrate Polymers, 35(3-4): 119-134.
Goodfellow B J, Wilson R H. 1990. A fourier transform IR study of the gelation of amylose and amylopectin[J]. Biopolymers, 30(13-14): 1183-1189.
Gudmundsso M. 1994. Retrogradation of starch and the role of its components[J]. Thermochimica Acta, 246(2): 329-341.
He H, Hoseney R C. 1990. Changes in bread firmness and moisture during long-term storage[J]. Cereal Chemistry, 67(6): 603-605.
Huang S, Betker S, Quail K, et al. 1993. An optimized processing procedure by response surface methodology (RSM) for northern-style Chinese steamed bread[J]. Journal of Cereal Science, 18(1): 89-102.
Kim-Shin M S, Mari F, Rao P A, et al. 1991. Oxygen-17 nuclear magnetic resonance studies of water mobility during bread staling[J]. Journal of Agricultural and Food Chemistry, 39(11): 1915-1920.

Kowblansky M. 1985. Calorimetric investigation of inclusion complexes of amylose with land breads as studied by deuteron relaxation[J]. Journal of Food Science, 48(1): 5.

Kulp K, Lorenz K. 1981. Heat-moisture treatment of starches. Ⅰ. Physicochemical properties[J]. Cereal Chemistry, 58(1): 46-48.

Leung H K, Magnuson J A, Bruinsma B L. 1983. Water binding of wheat flour doughs and breads as studied by deuteron relaxation[J]. Journal of Food Science, 48(1): 95-99.

Liu Q. 2005. Understanding Starches and Their Role in Foods[M]. Beijing: Food Carbohydrates: Chemistry, Physical Properties and Applications, Taylor & Francis Group.

Liu Y, Wang X L, Li X P, et al. 2019. Chinese steamed bread: packaging conditions and starch retrogradation[J]. Cereal Chemistry, 96(1): 95-103.

Majzoobi M, Farahnaky A, Agah S. 2011. Properties and shelf-life of part-and full-baked flat bread (Barbari) at ambient and frozen storage[J]. Journal of Agricultural Science and Technology, 13(4): 1077-1090.

Miles M J, Morris V J, Orford P D, et al. 1985. The roles of amylose and amylopectin in the gelation and retrogradation of starch[J]. Carbohydrate Research, 135(2): 271-281.

Orford P D, Ring S G, Carroll V, et al. 1987. The effect of concentration and botanical source on the gelation and retrogradation of starch[J]. Journal of the Science of Food and Agriculture, 39(2): 169-177.

Ray B, Bhunia A. 2013. Fundamental Food Microbiology[M]. Boca Raton: CRC Press LLC: 41-49.

Rogers D E, Zeleznak K J, Lai C S, et al. 1988. Effect of native lipids, shortening, and bread moisture on bread firming[J]. Cereal Chemistry, 65(5): 398-401.

Ruan R, Almaer S, Huang V T, et al. 1996. Relationship between firming and water mobility in starch-based food systems during storage[J]. Cereal Chemistry, 73(3): 328-332.

Sheng X L, Ma Z, Li X P, et al. 2016. Effect of water migration on the thermal-vacuum packaged steamed buns under room temperature storage[J]. Journal of Cereal Science, 72: 117-123.

Slade L, Levine H. 1993. Water relationships in starch transitions[J]. Carbohydrate Polymers, 21(2-3): 105-131.

Slade L, Levine H, Wang M, et al. 1996. DSC analysis of starch thermal properties related to functionality in low-moisture baked goods[J]. Journal of Thermal Analysis, 47(5): 1299-1314.

Vandeputte G E, Vermeylen R, Geeroms J, et al. 2003. Rice starches. Ⅲ. Structural aspects provide insight in amylopectin retrogradation properties and gel texture[J]. Journal of Cereal Science, 38(1): 61-68.

Wynne-Jones S, Blanshard J M V. 1986. Hydration studies of wheat starch, amylopectin, amylose gels and bread by proton magnetic resonance[J]. Carbohydrate Polymers, 6(4): 289-306.

Yoshimura M, Takaya T, Nishinari K. 1999. Effects of xyloglucan on the gelatinization and retrogradation of corn starch as studied by rheology and differential scanning calorimetry[J]. Food Hydrocolloids, 13(2): 101-111.

Zhang H J, Wen W D, Cui H T, et al. 2011. Recrystallization behaviors of alloy IC10 at elevated temperature: experiments and modeling[J]. Journal of Materials Science, 46(4): 1076-1082.

第 2 章　大宗面制食品的加工

面条作为一种主食，深受各国消费者喜爱。2005 年，在青海喇家遗址发现了迄今为止世界上最古老的面条实物，距今已有 4000 多年，无可辩驳地证明了面条起源于中国（Lu et al.，2005）。同时，Lu 等发现最早的面条是由小米和高粱两种谷物制成的，这种面条的质地比小麦面条更硬，称为铁丝面。在汉代，面条称为水饼；唐朝有冬天做汤饼，夏天做冷淘的传统；宋朝时期出现“面条”一词；元朝时期出现干（挂）面条，《饮膳正要》中记载有“春盘面”“山药面”“羊皮面”等 20 多种面；明清时期，面条有了进一步发展，有北京炸酱面、扬州裙带面、福建八珍面等，清代出现了伊府面，据考证是现代方便面的前身和雏形（孙敏，2012）。

现代消费者的一日三餐中，面条占有重要地位。面条的消费量占我国面粉消费量的 35%，其中，挂面占 11%，方便面占 3%，干面片占约 1%，手盘面不足 1%，商业化鲜面条约占 2%，其余 17%为家庭、市场或街道社区手工或机器加工的鲜面条。面条产品根据其水分含量，可分为干制品（水分含量≤14.5%）、鲜湿制品（水分含量＞14.5%）；鲜湿制品可再分为湿鲜面（水分含量＞28.0%）和半干鲜面条（贮藏型，14.5%＜水分含量≤28%）。其中，普通机制鲜湿面条的水分含量为 30%～32%；真空和面机制作湿鲜面条的水分含量为 33%～36%；手工擀面条的水分含量为 40%～45%。制作面条的主要原料为小麦粉（白面），其次为荞麦粉、燕麦粉，或添加辅助性原料，如玉米粉、小米粉、淀粉、葛根粉、豆粉等。消费者通常将除小麦粉以外的其他面粉制作的面条称为杂粮面条。

由于中华面食及饮食文化研究欠缺，没有形成具有共识的中华面条分类依据及相应的分类原则，加之没有权威部门规范中华面条的学名、别名和商品名，故市场和消费名称混乱，因此国内权威面制食品专家魏益民（2016）提出，根据中华面条的制作特点，依据制作工艺，将其分为手工面条、机械制造面条；依据水分含量，分为鲜湿面条、半干面条、干面条；还可以依据产品形态、配料成分、食用方式、起源地域进行分类。

小麦面条具有可塑性、延伸性和弹性，手工小麦面条（手擀面）可分为切面、拉条子、拉面、扯面、揪片子、刀削面、拨鱼子等。切面以宽窄分成细面、韭叶和宽面；以厚度分为四棱或棍棍面等。拉面可分为细、二细、三细、毛细、韭叶、小宽、大宽、二柱子和三棱子等。挂面（dried Chinese noodle），顾名思义，即挂起来的面条，如民间常说的“挂挂面”，也可以特指一种劳动形式。由韩国李旭正导演的纪录片《面条之路》中描述了3500多年前西亚人用小麦面粉制作拉条子的过程，如同今天新疆拉条子的制作过程，也展示了将剩余的拉条子缠在木棍上晾干制作干面条的过程。这可能就是最早的挂面制作雏形。根据手工挂面制作工艺和所使用工具的先进性可知，手工制作的拉条子是兰州拉面的祖先，而兰州拉面是手工挂面的雏形。

在亚洲国家，面条通常采用普通小麦面粉，经和面、醒面、压片、切条工艺制成；而意大利的通心面，则选用硬质小麦（杜伦小麦）粉经挤压工艺而制成（Fu，2008）。在我国，常见的面条主要有生鲜面、半干面、挂面（水分含量为10%～12%）、蒸面（刚制作出的生鲜面经蒸制后包装出售的一种面条类产品形式，蒸面多为黄碱面条，少量的碱能促进淀粉的糊化）、煮面（生鲜面经沸水预煮后所得到的一种面条形式，煮后面条立即浸入冷水中，沥干表面水分后批量或包装后销售）、冷冻面（经过蒸煮或不经过蒸煮的面条成型后速冻，在−18℃以下销售的面条类食品；冷冻面可不添加防腐剂，保存期长，但需冷冻，价格较高，因此销量有限）、方便面（油炸方便面和非油炸方便面）等。面条还可以根据添加的原料分为蔬菜面条、燕麦面条、荞麦面条、玉米面条、绿豆面条等；按添加盐的种类分为白盐面（NaCl）和黄碱面（Na_2CO_3或K_2CO_3）。

面制食品也可分为生面制食品和熟面制食品两大类。生面制食品主要指鲜面、半干面和挂面，熟面制食品主要指油炸面、风干面和方便湿面。鲜面指不经干燥，水分含量为30%～35%，常温保存1～3天的面条；半干面指鲜面条经一定时间干燥，水分含量为20%～27%，常温保存3个月左右的面条；挂面指鲜面条经干燥，水分含量≤13%，常温保存1年以上的面条；油炸面指经油炸干燥后疏松多孔，水分含量≤8%，复水时间≤4min，常温保存≥60天的面条；风干面指经高温蒸煮后热风干燥，水分含量≤12%，复水时间≤6min，常温保存≥90天的面条；方便湿面指采用蒸煮结合方式或纯水煮熟的即食面制食品，主要采用冷冻方式贮存、流动，也称作冷面（杨金枝等，2015）。目前，市售较多的面条有挂面、鲜面条、半干面、蒸面、方便面、燕麦面、荞麦面等。其中挂面和方便面水分含量低，产品品质稳定，耐贮藏，但油炸方便面含油量高，非油炸方便面复水性能差、营养不均衡等问题制约着方便面产业的发展。

2.1 面条的加工

2.1.1 生鲜面

生鲜面是面条的传统形式，未经二次加工，水分含量为32%～38%，包括白盐生鲜面和黄碱生鲜面。鲜面条口感爽滑、有嚼劲，具有较好的面香风味。由于鲜面条水分含量高、水分活度大，腐败菌极易生长繁殖，工业化生产一直是我国鲜面条生产的瓶颈（李曼，2014）。在我国，生鲜面目前大多数由中小规模单位生产，卫生条件和产品质量难以保证，消费者每天定时购买，极不方便。

2.1.1.1　生鲜面的加工

面条是小麦粉加水和面形成面团，面团经压延、挤压，或切、搓、拉、扯、揪、拨等加工方法，形成的长条状、管状、片状或其他形状面制食品的统称。

2.1.1.2　原料对面条品质的影响

小麦粉中蛋白质和淀粉的变化对产品品质起着决定性的作用（Gupta et al.，1992）。小麦粉中面筋蛋白网络结构的形成对面团的机械特性和加工特性有着重要作用（Masci et al.，1998），而淀粉的组成与特性则主要影响制品的外观和口感（Crosbie，1991）。蛋白质含量与面条质构特性，尤其是与煮熟面条的硬度、弹性呈正相关。较高的麦谷蛋白含量可以提高面条的硬度、咀嚼性、黏合性和抗拉伸能力。在一定范围内，蛋白质质量（面筋含量和质量、沉降值、流变学特性）的提高有助于面条蒸煮品质的改善和感官评分的提高，但蛋白质质量过高（湿面筋含量＞35%，沉降值＞60ml，稳定时间＞16min）会导致面条外观品质变劣，评分下降；高分子量谷蛋白亚基 5+10 组合与较好的面条加工品质有关。一般认为，优质面条小麦的指标为：蛋白质含量 12%～14%，湿面筋含量 28%～34%，沉淀值 40～45ml，稳定时间 5～15min（刘锐等，2015）。

小麦淀粉品质对白盐面条的质量（尤其是煮后的感官特性）有重要影响。直链与支链淀粉的含量及比例是影响面条质量的重要因素，是不同小麦品种淀粉糊化和膨胀特性及面条质量存在差异的物质基础。较低直链淀粉含量的小麦粉具有较好的糊化和膨胀特性，制作的面条煮制时吸水率高，烹调损失低，具有较高的感官评分。优质白盐面条的直链淀粉含量应在 22%左右。峰值黏度、稀懈值、峰值时间是衡量面条质量的重要糊化参数。由高膨胀性或膨胀体积的小麦粉制作的面条中等偏软，光滑且富有弹性，可以作为面条用小麦的重要选择标准。一般认为，直链淀粉含量较低、峰值黏度和稀懈值高、峰值时间长、膨胀性或膨胀体积大的小麦粉适合制作优质白盐面条。其中，直链淀粉含量、峰值黏度和膨胀性是优质面条小麦评价的关键品质性状（刘锐等，2013）。

面粉中含有少量脂类，脂类包括脂肪、磷脂、糖脂等，主要由不饱和脂肪酸组成，虽不能单独成为面条品质决定因素，但会对面条的品质产生一定影响。面粉脱脂后制成的挂面白度增加，但面条煮后的表面黏度下降。脂类和蛋白质结合有两种方式，一是极性脂质分子通过疏水键与麦谷蛋白结合，二是非极性脂质分子通过氢键与麦醇溶蛋白结合。脂类和蛋白质结合后，增加了面团弹性和包络强度，改善了面团加工性能和干物质损失率。

小麦粉本身存在着复杂的酶系，包括α-淀粉酶、蛋白酶、脂肪酶、脂氧合酶、多酚氧化酶、过氧化物酶、过氧化氢酶、植酸酶等，这些酶对面制食品加工品质及贮藏稳定性有重要影响（李兴军，2011）。小麦粉中的酶类及微生物生长代谢所产生的酶，可能导致淀粉和蛋白质组分发生分解，综合表现为直链和支链淀粉比例变化、支链淀粉分支结构变化、淀粉黏度特性变化、不同溶解性蛋白质组分提取率变化、大分子量剩余蛋白质组分数量降低、小分子量蛋白质及游离氨基酸等含氮化合物增多，进而直接影响面筋网络结构的形成及蛋白质-淀粉之间的相互作用（段兰萍和梁瑞，2010），这可能是制品咀嚼性和弹性下降的主要原因。在一些熟面制食品中，淀粉的老化和重结晶也是其品质劣变的重要因素。面条制品中若含有较高的α-淀粉酶，随贮藏时间的增加，淀粉进一步水解，会导致面条口感发黏甚至出现断条的现象；通常小麦粉中固有的蛋白酶不会分解面筋蛋白，但可能在特定的条件下被激活（周惠明等，2011），蛋白酶活性较高的生面团放置过程中，蛋白质会分解，面筋的数量减少、强度下降。多酚氧化酶的存在被公认为是面制食品褐变的主要原因，特别是生湿面制食品，在贮藏过程中极易发生褐变，成为影响其商品性的首要原因（Fuerst et al.，2006）。对于全麦面制食品，由于保留了大部分的麸皮和胚芽，其多酚氧化酶、脂氧合酶等的含量及活性大大增加，加上酚类及脂肪等氧化底物的含量随之增加，因此更易发生褐变、脂肪酸败变质等劣变反应。

2.1.1.3 添加剂对面条品质的影响

添加适量的食用盐和碱可以在一定程度上改善面条品质，常见的有氯化钠、碳酸钠、碳酸钾、碳酸氢钠等，国内主要向面团中加入碳酸钠或碳酸钾。最初加入食用盐是为了让面团拥有更好的风味，但是为了避免摄入过多钠盐对健康造成风险，目前的研究趋向于添加钾盐。

1. 添加食用盐

氯化钠溶于水后和面，水中的氯离子和钠离子可以帮助面筋蛋白均匀吸水，氯离子还能结合氨基酸极性残基，稳定蛋白质结构（王冠岳等，2008a）。食用盐使面筋结构变得更紧凑，强化了面筋蛋白网络结构。加入食用盐初期，面团的流变学性质得到改善，质构指标变化显著，面团的稳定时间、断裂时间都有适当的延长，延伸性、筋力、硬度、黏附性也得到明显的改善，筋道感、弹性等感官指标有进一步的提升（王冠岳等，2008a）。在显微镜下观察发现，添加适量食用盐后，面筋蛋白网络结构更稳定均匀，包埋淀粉的能力更强（陈洁等，2015）。当食用盐的添加量为 1%～3% 时，添加量与面团的流变学特性变化呈正相关。但加入过量食用盐，氯化钠会与面筋蛋白争夺游离水，导致面团的内部结构分散，剪切力等特性变差（王冠岳等，2008a）。面团中游离的巯基交联形成二硫键，二硫键连接了半胱氨酸残基，是保持面筋蛋白网络结构稳定的重要因素。随着面团中食用盐添加量的增加，面团中二硫键含量先增加后减少，游离巯基含量先减少后增加，面团的流变学特性发生相应的变化，过量的食用盐破坏了原有的二硫键（陈洁等，2015）。

面团中添加少量食用盐后，面条颜色更白亮，但添加过量的食用盐，面条可能会由于食用盐分布不均而局部发黄（王冠岳等，2008a）。食用盐添加量与面条的最佳蒸煮时间、崩解值呈显著负相关，而与面条的起始糊化温度呈正相关（陈霞等，2015；Chen et al.，2014；Wu et al.，2006）。这可能是由于加入较多的食用盐后，面条与水之间存在较大的渗透压，面条、水之间的物质交换速度加快，煮面时间缩短，改善了面筋筋力，其结构更加细密，面筋蛋白将淀粉颗粒包裹得更加紧密，从而提高了糊化温度（王睿，2009），蒸煮后的面条更加光滑（Luo et al.，2015）。但当添加过量食用盐时，淀粉无法被包埋而大量掉落，导致面条蒸煮损失率增大（申倩和陆启玉，2017）。

2. 添加食用碱

添加适量的食用碱后，面团中二硫键含量增加，面筋蛋白的结构更加稳定，面团的稳定时间增加，拉伸性变好，拉断距离变大，硬度、黏弹性和回复性都有所上升。随着加碱量增加，面条的蒸煮损失率增加，这可能是由于加入碱性盐后，煮面条时，蛋白质迅速聚合，而淀粉的糊化速度相对较慢，面条表面溶胀的淀粉颗粒不能很好地嵌入到蛋白质网络中、溶入沸水中，增加了蒸煮损失率。因此，面条加工时碱性盐的添加量只要满足加工性能即可，不能任意增加添加量（Luo，2015）。加入碳酸钾的面团硬度和弹性要优于加入碳酸钠的面团，而含碳酸钠的面团则在回复性方面表现更好（王冠岳等，2008b；董育红和吴冰，1997）。碱性盐还可以中和面粉中的游离脂肪酸，减少游离脂肪酸对面筋的不利影响（胡瑞波等，2006）。但是过量加入食用碱后，面团的流变学性质明显变差，拉断力、拉断距离、硬度、弹性和回复性明显降低。其原因与加盐面条类似，碱与面筋蛋白争夺水分，导致面团缺水，结构松散（王冠岳等，2008b），加碱还会导致周围环境的 pH 变大，影响二硫键的形成。面条加碱量一般为面粉质量的 0.15%～0.2%。钠与钾的比例为 9∶1 时，面条的色泽、质构均比较理想（Choy et al.，2012）。

面条色泽与是否添加食用碱密切有关。当 pH 上升至 7～11 时，面团中 α-淀粉酶、多酚氧化酶的活性明显受到了抑制，有效地抑制了酶促褐变，使面条不易反色；pH 达到 9.9～11.4 时，黄酮类物质与铁离子结合而使面条呈黄色（Hatcher et al.，2007）。添加适量的食用碱后，面条在糊化形成凝胶过程中，膨胀能力增强，吸水率增加，面团的形成时间和稳定时间均变长，面团硬度显著增加、弱化度明显降低，初期面团得以强化，改善了面团的加工性能（Bellido and Hatcher，2009；楚炎沛，2003）。添加食用盐碱对杂粮面条品质和功能特性是否有影响及其影响机制，都有待进一步研究（申倩和陆启玉，2017）。

3. 磷酸盐类

我国传统面条生产中，常选用六偏磷酸钠、三聚磷酸钠、焦磷酸钠和磷酸二氢钠进行复合来调节面条品质。磷酸盐在水溶液中与可溶性盐类生成复盐，对葡萄糖基具有架桥作用，使支链淀粉碳链延长，淀粉分子交联，减少了淀粉溶出，提高了面团的韧性，同时，磷酸盐增强了淀粉吸水能力，增加了面团的持水性，使面筋蛋白充分润胀，形成良好的面筋蛋白网络结构，面团的弹性、韧性增加，使面条口感爽滑（王立，2017）。面粉的吸水率越大越容易煮熟，提高吸水率，面条的复水性能也得到相应的改善（田鸣华等，2000）。磷酸盐的缓冲作用能稳定面团的pH，防止变色、变质，改善了风味和口感，从而延长了面条制品的货架期（陆启玉等，1998）。面团中添加复合磷酸盐后，其稳定时间有所延长，弱化度明显降低，说明磷酸盐可以使面条中的面筋蛋白网络结构加强，使之更加牢固、稳定，更耐加工搅拌（Zhou and Hou，2012；Li et al.，2011）。

4. 添加辅料

鲜面条水分含量较高，在加工过程中为了防止面条粘连，会使用一些油脂。因此，脂肪氧化也是鲜面条贮藏过程中品质劣变的重要原因。面制食品中脂类主要有两方面的变化：一是被氧化产生过氧化物，以及不饱和脂肪酸被氧化后产生羰基化合物，主要为醛、酮类物质；另一种是由脂肪酶水解产生甘油和脂肪酸。面制食品在贮藏期间脂肪酸值增加，会导致其发酸、发苦。

5. 防腐保鲜

氧化酸败和微生物作用是面条变色、变味、营养成分被破坏，甚至产生有毒物质的主要因素，使面条失去食用价值，甚至造成食品安全事故。鲜面条的腐败变质主要是由原料本身携带或二次引入的微生物作用引起的，目前国内主要通过生产工艺改良、原料预处理、防腐剂添加和包装技术改进等方法有效延长鲜面条的保质期。例如，采用高温、紫外线或微波对原辅料杀菌，加入有机酸降低pH，添加乙醇、乳链菌肽（Nisin，又称乳酸链球菌素）、合成防腐剂、植物抑菌剂（荸荠英、植物精油、黄酮等）等抑制微生物的生长繁殖，同时结合气调包装、空气净化和冷链物理保鲜等方法。

2.1.1.4　贮藏过程中其他因素的影响

面制食品加工和贮藏过程中的很多因素都可能改变其品质与贮藏稳定性，主要有微生物变化、生物化学变化及化学变化三种类型。对面制食品而言，导致其食用品质下降的原因主要是微生物的增殖和内部组分及组织结构的破坏。小麦开放性的生长和收获环境使得其籽粒本身带有大量的杂质，包括微生物和麸星，这些微生物会在润麦及后续生产过程中进一步生长繁殖，进而导致小麦粉中微生物含量增加（Berghofer et al.，2003）。小麦粉中较高的含菌量被认为是面制食品腐败变质的主要原因之一。正常的小麦粉霉菌总量一般在百至千数量级，而细菌总量大都在千至万数量级。

生鲜面品质的劣变包括面条颜色、质地的变化和内部组分（如水、淀粉和蛋白质）的变化。用自封袋包装的鲜面条，在常温贮藏过程中，最初的 12h 内品质变化迅速，在 24h 内微生物总数超过 3×10^5CFU/g 这一限值标准，贮藏 24h 是生鲜面品质劣变的转折点（李运通等，2017）。导致高水分含量面制食品腐败变质的主要微生物为细菌，其次是霉菌和酵母（Ray and Bhunia，2013）。引起生鲜湿面发生霉变的主要霉菌是毛霉和青霉（周文化等，2010）。生湿面贮藏后期有较大的酸味，主要是由酵母菌发酵产生的（肖付刚等，2016）。微生物的生长与 pH 的下降是生鲜面条变质过程中最明显的表征，但与产品的品质劣变过程并非完全对应（Ghaffar et al.，2009）。在贮藏过程中，面条表现为色泽亮度变暗，硬度、剪切力和拉断力变小，蒸煮品质明显下降等；内部表现为水分子与其他组分的结合变得紧密，自由水含量增加，菌落总数和霉菌总数均迅速增长。生鲜面的表观指标同内部指标变化相关性显著，菌落总数和霉菌总数与颜色 L^*值、a^*值、b^*值、蒸煮吸水率、水分含量、强结合水横向弛豫时间（T_{21}）、弱结合水横向弛豫时间（T_{22}）呈极显著负相关（$P<0.01$），与剪切力、蒸煮损失率、弱结合水含量百分比（A_{22}）呈显著或极显著正相关（$P<0.05$ 或 $P<0.01$）；T_{21} 与颜色 L^*值、a^*值、b^*值、蒸煮吸水率、水分含量和 T_{22} 呈显著或极显著正相关（$P<0.05$ 或 $P<0.01$），与蒸煮损失率、弱结合水含量百分比（A_{22}）、菌落总数呈极显著负相关（$P<0.01$）。因此，延长生鲜面产品保质期应当考虑降低生鲜面水分含量，维持生鲜面贮藏过程中合理的水分分布，减小水分活度，减少原始带菌量和在贮藏过程中抑制微生物增长等措施。

小麦籽粒脂肪含量约为 2%，但在相同条件的贮藏过程中，面粉的脂肪酸值增长快，而麦粒脂肪酸值变化小。面粉在后熟中面筋品质和烘焙品质都得到改善，把小麦磨成粉后，由于脂肪酶的作用，面粉脂肪发生水解过程，其水解生成不饱和游离脂肪酸（如油酸、亚麻油酸等），对面筋蛋白影响很大，使面筋坚实和弹性变大。水分在面制食品的加工和贮藏过程中起着关键性的作用，对制品的外观、内部结构及贮藏稳定性有着很大影响，控制好水分在制品中的结合状态与分布对于面制食品的品质控制至关重要。在食品加工、贮藏和运输过程中，其内部的水分含量及分布状态经常会发生改变，这也是产品品质劣变的主要原因之一。若能够采取一定的措施控制食品中水分的流动，降低其水分活度，对提高产品的贮藏稳定性、延长其货架期具有重要意义。

生鲜面条常温贮藏过程中，前期菌落总数、L^*值和 pH 均有较大变化；贮藏过程中细菌繁殖最快，霉菌和酵母菌繁殖较慢，存在少量耐热菌但未见增殖；多酚氧化酶（polyphenol oxidase，PPO）活性较高，酚类物质氧化，总酚含量显著降低；pH 显著下降，脂肪酸值略有升高。鲜面条贮藏过程中，游离氨基酸含量升高，淀粉的膨胀性和黏度特性发生一定变化，说明微生物生长代谢及其他物化生化反应可能导致蛋白质和淀粉组分的分解与性质变化；水分分布不均且向表面迁移，水分结合状态发生变化，组织结合水分的能力变差，生鲜面原有的结构被破坏。真空和面能显著改善生鲜面条的色泽、蒸煮和质构特性，促进生鲜面中水与非水组分的相互作用。

随着小麦粉中麦麸添加量的增加，小麦粉的吸水率、面团形成时间、粉质参数指标增大，面团峰值黏度、谷底黏度、衰减值、最终黏度和回生值下降，面团的质量变差。麦麸粒径小于 0.10mm 的弱化值较大，麦麸粒径为 0.17～0.85mm 的粉质特性较好。当麦麸添加量小于 15%，粒径为 0.85mm 时，发酵面团的特性最好，可为麦麸资源的开发利用提供参考（范玲等，2016）。

2.1.1.5 鲜面条的保鲜方式

1. 物理处理

近年来，国内外采用了一系列适用于食品的杀菌技术，如高压脉冲电场杀菌技术、超高压杀菌技术、微波杀菌技术、辐射杀菌技术、脉冲光杀菌技术、脉冲磁场杀菌技术、CO_2 杀菌技术、紫外杀菌技术、臭氧杀菌技术等（李辉和王丽多，2010）。采用辐射杀菌技术对生鲜面进行处理，鲜面条在室温下放置 10 天仍能保持原来的新鲜状态。但采用辐照技术，设备昂贵，使用时对人体有一定的损害，因此，辐照杀菌技术在鲜面条中的应用受到限制（Cai，1998）。将添加保鲜剂和不添加保鲜剂的鲜面条分别以自然密封、抽真空后密封、充 CO_2 密封、充 N_2 密封进行贮藏试验，结果表明，鲜面条保鲜期的长短仅与添加剂有关，而密封状态下不同的内在气体成分对面条的保鲜期基本没有影响（刘国锋等，2004）。这可能是由于使面条变质的微生物具有厌氧或兼性厌氧特性。将壳聚糖和气调包装共同用于意大利面的保鲜，以细菌、酵母菌、霉菌、葡萄球菌和菌落总数为指标，结果表明，两者可以协同作用，添加壳聚糖，同时控制 N_2 与 CO_2 的比例为 30∶70

时，生鲜意大利面在 4℃贮藏时可保存两个月。

非热杀菌保鲜、气调包装保鲜、栅栏保鲜等新保鲜技术都可以在一定程度上延长生鲜面保质期，但各项技术均存在难以克服的弊端，单一的杀菌技术不能满足复杂的生鲜面体系杀菌要求，可将两种或两种以上的杀菌方式串联或并联使用来提高杀菌效果。

生鲜面条水分含量高，包装后易发生粘连、霉变，容易散失水分，变干，变硬，因此包装主要是防止粘连、霉变和水分散失，其次是防止氧化褐变。包装时可以选用具有较好阻湿阻气性能的材料，如 PT/PE、BOPP/PE 等薄膜，也可选用高性能复合薄膜配以充气包装技术，可以有效防止氧化、酸败、霉变和水分散失，显著延长货架期，为防止粘连应该选用淀粉予以分离。因为 PPO 的作用，面条在贮存过程中易发生褐变，可在包装中封入脱氧剂。包装中氧气残存量在 2%～5%，并不能完全抑制油脂氧化、酶促褐变的发生，因此目前富含油脂食品的包装开始使用脱氧包装。脱氧包装属于活性包装的一种，最早由日本公司研发，日本、澳大利亚和美国等国家已经在市场上使用 15 年，脱氧包装可以在很短的时间内吸收氧气，使包装内氧气浓度达到 0.1%以下，甚至接近于无氧状态，使食品免受氧气的影响，保证食品质量。

2. 添加化学保鲜剂

添加脱氢乙酸钠、丙酸钙能延长湿玉米面条保质期。在生面团中加入 0.2% 双乙酸钠，可将湿面条在 37℃的保存期从 3h 延长至 72h（王晓英等，2013；徐俐等，2006）；单辛酸甘油酯用于生鲜面中亦可延长其货架期，且对霉菌的抑制作用优于丙酸钙和丙二醇。一般的化学保鲜剂均能延长食品货架期，但单一保鲜剂抗菌谱窄、保鲜期短，复配的面条制品保鲜剂比单一保鲜剂使用后效果明显增强（宋显良，2013；周文化等，2007；徐俐等，2006）。添加三种单一保鲜剂（富马酸二甲酯 0.3%、乳酸链球菌素 100mg/kg、纳他霉素 100mg/kg）都有一定的保鲜作用，而三种添加剂的复配保鲜剂对鲜湿面中微生物的抑制作用最强，使鲜湿面的保质期长达一年以上（王海平和黄和升，2009）。化学保鲜剂能有效延长食品货架期，且价格便宜，但大都对人体有害，且添加量和使用范围受国家标准限制，也与现代人追求营养健康的消费习惯相违背。

3. 添加天然保鲜剂

为了满足消费者追求绿色、天然食品的市场需求，食品领域专家在不断从动植物中寻找一种高效低毒的广谱的天然食品保鲜剂。在生鲜面条中添加有机酸（如苹果酸、乳酸、柠檬酸和富马酸等），可通过调节 pH 来抑制微生物的繁殖，从而延长生鲜面的保质期。将有机酸添加到面制食品中可能会削弱面筋，因此要严格控制添加量（Shiau and Yeh，2001）。多元醇在食品工业中常用作溶剂与保湿剂，可延长产品货架期。但由于醇溶蛋白是小麦面筋蛋白的重要组成部分，乙醇的添加会在一定程度上损害面筋蛋白网络结构，影响面条质构。将亚麻籽粉以不同浓度加入面条中，质量浓度超过 9%（*w/w*）时，生鲜面的霉菌数量明显降低，15%的亚麻籽粉和 0.2%的丙酸抑制霉菌的效果相当；亚麻籽粉对生鲜湿面中的黄曲霉、镰刀菌属和青霉属等几种常见菌具有较好的抑制效果（Xu et al.，2008）。

百里香酚提取物、柠檬提取物、壳聚糖及葡萄籽提取物均能在一定程度上抑制通心粉中微生物的生长，且不同提取物对不同种类微生物的抑制能力不同（Nobile et al.，2009）。杧果种子、绿茶、鼠尾草、迷迭香及丁香等的提取物也可以抑制食源性腐败菌（Schieber et al.，2001）。维生素 C、半胱氨酸、茶多酚等则是较为常用的抑制生鲜面氧化褐变酸败的天然抗氧化剂（Perumalla and Hettiarachchy，2011）。

荸荠皮对面团的抗菌效果高于乳酸链球菌素和山梨酸钾，且荸荠皮的稳定性较强（姚晓玲等，2006）。土豆皮浸提液对大肠杆菌、枯草芽孢杆菌、青霉、黑曲霉等均有较强的抑制作用，对枯草芽孢杆菌和大肠杆菌的抑制效果强于青霉与黑曲霉（刘晓莉，2009）。这些天然物质与低温、低 pH、厌氧环境、细菌素及物理杀菌等手段具有协同增效的作用（Perumalla and Hettiarachchy，2011）。将壳聚糖与木糖进行美拉德反应，衍生出一种新型保鲜剂（MRP）添加到生鲜面中，其抑菌效果比壳聚糖显著提高（Huang et al.，2007），MRP 还可以一定程度上抑制生鲜面褐变（李洁等，2012）。将纯壳聚糖加入生鲜面中可以延长货架期，而其与木糖的美拉德反应产物具有更好的抑菌作用，对枯草芽孢杆菌的抑制效果最好，加入后能够使生鲜面在 4℃贮藏条件下的保质期延长到 14 天。单一的天然保鲜剂也可以达到较好的抑菌效果，但单一成分往往只能对部分细菌或霉菌发挥抑菌功能，组合形成复配型保鲜剂具有更好的防腐效果（Huang et al.，2007）。

山梨糖醇、甘油等其他多元醇能够显著降低面条的水分活度，进而抑制微生物活性和其他生化反应速率。通过筛选合适的持水剂来降低水分活度，是延长馒头制品货架期最为有效的方法。

2.1.2 半干面

半干面是指以小麦粉为原料，经和面、熟化、压延、切条、部分脱水、均湿，然后包装而成的面条，水分含量在 20%～25%，其因煮食方便、有嚼劲、面香味浓等优点，深受消费者喜爱。半干面贮藏过程中不易粘连，常温条件下保存期 2～3 天到 3 个月左右，同时保持了鲜面条的口感等（杨金枝等，2015）。面制食品市场正从干面向生鲜面和半干面转变，在我国市场上，特别是北京和上海等一线大城市，半干面生产已经具有一定规模，且半干面作为一种新型的方便面制食品，售价远高于普通挂面。

目前，大部分半干面采用自动化生产方式，确保产品质量的同时，大大提高了生产效率，满足了我国市场需求。半干面自动化生产主要包括以下几个环节。①自动制面系统，指按比例配粉、配液（盐水混合等）和定量供粉、供液，采用真空和面机和面，获得最佳面团品质，通过熟化、复合压片、连续压延和切条成型获得鲜湿面条，并自动挂杆。②全封闭智能化干燥脱水与缓苏降温系统，其中干燥脱水是关键环节。系统可以根据不同设置的参数，分别进行低温干燥或高温干燥，可调整温度、湿度和时间，不同的干燥条件可实现面条的柔性化生产，适应不同面条品种对缓苏降温环节的要求。例如，采用低温高湿的缓苏降温过程，能使面条内部和表面的水分均匀，提高面条表面光滑度等，同时降低面条品温，以满足后续包装的要求。③自动包装系统，是将干燥脱水和缓苏降温的面条，通过自动识别装置供给自动包装机并装箱。自动化生产特点：效率高，全封闭，自动智能化，避免微生物二次污染，卫生安全，快速脱水，保质期延长，参数可调控，产品品质稳定（杨金枝等，2015）。

干燥方式对半干面品质有影响。半干面智能干燥系统由热风集中处理系统、送回风与热风搅拌系统、半干面输送系统和全自动控制系统四部分组成。热风集中处理系统布置在干燥室之外，以蒸汽（或导热油、热水和电）为热源。智能干燥系统的整体布置和工作原理是：系统首先从室内各处吸出高湿的空气介质，经过滤器、风量调节阀，按要求比例将部分空气排放到室外（排潮），其余空气介质与所需的外部气体混合后，再经过滤、加热和调湿，达到工艺要求后重新送入干燥缓苏室内各处与面条产品进行热交换，如此持续循环，连续完成产品干燥过程。另外，根据需要在热风集中处理系统的进排气位置设置显热交换器，进一步将排气的热能转换给进气，以节约能耗（杨金枝等，2015）。

半干面干燥是指按照合理的梯度和速率将湿面条的水分含量降低到符合产品要求、达到质量标准的工艺技术。实质是在热源的作用下，湿面条内部水分扩散到表面，然后汽化转移到空气中的传热和传质过程。由于半干面加工工艺温和，面条水分含量较高，因此半干面在贮藏过程中微生物生长繁殖迅速，货架期短。所以干燥是半干面生产过程中十分重要的环节，直接影响半干面的品质和货架期。面条干燥受介质温度、湿度，以及面条本身物理化学结构、外部形状等的影响，是一个复杂的传热、传质过程（张懋和张鹏，2006）。半干面的脱水处理，一方面可以降低面条的水分含量，使面条在贮藏过程不易发生粘连，另一方面可以起到杀菌的作用。

1. 电热干燥法

电热干燥是半干面生产中最常用的一种干燥方式，具有投资小、操作简单、容易控温等优点，但也具有耗能高、效率低、占地面积大等缺点。鲜湿面条的电热干燥过程包括加速期、恒速期和降速期。其中，恒速期较短，加速期过后很快就进入降速干燥阶段，这是由电热干燥的机制和面条本身的性质决定的。在干燥过程中，面条表面的水分首先受热而蒸发，面条内部的水分向外迁移的速率小于表面水分散失的速率，面条表面变得很干燥，内部水分向外迁移的阻力变大，从而导致水分蒸发大大减少，干燥速率因此减小（魏巍，2009）。在非无菌室中对未经过灭酶处理的面团进行压面、切面，所得的鲜湿面条菌落总数可达 2.0×10^4CFU/g。在电热干燥过程中，当半干面水分含量由31%降至27%时，该过程杀灭的微生物占菌落总数的85%以上，随着温度升高，菌落总数降低加快，当水分含量由 27%降低至 22%时，菌落总数趋于平缓（朱科学等，2016）。这可能是由于面条表面与热空气接触时，表面的微生物因不耐高温环境而死；随着干燥时间的延长，面条内部达到与表面相同的温度，内部微生物受热而死，但部分耐热微生物（如芽孢杆菌等）具有较好的耐热性而依然存活。

电热干燥效率相对较低，恒速期短，在干燥前期，面条的菌落总数迅速降低，后期杀菌效果不明显。在电热干燥过程中，温度越高，半干面的蒸煮损失率越大，可能是由于干燥时间长、温度高，面筋蛋白网络结构发生收缩，面条内部组织结构发生一定坍塌；提高电热干燥的温度能降低半干面的含菌量，但面条的品质也随之变差。

2. 紫外-微波干燥法

紫外-微波干燥作为一种新型的脱水杀菌方式，既具有微波干燥速度快、效率高和对品质影响小等优点，又具有紫外照射对所干燥物料进行同步协同杀菌的特点，应用前景较好。

紫外-微波干燥的杀菌机制主要包括三个方面。一是微波的热效应，即微波引起水、核酸、蛋白质等极性分子剧烈震动、相互摩擦而产热，温度升高使微生物细胞内的核酸、蛋白质等发生改性、失活而死亡（王瑞等，2009）。二是微波的非热效应，即微波引起微生物的细胞膜功能发生障碍、生理活性物质产生变化、生存环境有所破坏等，使得微生物的生长繁殖受到抑制，甚至死亡（Hyland，1998）。三是紫外与微波的协同杀菌作用，即紫外辐射与微波辐射相结合，二者达到协同增效的效果。在紫外辐射时加入微波辐射，则紫外灭菌的效果得到加强（Li and Yang，2010；李廷生等，2001）。微波与紫外有着较好的协同杀菌作用，杀菌效果明显优于二者单独杀菌（刘钟栋等，2007）。鲜湿面条的紫外-微波干燥过程主要包括一个短暂的加速期和一个较长的恒速期，未出现明显的降速期。加速期脱去的水分较少，大量的水分在恒速期脱去。这是因为微波能使面条中的水分子高速震动、摩擦而产生大量的热，面条表面和内部温度同时迅速升高，面条表面的水

分首先蒸发，引起表面温度下降，面条内外形成温度梯度，促使内部水分向外迁移，使蒸发速率保持恒定（Ozkan et al.，2007）。

紫外-微波干燥的效率明显高于电热干燥。在一定条件下，微波功率越大，干燥速率越快，所需的干燥时间越短（朱科学等，2016）。试验确定紫外-微波干燥的工艺参数为 2000W/40s 和 4000W/25s 时，半干面的水分含量可以基本保持一致，分别为 22.50%±0.43%和 22.28%±0.24%；而电热干燥的工艺参数为 105℃/360s 和 125℃/270s 时，半干面的水分含量基本一致，分别为 22.59%±0.24%和 22.40%±0.19%。紫外-微波干燥的效率相对较高，干燥后期面条的含菌量迅速下降。经紫外-微波干燥的半干面，其含菌量显著低于电热干燥，但不同微波功率间差异很小。

电热干燥恒速期短，干燥前期面条的菌落总数迅速降低，但效率相对较低，且后期杀菌效果不明显。但经紫外-微波干燥的面条含菌量显著低于电热干燥，效率相对较高，当微波功率为 4000W 时，半干面的质构和蒸煮品质明显降低，当微波功率为 2000W 时，面条质构特性与 125℃电热干燥下的半干面接近，是较为合适的微波干燥功率（朱科学等，2016）。紫外-微波干燥中，在较高功率下，面条中心温度会立刻升高，水分向外迁移的过程中使面条的面筋蛋白网络结构遭到一定程度的破坏，使得面条品质下降（朱科学等，2016；刘嫣红等，2009）。

紫外-微波干燥中，可能是由于水分的扩散速率远远小于其蒸发速率，水分急剧蒸发，因此面条紧密的组织结构中出现了细小的蒸发通道，微波功率越高，水分蒸发越剧烈，对面条组织结构的破坏就越大，面条的淀粉、蛋白质越容易损失，半干面的蒸煮损失率越高（朱科学等，2015）。

2.1.3　挂面

挂面是以小麦粉为原料，添加适量水、食用盐或食用碱，经和面、熟化、压延、切条、悬挂干燥、包装等工序加工而成的，截面为矩形或圆形，具有一定长度的干面条制品（刘锐等，2015）。最初的挂面多在阳光下自然悬挂干燥，因此称为挂面。挂面具有保存期长、携带方便、经过简单的烹调即可食用等特点，深受消费者喜爱。随着人们对健康饮食的追求，挂面也从原料单一的低档次产品，发展为集营养、保健、美味、方便于一身的中高档产品。

2016 年，我国挂面总产量 600 万 t，相比 2015 年增速近 12%，但初步计算全国挂面企业从 2015 年初的 2000 余家减少了 55%以上，数量为 850～900 家，产值约 300 亿元。河北金沙河面业集团有限责任公司、克明面业股份有限公司、博大面业集团有限公司、金健面制品有限公司、河北永生食品有限公司、厦门兴盛食品有限公司、湖南裕湘食品有限公司、江西省春丝食品有限公司、河南中鹤集团、中国粮油控股有限公司 10 家企业，挂面产量居产业前十，总产量约 223 万 t，占总产量的 37%。行业集中度将继续提升，竞争激烈（孟素荷，2018）。

分析我国挂面行业的走向，可以清晰地显示出三大特征：一是行业领军企业相对理性，行业扩张的步伐稳健；二是挂面装备的创新已经与国家工业 4.0 战略对接，向智能化、信息化管理迈进，行业的扩张与装备水平的提升同步，规模效应将成为下一轮水平竞争的主要方式；在持续不断的挂面装备自主创新中，河北金沙河面业集团有限责任公司以惊人的速度成长为世界第一的企业（拥有 72 条生产线、日产 3600t 挂面）；三是挂面市场快速分层，品牌价值将拉大价格区间。

2.1.3.1 加工工艺对挂面品质的影响

和面是挂面生产中的重要环节之一。和面过程是小麦面粉与水在适当强度的搅拌下均匀混合，形成面团。在面团制作过程中，随着水分的渗入，通过机械搅拌作用和二硫键的交联作用，谷蛋白肽链伸展成线状，形成无序的网状结构；线性谷蛋白分子相互缠结，醇溶蛋白充填于其中。形成的絮状面团吸水适当且均匀，色泽一致，颗粒松散，粒径大小一致（刘锐等，2015）。和面速度较慢时，水分与小麦粉接触不均匀；和面速度较快时，温度容易升高，破坏已经形成的面筋结构，且能量消耗较多。总体而言，和面是一个动态的物理化学变化过程，蛋白质水合形成面筋，淀粉吸水膨胀，并被面筋网络所包围；随着和面时间的延长，和面效果和面条质量也在发生变化。

熟化可以使面絮中水分更加均匀，形成较好的面筋蛋白网络结构，消除一部分内部应力。传统的手工挂面制作中，就有 3～5 次熟化，从而保证手工挂面的顺利制作和食用质量。和好的絮状面团静置一段时间后，蛋白质逐渐从淀粉粒的表面部分脱离，彼此黏结，形成一个连续的不定向的蛋白质基质群。通过氢键作用，蛋白质分子充分水和，同时由于空气的存在，蛋白质结构中的—SH 被氧化成—S—S—，蛋白质分子互相粘连，分子量增大，进一步形成面筋蛋白网络结构（刘锐等，2015）。

压延是通过轧辊的碾压作用，使面团在低水分含量状态下有形成较多氢键的机会，进而缩小蛋白质分子间的距离，形成二硫键，有利于面筋形成；同时，压延可以使水分分布得更加均匀，使松散的面筋形成细密的网络组织，同时将淀粉粒包围起来。压延是为了保证面片平整光滑、厚度均匀、无破损、色泽均匀一致，并具有一定的韧性和弹性（刘锐等，2015）。

干燥是挂面生产的关键工序。干燥工序要求成品水分含量控制在 13.5%～14.5%，挂面内部和表面水分分布均匀，条形平直，色泽光洁，具有良好的烹煮特性和机械强度，不得产生酥条。挂面干燥一般分为预干燥阶段、主干燥阶段和完成干燥阶段。目前挂面干燥主要采用中温中速干燥工艺，主干燥区最高温度在 45℃左右，干燥时间为 3.5～4h（刘锐等，2015）。

2.1.3.2　包装对挂面品质的影响

挂面包装的目的首先是防潮防霉，其次是防污染。纸包装价格便宜，但不能防潮，面条易霉变。可用聚乙烯、聚丙烯和双向拉伸聚丙烯薄膜涂覆聚乙烯的包装袋，透气性好，防潮性能优良，保质期长，印刷色泽鲜艳，包装效果好，但价格较高。大部分消费者喜欢购买 500g 左右的纸包装挂面。

营养是消费者食用挂面的核心需求，而营养价值低也是挂面的主要缺陷，需要挂面企业努力改进工艺和配方，提高挂面的营养价值。添加剂是消费者比较敏感和反感的问题，使用添加剂被认为是挂面产品的主要不足，因此，挂面企业应尽可能避免使用添加剂，特别是增白剂、防腐剂、着色剂（刘锐等，2015）。

2.1.4　兰州拉面

拉面又称为手工延面，比较有名的兰州拉面由回族人民创造，至今有 1000 多年历史。兰州拉面制作工序繁杂、用料考究，在制作工艺、面条形状和色泽方面具有独特风格，以一清（汤清）、二白（萝卜白）、三红（辣椒油红）、四绿（蒜苗、香菜绿）、五黄（拉面微黄）的特点享誉全国。兰州拉面因独有特色，成功登陆欧美市场及东南亚市场，成为中式快餐跨国经营的第一品牌，已被列为三大中式快餐之一。

2.1.4.1　拉面的制作工艺

1. 和面

称取面粉，加 50%～55%水，和成面团。

2. 醒面

将和好的面团放入密闭容器或盖上湿布，避免风干，常温（不宜太高，保持在 30℃左右，避免发酵）下静置 30min，促进面筋网络充分形成。

3. 二次和面

向熟化好的面团中加入拉面剂再次和面，揉、搓、反复搅拌，直至面团表皮湿润、有光泽、柔软不粘手。

4. 溜条及出条

面团经反复揉、搓后溜成条，用力在案板上摔打、对折，如此反复，用于调整面团内面筋走向，称为“顺筋”，撒上干粉，继续均匀用力加速向外拉伸，制得拉面（邬大江等，2011）。

2.1.4.2 影响拉面品质的主要因素

1. 小麦籽粒

小麦籽粒质量性状预测和评价是控制面条质量的重要依据，小麦粉质量的稳定性差是兰州拉面质量出现“异地变味走样”等现象的重要原因之一。通过对黄淮冬麦区 70 个冬小麦主要籽粒质量性状和兰州拉面“制作过程评价总分”“产品感官评价总分”的分析表明，优质兰州拉面小麦品种主要籽粒质量性状阈值如下：容重≥790g/L，色泽 b^*值为 21～22，蛋白质质量分数为 13.0%～14.0%，湿面筋质量分数为 28%～30%，小麦粉破损淀粉含量为 18.0～22.0UCDC，峰值黏度≥490BU，衰减值≤80BU（张影全等，2017）。

2. 淀粉

小麦淀粉对拉面食用评分有重要影响，淀粉糊化指标对拉面指标的影响由大到小依次为峰值黏度、谷底黏度、衰减值、最终黏度、回升值、糊化温度、糊化时间。由此可知，优质拉面粉的淀粉糊化特性为高峰值黏度、高最终黏度、高谷底黏度及高衰减值，同时应具有低糊化温度和高回生值。依据 15 份原料筛选出拉面专用粉糊化特性指标的最佳范围，峰值黏度≥225RVU，谷底黏度≥150RVU，衰减值≥85RVU，最终黏度≥240RVU（孟宪刚等，2004）。面团内部为包埋淀粉颗粒的非定向的蛋白质网络结构，而这种结构的数量和质量，会对面团及面制食品的质地和延伸性产生直接影响。其中，淀粉颗粒可填补面筋网络中的空隙，使面团网络结构变得更加细腻、稳定。直链淀粉含量增加会使面团的吸水量减少，降低面团的硬度和弹性。面筋蛋白网络结构是线性蛋白通过二硫键连接而成的，线性蛋白和醇溶蛋白等通过范德瓦耳斯力连接。高分子量麦谷蛋白亚基和低分子量麦谷蛋白亚基可通过链间的二硫键来增大聚合体，这样可以提高面制食品的强度及稳定性。麦谷蛋白二硫键含量增加后，蛋白质的分子量和硬度将增大（陈洁等，2015；Belton，1999；Sissons et al.，1998；Chrastil and Zarins，1992；Toyokawa et al.，1989）。

3. 蛋白质

小麦粉总蛋白质的质量和数量对拉面的品质有决定性作用，湿面筋含量的高低是影响拉面制作品质的重要指标。分析 30 个春麦品种品质与拉面品质的关系可知，麦谷蛋白含量与小麦籽粒蛋白质含量、湿面筋含量、面筋指数、干面筋含量呈显著正相关，与面团弹性、延伸性及面团筋力也呈显著正相关，与拉面食用韧性、黏性及总评分呈显著正相关。面筋蛋白中高分子量麦谷蛋白亚基（HMW-GS）

相对含量越高，面条的韧性越强；低分子量麦谷蛋白亚基（LMW-GS）在面筋蛋白中具有编织和网络面筋的作用，LMW-GS 相对含量越低，面筋蛋白之间网格空隙越大，此时淀粉、脂类等物质容易从面筋网络中流失出来。尤其是淀粉，面条表面流失淀粉越多，破裂淀粉越多，表面越易于发黏，尽管破裂淀粉对面条色泽有显著增强的作用，但面条表观变差。所以，对于兰州拉面品质，LMW-GS 起的作用比 HMW-GS 的作用显得更重要。HMW-GS 含量与小麦湿面筋和干面筋含量呈显著正相关，与面筋指数呈显著负相关。在面团品质方面，HMW-GS 含量与面团韧性呈显著正相关，而 LMW-GS 含量与面团延伸性和面团筋力呈显著正相关。HMW-GS 含量与拉面最终评分呈显著负相关，相反 LMW-GS 与拉面最终评分呈显著正相关（孟宪刚等，2007）。兰州拉面不同于其他种类的面条，主要由手工拉制完成，面团延伸性很重要，就是通常称的“面团能拉”，但好的面团还要“耐拉”，即弹性好。因此，兰州拉面宜选用蛋白质含量较高，面团筋力中等偏强，面团弹性和韧性较大的面粉（孟宪刚，2005）。湿面筋含量高于 30%、稳定时间大于 6min、延伸性大于 140mm 的面粉比较适合制作拉面（邬大江等，2011）。十二烷基硫酸钠（SDS）-沉淀值与拉面品质相关性极显著（R=0.93），灰分对面条的色泽和口感影响显著（R=−0.87），制作拉面的面粉要求面团变形功（W）在 270～340MJ（孟宪刚，2005）。

4. 添加剂

拉面剂即蓬灰，主要成分是碱和矿物质，可增加面团的延伸性，使拉伸后面条收缩小且不容易断条。拉面剂能明显改变不同筋力面粉的耐揉性，显著提高面粉峰值黏度、谷底黏度、最终黏度，同时衰减值和回生值随着兰州拉面添加剂剂量的增加先增加后减小。当拉面剂添加量在 0.8%～1.2%时，面团延伸性最佳（68.43mm），最大拉伸力适中（73.09g），和面时间 8min 带宽适中，此时面团筋力和耐揉性较好；面团内部二硫键含量为 21.62%，游离巯基含量为 6.92%；面筋蛋白二级结构中的 β-折叠含量最高，此时面筋蛋白中有序结构（β-折叠+α-螺旋）整体含量最高。说明拉面剂具有还原和弱化面筋、增加面团延伸性的作用。同时，在特制拉面粉中添加 120mg/kg 的 L-抗坏血酸、20mg/kg 的溴酸钾、30mg/kg 的偶氮甲酰胺也能显著提高拉面的制作性能（王远辉等，2015）。

在拉面制作过程中，当食用盐添加量小于 5%时，对面团的延伸性影响不大，添加量超过 5%时，面团延伸性显著增加；蛋白质二级结构中有序结构含量先增后减，无序结构含量则相反；面团中二硫键含量先增后减，在 5%处达到最大值。包埋淀粉颗粒的蛋白质网络结构随食用盐添加量的增加而变得有序。当食用盐添加量为 5%时，拉面面团的韧性好，筋力强，耐揉性佳，蛋白质二级结构中有序结构含量最多，包埋淀粉颗粒的蛋白质网络结构有序（陈洁等，2015）。复合碱（碳酸钠与碳酸钾）的添加可以改善面条的口感，抑制酶促褐变，随着添加量的增加，面团延伸性下降，面团中二硫键含量逐渐增加，游离巯基含量减少。当添加 0.1%～0.2% 的复合碳酸盐时，面团延伸性好，筋力强，耐揉性佳，包埋淀粉颗粒的蛋白质网络结构变得有序（石林凡等，2015）。随着焦亚硫酸钠添加量的增加，面团拉力减小，拉伸距离先升后降，面团中二硫键含量逐渐减少，游离巯基含量增大。当焦亚硫酸钠添加量为 0.1‰时，面团的延伸性好，筋力强，耐揉性佳。瓜尔豆胶、黄原胶、谷氨酰胺转氨酶或硬脂酰乳酸钠（SSL）可以明显增加拉面的拉断力和拉伸距离，从而改善拉面的延伸性，黄原胶、瓜尔豆胶或谷氨酰胺转氨酶可以明显增加拉面的弹性（姜海燕等，2015）。

2.1.5 杂粮面

面条按照加工原料的不同，可分为小麦面条和杂粮面条。由于杂粮面条能够弥补小麦面条的营养缺陷，提高面制食品的营养价值，市场份额正在逐年增加（马先红，2015）。常见的杂粮面条有燕麦面条、荞麦面条、高粱面条、大麦面条、魔芋面条等，除此之外还有一些杂豆类面条，如豌豆面条、绿豆面条、黑豆面条等。由于杂粮、杂豆中基本不含谷蛋白，不能直接用来加工面条，因此通常对杂粮、杂豆进行预处理，再添加到小麦面粉中制作杂粮面条，或采用特殊的加工工艺，将其直接加工成纯的杂粮面条。与普通小麦面条相比，虽然杂粮面条的口感、品质等相对较差，但由于杂粮面条具有很高的营养保健功效，越来越受到消费者的喜爱。

现行的挂面标准主要是针对品质改良剂、风味与营养增强剂进行规定，属于挂面的辅料添加标准，仅适用于普通挂面。随着一系列高杂粮含量挂面产品的问世，现有的挂面标准已不能满足杂粮挂面市场的发展，制定专门的杂粮挂面标准应提上日程。以燕麦、荞麦挂面为例，根据可查找的专利研究成果，燕麦粉、苦荞粉在燕麦、荞麦挂面当中的添加量可以达到60%以上，但是由于没有标准，市场推广非常艰难。另外，现有挂面标准规定的质量要求评价标准并不适用于杂粮挂面产品。随着杂粮在挂面产品中比例的提升，产品的酸度、断条率、蒸煮损失率等理化指标，以及感官评价要求都应做出相应调整。因此，需要对现有挂面质量标准进行统筹考虑，制定杂粮挂面标准。我国挂面标准的发展滞后于市场发展要求，杂粮挂面的标准问题已经成为制约产业发展与创新的重要瓶颈（谭斌等，2016）。

2.1.5.1 燕麦面制食品

1. 燕麦面制食品加工特点

燕麦是一种特殊的粮、经、饲、药多用作物，主产区为北半球的温带地区。

我国主要种植裸燕麦，又称莜麦、油麦、玉麦、铃铛麦。燕麦的营养和医疗保健价值高，其富含蛋白质、脂肪、淀粉、维生素 E、维生素 B 等，特别是富含水溶性膳食纤维 β-葡聚糖，燕麦中还含有一般谷物食品中缺少的酚类抗氧化物质皂苷。1997 年，美国食品药品监督管理局（FDA）认定：燕麦可降低胆固醇、防止心血管疾病，主要功能成分是 β-葡聚糖。燕麦中 β-葡聚糖能够改善肠道环境，减少肠道和粪便中大肠杆菌的数量，促进双歧杆菌和乳酸杆菌的增殖，具有益生元作用（Shen，2012；Byrne and Dankert，1979）。另外，燕麦中 β-葡聚糖能降低肝脏中胆固醇的含量，清除血液中低密度脂蛋白（LDL）胆固醇。临床试验表明，燕麦米具有明显的辅助降血脂作用（胡新中等，2006）。

谷物蛋白根据溶解度分为 4 种：清蛋白（可溶于水）、球蛋白（可溶于盐水）、醇溶蛋白（可溶于稀乙醇溶液）和谷蛋白（可溶于酸或碱液）。清蛋白是水溶性蛋白，主要由酶类构成，占燕麦总蛋白质的 5%～10%。燕麦中清蛋白必需氨基酸含量高，溶解性好，易于消化吸收，是优质蛋白质。燕麦的球蛋白含量明显高于其他谷物，占燕麦总蛋白质的 50%～60%。燕麦中球蛋白氨基酸组成非常均衡，这是燕麦蛋白的氨基酸组成优于其他谷物的重要原因。大多数谷物的醇溶蛋白含量很高，但燕麦中的醇溶蛋白含量很低，仅占总蛋白质的 10%～16%。醇溶蛋白是燕麦蛋白中分子量较低的一类蛋白质，约为 30kDa。这些醇溶蛋白可以溶于 50%～70%的乙醇或 40%的 2-丙基乙醇中。燕麦中谷蛋白含量为 5%～20%，其非常不容易完全溶解，另外溶解也依靠提取介质和介质浓度（Robert，1995）。燕麦谷蛋白分子量在所有谷物中均较小，且不具备黏弹性，燕麦面粉加水后形成的面絮松散，加工时不能形成面团（胡新中，2005），因此加工制作面制食品时无法形成良好的面筋网络结构，实际生产燕麦面条时常需加入小麦粉，将二者复配后再进行使用。

燕麦的淀粉占比约为 60%，直链淀粉在总淀粉中占比为 10.6%～24.6%。淀粉颗粒粒径较小，粒径相差较大，呈几何形态，分布不均匀，表面较为光滑，无孔隙。燕麦淀粉相对结晶度大，脂肪占比高，且直链淀粉链长较短。天然的燕麦淀粉颗粒呈 A 型结构。燕麦淀粉经过糊化后冷却放置，淀粉分子会发生回生现象，形成凝胶，凝胶强度、热稳定性等性状会影响加工制作出产品的特性。制作燕麦面条时，可利用淀粉回生形成的凝胶及其特性来改善面条的蒸煮品质。加入燕麦粉制成的面条最佳煮面时间随着燕麦粉用量增加而延长，这是由燕麦粉的黏度特性所决定的，但加入燕麦粉后面条的煮面时间均低于单独用小麦粉制成的面条。

将燕麦全粉加入到小麦粉中，会降低面粉中面筋蛋白的比例，从而弱化了面团的网络结构，影响面团的黏弹性、韧性和延伸性，制得的面条存在不耐煮、易糊汤、咬劲差等情况。当燕麦粉的添加量为 20%时，燕麦面条的吸水率最大，当添加量为15%～30%时，面条的蒸煮损失率无明显差异，加入5%燕麦粉制成的面条感官总评分最高，加入30%燕麦粉时感官总评分最低。综合评价面条的各项指标，加10%燕麦粉制作的面条品质最好（胡新中等，2006）。在面条制作过程中燕麦粉添加量不能超过30%，否则会严重影响食品的外观和口感（Zhang et al.，1998）。

将沙蒿粉添加到杂粮及谷物类面粉中，利用沙蒿多糖黏度高、成膜性强的特点，达到增加面团延展性及食品口感的目的。沙蒿胶是附着于沙蒿籽表面的复合物质，含有D-葡萄糖、D-甘露糖、D-半乳糖、阿拉伯糖和木糖，对面团有很强的黏结络和力，可提高面团的弹性与强度（宋宏新和陈合，2002；秦振平等，2001；王银瑞等，1995）。沙蒿籽粉和谷朊粉共同使用对全麦粉面条品质的改善效果优于两者单独使用，较佳的添加量为沙蒿籽粉2.5%、谷朊粉8%，谷朊粉对燕麦全粉面包加工的贡献大于沙蒿籽粉。冷冻后燕麦面团品质劣变，但面条加工品质变化不大，需要加入小麦粉作为基质改良加工特性（胡新中等，2006）。

添加0.8%黄原胶可以改善面条质构特性，但对面条蒸煮品质无影响。添加8%谷朊粉可以显著提高面条的硬度和拉伸特性，并且降低面条的蒸煮损失率。将黄原胶和谷朊粉复合添加也可以明显改善燕麦面条的品质（牛巧娟等，2014）。

2. 三熟工艺生产燕麦窝窝

我国传统燕麦面制食品的制作工艺由三个关键部分组成，即所谓的“三熟”：燕麦制粉前炒熟籽粒，和面时烫熟面粉，加工成食品食用时蒸熟、煮熟。若三熟中一熟没有做到，就会影响食用品质（周素梅和申瑞玲，2009）。其中炒熟主要是为了抑制酶活性，提高出粉率；烫熟为了形成面团，便于加工；蒸熟为了保持形状，赋予较好口感。“三熟”是燕麦产区居民在2000多年的燕麦食用过程中摸索出的燕麦传统食品加工方法，“三熟”食品主要包括燕麦面条、燕麦窝窝、燕麦饺饺、燕麦鱼鱼、燕麦洞洞等制品。

炒熟燕麦粉和未炒熟燕麦粉均一部分用常温水和面，另一部分用98℃以上的开水和面。和面时，炒熟燕麦粉加水量为粉的85%，未炒熟燕麦粉加水量为粉的45%。4种不同处理和好的面分别制成圆柱状面团，放入燕麦窝窝机（图2-1）面桶中，连接好装置，摇动手轮，成型好的燕麦窝窝从面桶上端被压出，切断后取下，分别进行蒸熟和未蒸熟处理，蒸制8min左右制成成品。最终样品共有10个，分别为炒熟燕麦粉（T），未炒熟燕麦粉（U），炒、烫、蒸样品（TBS），炒、烫、未蒸样品（TBN），炒、未烫、蒸样品（TRS），炒、未烫、未蒸样品（TRN），未炒、烫、蒸样品（UBS），未炒、烫、未蒸样品（UBN），未炒、未烫、蒸样品（URS），未炒、未烫、未蒸样品（URN），均置于38℃恒温干燥箱中烘干24h，再磨粉备用。

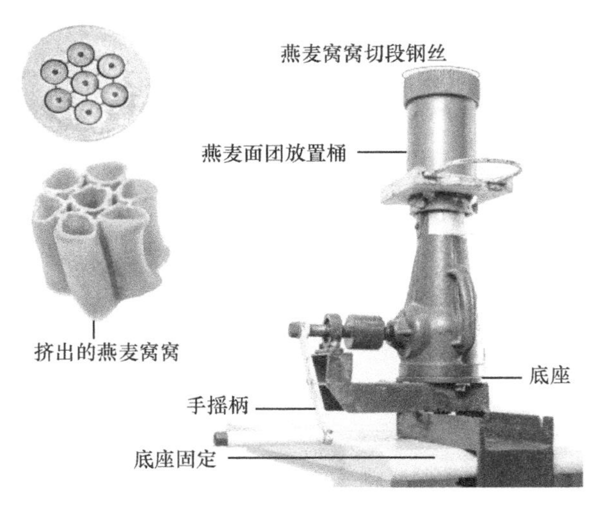

图 2-1　手摇燕麦窝窝机（彩图请扫封底二维码）

（1）不同处理方法对燕麦窝窝理化指标的影响

经过炒熟的样品，粗蛋白含量降低，粗脂肪含量、总淀粉含量升高，β-葡聚糖含量显著降低，热量降低；烫熟对样品粗蛋白含量、粗脂肪含量和热量基本没有显著影响，使样品总淀粉含量和β-葡聚糖含量有所升高；经过蒸熟的样品，粗蛋白含量和热量基本没有显著变化，粗脂肪含量升高，总淀粉和β-葡聚糖含量也有所升高（表 2-1）。

表 2-1　不同处理对燕麦窝窝理化指标的影响

序号	样品	粗蛋白含量/%	粗脂肪含量/%	总淀粉含量/%	β-葡聚糖含量/%	热量/（kcal/100g）
1	TBS	8.89d	6.43a	65.91ab	1.69c	354.83e
2	TBN	9.40c	6.08c	63.17abcd	1.44c	365.16cd
3	TRS	8.79d	6.38ab	64.80abc	1.45c	361.22d
4	TRN	8.85d	6.13bc	61.18bcd	1.87c	353.56e
5	UBS	11.12a	5.52d	60.12cd	3.07b	375.63ab
6	UBN	10.84ab	5.49d	59.85cd	2.99b	370.34bc
7	URS	10.76b	5.65d	60.36bcd	2.61b	372.08ab
8	URN	10.65b	5.57d	58.15d	2.56b	377.63a
9	T	9.02d	6.37ab	68.01a	1.54c	352.31e
10	U	10.71b	5.60d	60.37bcd	4.83a	373.71ab

注：表中数据均为干基含量；各列不含有相同小写字母表示样品间差异显著（$P<0.05$），本章下同

从表 2-2 可知，炒熟对燕麦窝窝粗蛋白含量、β-葡聚糖含量和热量有显著影响，对粗脂肪和总淀粉含量影响不显著。烫熟和蒸熟对理化指标的影响基本不显著。

表 2-2 单个因子对理化指标的影响程度分析

处理方法	粗蛋白含量/%	粗脂肪含量/%	总淀粉含量/%	β-葡聚糖含量/%	热量/（kcal/100g）
炒熟	9.02c	6.25a	63.77a	0.81c	358.69c
未炒熟	10.84a	5.56c	59.62c	1.40a	373.92a
烫熟	10.06b	5.88b	62.26abc	1.15b	366.49b
常温水和面	9.81b	5.93b	61.12abc	1.06b	366.12b
蒸熟	9.93b	6.00ab	62.80ab	1.10b	365.94b
未蒸熟	9.94b	5.82bc	60.59bc	1.11b	366.67b

注：表中营养指标的数据均为干基含量

（2）不同处理方法对燕麦窝窝加工特性的影响

经过炒熟的样品，峰值黏度、回生值有所升高，而起始糊化温度略有降低；烫熟和蒸熟对样品的起始糊化温度、峰值黏度和回生值基本没有影响。经过炒熟处理的样品 L^*值降低，烫熟使样品 L^*值升高，蒸熟使样品 L^*值降低（表 2-3）。

表 2-3 不同处理对燕麦窝窝加工特性的影响

序号	样品	起始糊化温度/℃	峰值黏度/BU	回生值/BU	L^*值	a^*值	b^*值
1	TBS	75.90cd	593.00cde	222.00bcd	73.40f	–0.02bc	10.91b
2	TBN	68.53de	691.33b	291.00ab	76.81d	–0.26d	10.07d
3	TRS	79.73bc	526.67ef	207.33bcd	72.96f	0.03b	10.66c
4	TRN	83.07abc	620.67bcd	269.67abc	75.95e	–0.20d	9.72e
5	UBS	90.60a	450.00f	144.33d	78.42c	0.39a	12.96a
6	UBN	85.63ab	290.33g	55.67e	82.48b	0.04b	9.65e
7	URS	91.23a	541.67de	197.00cd	77.94c	0.41a	12.99a
8	URN	86.90ab	319.00g	13.67e	82.33b	–0.06c	9.63e
9	T	64.10e	811.00a	323.00a	84.63a	–0.74f	7.77f
10	U	80.07bc	659.33bc	276.67abc	84.51a	–0.38e	10.14d

对试验数据进行多因素方差分析，可以得到单个因子在不同水平对响应变量产生的影响。从表 2-4 可以看出，炒熟对样品的起始糊化温度、峰值黏度、回生值和白度均有显著影响，蒸熟对上述指标的影响次之，而烫熟对样品的起始糊化温度、峰值黏度、回生值和白度影响不显著。

表 2-4　单个因子对加工特性的影响程度分析

处理方法	起始糊化温度/℃	峰值黏度/BU	回生值/BU	白度
炒熟	76.78c	608.00a	247.33a	74.78d
未炒熟	88.58a	400.22d	102.25d	80.29a
烫熟	80.15bc	506.11bc	178.00bc	77.78bc
常温水和面	85.20ab	502.25bc	171.75bc	77.30bc
蒸熟	84.35ab	528.00b	192.50b	75.68cd
未蒸熟	81.00bc	480.33c	157.17c	79.39ab

炒熟对燕麦籽粒的理化特性有不同程度的影响（曹汝鸽，2010；Hu，2010）。炒熟处理后燕麦籽粒中脂肪含量显著增加，蛋白质含量降低，这可能是因为炒熟后蛋白质分子的二级和三级结构被破坏，而且经过干热处理后复合脂肪游离出来（甄红敏，2011）。食物中组成、结构各异的蛋白质在热加工时，会发生十分复杂的化学变化，包括美拉德反应、热变性、形成双硫键、聚集、降解等，这些变化会影响食品中的蛋白质含量。其中，美拉德反应是在氨基酸与糖类混合加热时发生，使食物表面发生褐色变化，并产生香气。加热能使复合脂肪分离为游离脂肪，从而增加脂肪的含量。油脂在高温条件下能发生热分解反应，产生挥发性物质，并产生香味，但是在 300℃以下，热分解不明显（李国新，2004）。有报道指出，蒸煮能增加 β-葡聚糖含量，而烘烤降低 β-葡聚糖含量（Kerckhoffs，2003；Beer，1997）。另外，食物中酸或者其他成分的存在，可能会使燕麦 β-葡聚糖的分子量发生一些改变（Åman and Hesselman，1984），加热会使燕麦 β-葡聚糖的分子量减小。本研究发现，炒熟会严重降低 β-葡聚糖含量，值得进一步深入研究。如果食品中三大产能营养素的含量或绝对量发生了改变，则食品的热量也会随之发生改变。炒熟后热量降低可能是由一部分脂肪挥发所致。

（3）三熟处理对燕麦窝窝淀粉消化特性的影响

通过图 2-2A 和 B 的对比，发现炒制对燕麦窝窝淀粉颗粒形态没有影响；通过图 2-2C 和 E 的对比，发现淀粉颗粒部分凝结成团，但单个淀粉颗粒的基本形态变化不大，说明烫熟对燕麦窝窝淀粉颗粒形态有影响，但影响不明显；通过图 2-2C 和 D、E 和 F 的对比，发现经过蒸制的样品淀粉颗粒没有完整形态，淀粉糊化，淀粉颗粒破裂并凝结成团，说明蒸熟对燕麦窝窝淀粉颗粒影响最大。

对 9 个样品直链淀粉含量进行多因素方差分析，可以得到各因子的主效应。从表 2-5 可以看出，炒熟、蒸熟和烫熟对直链淀粉含量基本没有影响。

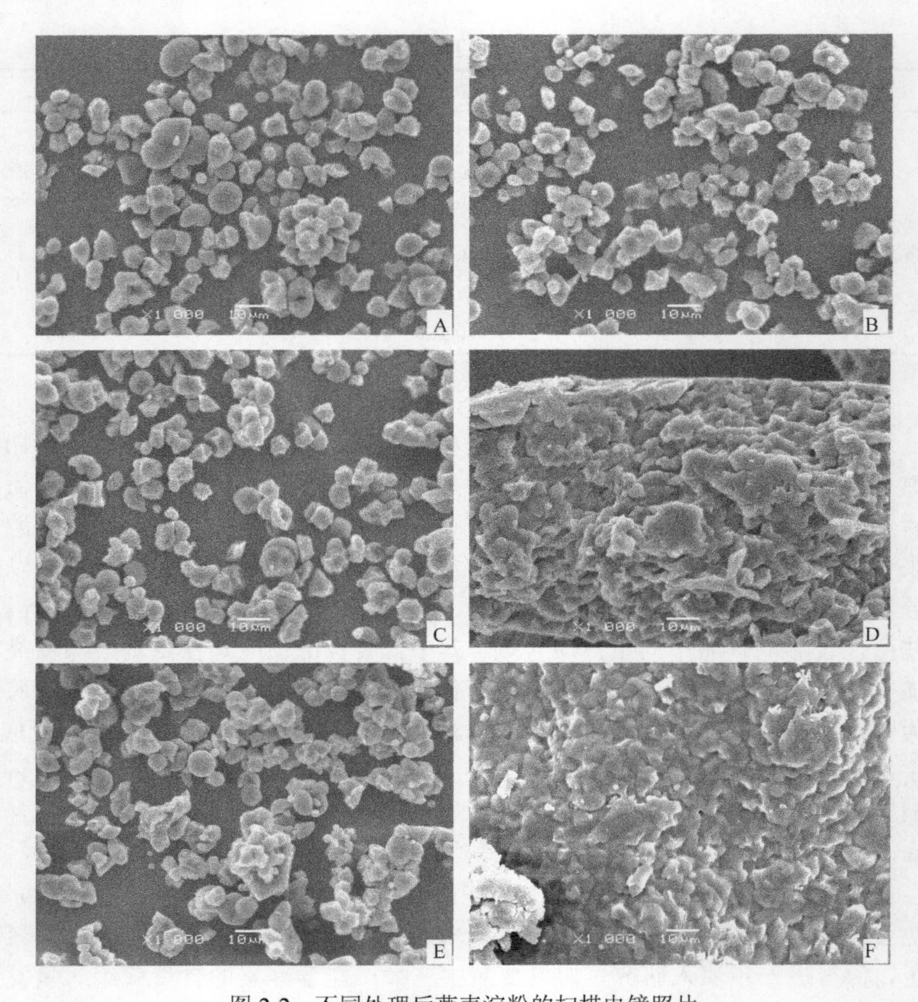

图 2-2 不同处理后燕麦淀粉的扫描电镜照片

A. 未炒制样品；B. 炒制样品；C. 炒、未烫、未蒸制样品；D. 炒、未烫、蒸制样品；E. 炒、烫、未蒸制样品；F. 炒、烫、蒸制样品

测定 6 种经过不同处理得到的淀粉样品的冻融稳定性，结果见表 2-6，对比 1 号、2 号样品，发现炒制能显著降低淀粉糊的析水率，使淀粉糊冻融稳定性增强；对比 3 号、5 号样品和 4 号、6 号样品，发现烫制也能降低淀粉糊的析水率，使淀粉糊冻融稳定性增强；对比 3 号、4 号样品和 5 号、6 号样品，发现蒸制能使淀粉糊的析水率极显著增加，淀粉糊的冻融稳定性降低。2 号样品和 3 号样品析水率差异大，可能是由燕麦窝窝的挤压、加水等过程使淀粉发生改变所致。

测定 6 种淀粉样品的淀粉糊的透明度，发现炒、烫对淀粉糊透光率基本没有显著影响，但蒸制对淀粉糊透光率有显著影响。

表 2-5　不同处理对直链淀粉含量的影响

序号	样品	直链淀粉含量/%
1	TBS	19.85b
2	TBN	19.54bc
3	TRS	19.85b
4	TRN	17.67d
5	UBS	19.34c
6	UBN	21.06ab
7	URS	19.72b
8	URN	18.59c
9	T	21.71a
10	U	20.72b

注：直链淀粉含量为直链淀粉在总淀粉中的百分比，本章下同

表 2-6　不同处理样品的淀粉特性

序号	样品	析水率/%	透光率	凝沉程度	快速消化淀粉/%	慢速消化淀粉/%
1	U	25.54c	90.13a	强	9.53b	54.30a
2	T	0.19e	87.87a	强	9.78a	50.12b
3	TRN	18.94d	87.99a	强	9.72a	50.18b
4	TRS	47.39a	40.19b	弱	9.50b	48.98b
5	TBN	0.21e	85.83a	强	9.70a	50.00b
6	TBS	41.40b	43.76b	弱	9.48b	48.91b

炒熟对燕麦窝窝淀粉颗粒形态没有影响，对直链淀粉含量基本没有影响，能显著降低淀粉糊的析水率，使淀粉糊冻融稳定性增强，对淀粉糊透明度没有显著影响，使抗性淀粉含量和慢速消化淀粉含量显著增加、快速消化淀粉含量降低，对含水特性没有影响；烫熟对燕麦窝窝淀粉颗粒形态有影响，但影响不明显，使直链淀粉含量有所增加，使淀粉糊冻融稳定性增强，对淀粉糊透明度没有显著影响，对抗性淀粉、快速消化淀粉和慢速消化淀粉含量均没有显著影响，使总水分含量下降，主要降低结合水含量；蒸熟对燕麦窝窝淀粉颗粒影响最大，淀粉颗粒完全糊化，对直链淀粉含量基本没有显著影响，使淀粉糊的析水率极显著增加，淀粉糊的冻融稳定性降低，经过蒸制的样品在静置 24h 后，凝沉程度很弱。蒸熟使快速消化淀粉含量显著降低，对抗性淀粉和慢速消化淀粉含量没有显著影响。总体看来，蒸制对燕麦窝窝淀粉特性影响最大（张燕等，2013）。

热处理会使抗性淀粉的含量下降。因此，炒熟、烫熟或蒸熟后测得总淀粉含量均升高。一定程度的热处理会降低起始糊化温度，增加黏度。炒熟和蒸熟处理后燕麦粉的黏度参数有变化，这可能是因为淀粉颗粒发生了改变，并且和淀粉与脂类或蛋白质的相互作用有关。温度的变化会使淀粉颗粒结构发生变化，主要表现在淀粉颗粒的结晶区和淀粉分子间的氢键被破坏，使淀粉分子膨胀，从而导致淀粉颗粒破裂，因此，淀粉变得易糊化，最终导致淀粉起始糊化温度降低。研究表明，高温处理会使淀粉颗粒吸水性和膨胀性增强。高膨胀性的淀粉粒会占据较大的体积，因而挤得紧密，糊化时淀粉颗粒之间相互靠紧，传递了较高的内部摩擦力，峰值黏度就较高。

经过炒熟处理的样品口感和香味更好，可能是因为炒制的过程使燕麦淀粉、脂质及酶发生改变。另外，不同的加工过程对过氧化氢酶活性也有不同程度的改变，这也使得食品的风味发生改变。炒熟、烫熟、蒸熟是最佳的燕麦传统食品制作工艺。

3. 挤压技术对燕麦面条品质的改善

杂粮面条不含面筋蛋白，面条成分中杂粮占比低，一般在30%左右，且杂粮含量越高，加工成的面条口感越粗糙并且易浑汤。近年来，挤压技术逐渐应用于面条的制作中，挤压时面团会受到强劲的揉捏作用，进而促进面筋的形成，使得制成的面条拥有良好的口感。利用挤压技术处理后，能使燕麦等不能形成面筋蛋白的杂粮形成面团，因而众多杂粮面制食品的生产都利用这一技术。利用传统方法制作的燕麦面条，若采用小麦面条的烹饪方法即煮熟后食用，蒸煮损失率大，口感较差，多数采用温水浸泡的方法食用。目前，燕麦面条的发展有了长足的进步，这也是食品行业发展的必然结果。

市场上以燕麦为原材料制作的面制食品种类繁多，但多数燕麦含量较低。淀粉老化处理后会形成凝胶，凝胶强度与蒸煮损失率呈负相关关系，工业上生产米粉时就是利用大米淀粉这种老化特性。淀粉在燕麦粉成分中占比较大（60%左右），若对其进行老化处理，可一定程度上改善燕麦全粉面条的蒸煮品质。

燕麦粉不含面筋蛋白，制作的燕麦全粉面条只能温水浸泡食用，煮熟后易浑汤，蒸煮损失率大，是燕麦面条加工的难题之一。为了满足市场对直接蒸煮燕麦全粉面条的需求，本试验以燕麦全粉为原料，利用二级挤压技术生产燕麦全粉挤压面条，对燕麦全粉挤压面条分别进行调湿老化（在温度为25℃、湿度为80%的环境中进行老化处理）、蒸制老化（在100℃条件下进行5min蒸制处理）及冷冻老化（挤压成的面条在温度为−18℃条件下老化）处理，通过测定回生值、热焓值、相对结晶度以及蒸煮损失率等指标，深入探究调湿老化时间和湿度对燕麦全粉挤压面条淀粉的老化特性以及面条蒸煮品质的影响。

（1）老化调控对燕麦挤压面条品质的影响

由表 2-7 可知，面条经过不同的老化处理后，不同样品间 β-葡聚糖、粗脂肪及粗蛋白含量差异不是很大，同时因为分析数据时设定的变异系数很小，所以分析结果显示的差异性较为显著。

表 2-7　燕麦全粉面条营养品质　（%）

样品编号	β-葡聚糖含量	粗脂肪含量	粗蛋白含量
CK	1.12±0.03a	1.22±0.01c	6.97±0.07bc
1	1.01±0.07b	1.81±0.09ab	7.09±0.02b
2	1.06±0.03ab	1.28±0.31c	6.88±0.08c
3	1.07±0.01ab	1.25±0.13c	6.86±0.06c
4	1.13±0.06ab	2.10±0.11a	7.01±0.01b
5	1.20±0.15a	1.73±0.13b	6.62±0.06d
6	1.12±0.02ab	2.07±0.57a	6.65±0.08d
7	0.98±0.01b	1.64±0.34b	7.23±0.03a

注：表中数据均为干基含量。CK 为未经老化处理的面条；1 为面条在 25℃、湿度 80%条件下老化 6h；2 为面条在 25℃、湿度 80%条件下老化 24h；3 为面条吹风定条（25℃风扇吹风 1min）；4 为面条吹风定条（同 3），干燥（32℃通风干燥 7h）；5 为面条吹风定条（同 3），熟化（82℃蒸制 5min），干燥（同 4）；6 为面条在–18℃下老化 6h；7 为面条在–18℃下老化 24h；各列不含有相同小写字母表示处理间差异显著（$P<0.05$）。表 2-8～表 2-11 同此

由表 2-8 可知，面条经过不同的老化处理后，其蒸煮损失率存在显著差异。其中，调湿老化处理后的面条样品，其蒸煮损失率明显小于对照组或是另外两种老化处理的面条样品。同时面条蒸煮损失率最低的为经过调湿老化处理 24h 的样品，最高的为经过冷冻老化处理 24h 的样品。面条样品经过不同老化方式处理后，吸水率无明显差异，说明不同的老化方式不影响面条样品的吸水率。

表 2-8　燕麦全粉面条的蒸煮品质

样品编号	蒸煮损失率/%	吸水率/%
CK	4.53±0.04c	49.6±3.0a
1	3.34±0.60d	44.5±3.0a
2	2.26±0.06e	49.9±9.0a
3	5.19±0.01b	46.4±7.0a
4	5.12±0.02b	48.0±2.0a
5	4.19±0.01c	46.1±9.0a
6	5.16±0.01b	47.0±6.0a
7	7.97±0.07a	44.9±4.0a

面条的蒸煮损失率能够反映出面条蒸煮性能的优劣。淀粉糊化后会发生老化，在此过程中，淀粉分子会渐渐相互聚集，利用氢键相互连接，形成胶体，胶体强度与蒸煮损失率呈负相关关系。分析发现，调湿老化处理后的面条样品，其蒸煮损失率显著小于对照组或是另外两种老化方式处理的面条样品，且处理时长为24h的样品蒸煮损失率最小。这可能是由于淀粉老化需要的时间较长，时间越久，老化越充分，所形成的凝胶强度越强，面条的蒸煮损失率越低。

面条经过不同老化处理后，其感官评价结果整体上差异不显著（表2-9）。其中，对照组面条、调湿老化处理24h的面条色泽最好；对照组面条表观状态最好；调湿老化处理24h的面条咀嚼性、黏性、光滑性评分最高，适口性较好；冷冻老化处理24h的面条燕麦香味最优；调湿老化处理24h的面条整体综合评分最高。

表2-9　燕麦全粉面条的感官评价结果

样品编号	得分							总分
	色泽	表观状态	适口性	咀嚼性	黏性	光滑性	燕麦香味	
CK	8.6±1.1a	9.1±0.6a	15.9±2.4a	22.3±2.3a	22.0±2.5a	4.6±0.4a	4.5±0.2a	86.9±7.9a
1	8.0±1.3a	8.6±0.9a	12.1±1.5b	20.4±3.7a	21.9±1.3a	4.5±0.4a	4.4±0.3a	79.9±6.6a
2	8.6±1.1a	8.6±0.9a	14.8±3.4ab	22.4±3.1a	23.3±1.0a	4.8±0.2a	4.5±0.3a	87.2±8.0a
3	8.3±1.3a	8.8±0.6a	14.3±3.2ab	22.1±2.7a	21.8±2.3a	4.6±0.4a	4.5±0.3a	84.7±9.4a
4	8.4±1.3a	8.9±0.9a	12.8±1.8b	21.9±3.1a	21.9±2.9a	4.7±0.3a	4.5±0.4a	82.9±8.6a
5	7.6±2.0a	8.8±0.9a	12.0±1.3b	20.8±3.0a	22.4±1.5a	4.7±0.3a	4.5±0.3a	80.6±6.7a
6	8.0±1.2a	8.7±0.8a	12.6±3.0b	21.3±2.8a	21.0±2.4a	4.6±0.3a	4.5±0.2a	80.5±5.6a
7	7.9±1.1a	8.3±1.1a	12.5±2.2b	21.6±2.3a	21.3±2.8a	4.4±0.7a	4.6±0.3a	80.5±7.7a

面条样品经过不同老化处理后，反映其糊化特性的各个指标存在显著差异（表 2-10）。其中，面条样品经过调湿老化处理后，其回生值高于对照组和其余老化方式处理的样品；同时，经过调湿老化处理24h的面条样品回生值最大，经过冷冻老化处理24h的面条样品回生值最小。

回生值主要可以反映淀粉在老化过程中形成新结晶的难易度以及所形成凝胶的强弱，体现出老化程度。通常淀粉回生值与凝胶强弱以及老化程度呈正相关关系。本试验中，面条样品经过调湿老化处理24h后，回生值最大，说明此时面条样品的老化程度最大。这也许是因为当老化温度为25℃时，淀粉分子在老化过程中容易形成新结晶，所以老化程度较高。

表 2-10　燕麦全粉面条糊化特性　（单位：cP）

样品编号	峰值黏度	谷底黏度	最终黏度	回生值
CK	2769.0±5.7b	816.0±28.3b	1298.5±68.6c	490.5±28.9abc
1	2840.5±9.2a	857.0±50.9b	1416.0±21.2b	519.5±26.2ab
2	2593.0±5.7c	977.5±23.3a	1540.0±57.9a	558.0±41.0a
3	2479.5±13.4d	733.0±28.4cd	1201.0±16.9cd	437.5±31.8cd
4	2428.5±14.9e	705.0±28.3d	1136.5±48.8de	418.5±38.9cd
5	2781.0±15.6b	798.5±19.1bc	1254.5±40.3c	446.0±35.4bcd
6	2583.5±14.9c	680.5±24.7de	1128.5±27.6de	432.5±24.7cd
7	2355.5±6.4f	619.0±28.2e	1042.5±30.4e	410.5±20.5d

由图 2-3 可知，面条样品经过不同老化处理后，其相对结晶度差别明显。调湿老化处理的面条样品，其相对结晶度明显高于对照组以及其余老化方式处理的面条样品。另外，经过调湿老化处理 24h 的面条样品，其相对结晶度最大；经过冷冻老化处理 24h 后的面条样品，其相对结晶度最小。

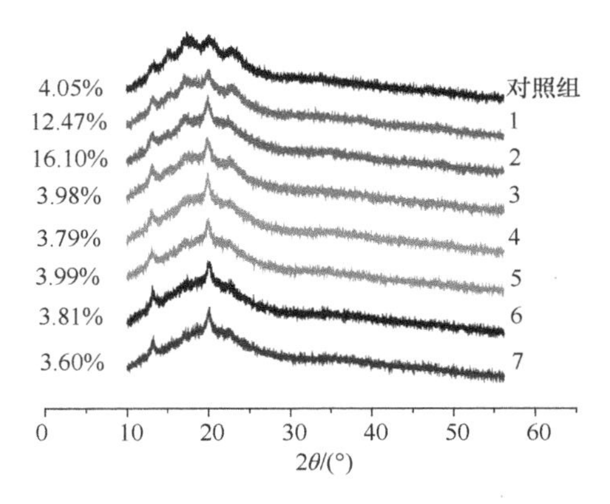

图 2-3　燕麦全粉面条 X 射线衍射图谱（彩图请扫封底二维码）

淀粉的老化程度可以利用相对结晶度来表示，且老化程度与相对结晶度呈正相关关系。本试验中，经调湿老化处理 24h 的面条样品相对结晶度最大，说明调湿老化处理时长为 24h 的样品老化程度最高。这可能是由于温度为 25℃、老化时长为 24h 时，支链淀粉外侧链长较短的淀粉分子形成了新的结晶，因此相对结晶度最大。

由表 2-11 可知，面条样品经过不同老化处理后，其热焓值存在显著差异。调湿老化处理的面条样品，其热焓值显著高于对照组以及其余老化方式处理的面条样品，并且经过调湿老化处理 24h 的面条样品，其热焓值最大，经过冷冻老化处理 24h 的面条样品，其热焓值最低。

表 2-11　燕麦全粉面条的差示扫描量热测定结果

样品编号	起始糊化温度/℃	峰值糊化温度/℃	终止糊化温度/℃	热焓值/（J/g）
CK	45.34±3.51bc	54.53±2.31a	66.34±1.00ab	0.78±0.04b
1	40.63±1.11c	54.70±2.85a	65.30±1.43ab	1.04±0.03a
2	44.26±1.87bc	54.77±1.68a	62.97±1.29bc	1.06±0.02a
3	30.84±2.16d	55.61±0.73a	66.25±1.70ab	0.62±0.02c
4	51.12±2.50a	53.65±3.94a	61.67±0.71c	0.07±0.02e
5	46.60±2.86ab	55.24±2.33a	65.90±1.44ab	0.77±0.03b
6	44.48±0.74bc	54.05±4.30a	68.49±2.14a	0.48±0.03d
7	51.96±2.75a	55.25±1.92a	60.86±1.21c	0.02±0.01f

利用差示扫描量热仪（differential scanning calorimeter，DSC）可以研究淀粉分子的热力学特性，熔化淀粉分子在老化过程中形成新结晶时会形成吸热峰，且峰面积与熔化新结晶所需的热量呈正相关关系，该热量值即为热焓值，热焓值与结晶含量以及老化程度呈正相关关系。本试验中，调湿老化处理 24h 的面条样品热焓值最大，说明此时面条样品的老化程度最高。这可能是由于在调湿老化状态下，由高温降至常温时，糊化后的淀粉分子容易重新排列组合形成新的结晶结构，因此，熔化该新晶体结构所需的热量最大。

（2）调湿老化调控对燕麦挤压面条品质的影响

Ⅰ. 调湿老化时间对燕麦面条蒸煮品质及老化品质的影响

对面条进行不同的老化时间处理后，其蒸煮损失率存在显著差异（表 2-12）。当老化湿度一定，老化时间小于 48h 时，面条的蒸煮损失率与老化时间呈负相关关系；当老化时间大于等于 48h 时，面条的蒸煮损失率与老化时间呈正相关关系。其中，当老化湿度为 60%时，老化 48h 的面条样品蒸煮损失率最小，为 5.04%；当老化湿度为 70%时，老化 48h 的面条样品蒸煮损失率最小，为 8.17%；当老化湿度为 80%时，老化 24h 的面条样品蒸煮损失率最小，为 6.25%。这可能是因为老化时间对淀粉的老化有显著影响，老化湿度确定时，老化时长逐渐延长，面条淀粉老化程度逐渐增大，达到最大时又逐渐降低。淀粉的老化程度越高，所形成的凝胶性越强，面条的蒸煮损失率越小。

当老化湿度一定时，随着老化时间的增加，面条的回生值整体呈现先升高再降低的趋势。其中，当湿度为 60%时，老化 48h 的面条样品回生值最大，为 447.00cP；当湿度为 70%时，老化 48h 的面条样品回生值最大，为 274.00cP；当湿度为 80%时，老化 24h 的面条样品回生值最大，为 388.00cP。老化时间对淀粉老化影响显著。当老化湿度一定时，随着老化时间的增加，面条的老化程度先逐渐升高，

表 2-12　老化时间对燕麦挤压面条蒸煮品质及老化品质的影响

老化湿度/%	老化时间/h	蒸煮损失率/%	回生值/cP	热焓值/（J/g）
60	12	7.59±0.69bcde	341.50±2.12c	0.52±0.03ef
	24	5.54±0.61f	435.50±0.71a	0.59±0.02de
	48	5.04±0.75f	447.00±4.24a	1.10±0.11a
	72	5.84±0.37ef	381.00±39.60b	0.95±0.01b
70	12	9.84±0.47a	227.00±0.01fg	0.39±0.06g
	24	8.52±0.85abcd	247.50±0.71ef	0.46±0.01fg
	48	8.17±1.04abcd	274.00±4.24de	0.52±0.04ef
	72	9.27±0.92ab	193.50±33.23g	0.48±0.02f
80	12	7.34±0.65cde	296.00±9.90d	0.39±0.21g
	24	6.25±0.24ef	388.00±2.83b	0.76±0.01c
	48	6.78±0.59def	308.50±3.54cd	0.63±0.01d
	72	8.98±1.15abc	273.50±7.78de	0.59±0.01de

达到峰值后又逐渐下降。这可能是因为淀粉老化前期为短时老化，主要是直链淀粉分子进行重结晶，反应时间较短，通常十几个小时内即可结束，而长时老化反应时间长，一般为几十个小时甚至更长。淀粉的老化结果大都是由长时老化所决定的。

不同老化时间处理后面条的热焓值存在显著差异。当老化湿度一定时，随着老化时间的增加，面条的热焓值呈现先上升再下降的趋势。其中，60%湿度条件下，老化 48h 的面条热焓值最大，为 1.10J/g；70%湿度条件下，老化 48h 的面条热焓值最大，为 0.52J/g；80%湿度条件下，老化 24h 的面条热焓值最大，为 0.76J/g。这可能是因为老化时间较长，支链淀粉分子外侧链长较短的淀粉分子会形成新的结晶，在这期间淀粉分子相互间通过氢键相连接，排成新的顺序，且链长较短的淀粉分子占比高时，老化时产生的晶体颗粒数量会变多，从而促使晶体聚合，提高淀粉分子的相对结晶度，老化程度也随之增大。

Ⅱ. 老化湿度对燕麦挤压面条蒸煮品质及老化品质的影响

面条经过不同老化湿度处理后，其蒸煮损失率存在显著差异（表 2-13）。当老化时间一定时，随老化湿度的增加，面条的蒸煮损失率呈现先升高再下降的趋势。其中，当老化 12h 时，老化湿度为 80%的面条样品蒸煮损失率最小，为 7.34%；当老化 24h 时，老化湿度为 60%的面条样品蒸煮损失率最小，为 5.54%；当老化 48h 时，老化湿度为 60%的面条样品蒸煮损失率最小，为 5.04%；当老化 72h 时，老化湿度为 60%的面条样品蒸煮损失率最小，为 5.84%。这可能是因为老化湿度对淀粉的老化也有显著影响，老化时间一定时，随老化湿度的增加，面条中淀粉老化程度先逐渐增大，达到最高值后又逐渐减小。淀粉的老化程度与面条淀粉形成的凝胶强度呈正相关关系，与面条的蒸煮损失率呈负相关关系。

表 2-13　老化湿度对燕麦挤压面条蒸煮品质及老化品质的影响

老化时间/h	老化湿度/%	蒸煮损失率/%	回生值/cP	热焓值/（J/g）
12	60	7.59±0.69bcde	341.50±2.12c	0.52±0.03ef
	70	9.84±0.47a	227.00±0.01fg	0.39±0.06g
	80	7.34±0.65cde	296.00±9.90d	0.39±0.21g
24	60	5.54±0.61f	435.50±0.71a	0.59±0.02de
	70	8.52±0.85abcd	247.50±0.71ef	0.46±0.01fg
	80	6.25±0.24ef	388.00±2.83b	0.76±0.01c
48	60	5.04±0.75f	447.00±4.24a	1.10±0.11a
	70	8.17±1.04abcd	274.00±4.24de	0.52±0.04ef
	80	6.78±0.59def	308.50±3.54cd	0.63±0.01d
72	60	5.84±0.37ef	381.00±39.60b	0.95±0.01b
	70	9.27±0.92ab	193.50±33.23g	0.48±0.02f
	80	8.98±1.15abc	273.50±7.78de	0.59±0.01de

不同老化湿度处理后面条的回生值存在不同程度差异。当老化时间一定时，随老化湿度的增加，面条的回生值均呈现先减小再增大的趋势。其中，老化 12h 时的面条样品最大回生值为 341.50cP；老化 24h 时的面条样品最大回生值为 435.50cP；老化 48h 时的面条样品最大回生值为 447.00cP；老化 72h 的面条样品最大回生值为 381.00cP。淀粉老化程度也受老化湿度的影响。当老化时间一定时，随老化湿度的增加，面条的老化程度呈先下降再升高的趋势。老化湿度可以理解为水分含量，物料水分含量升高，促使淀粉分子加速运动，提高分子间形成新结晶的概率，因而老化程度增大；而水分含量太高时，淀粉分子运动加快的同时，整体含量减小，导致淀粉分子间结合的概率降低，从而降低了淀粉老化程度。淀粉在短时老化中，水分含量与老化速度呈正相关关系；淀粉发生长时老化时，当水分含量为 60%时，老化速率最大。

不同老化湿度处理后面条的热焓值整体上差异显著。当老化时间一定时，随老化湿度的增加，面条的热焓值首先逐渐减小，达到最小值后又逐渐增大。其中，老化时间分别为 12h、48h、72h 时，面条均在老化湿度为 60%时达到最大热焓值，分别为 0.52J/g、1.10J/g、0.95J/g；老化时间为 24h，面条在老化湿度为 80%时达到最大热焓值，为 0.76J/g。这可能是因为水分含量对淀粉老化时分子链的移动速度以及聚集速度有着显著影响。水分含量太低，分子链移动速度缓慢；水分含量太高，导致体系浓度降低，分子链聚合的概率降低。因此，水分含量太高或是太低都会阻碍淀粉分子形成新的结晶。

III. 老化时间与老化湿度对燕麦淀粉晶体结构的影响

X 射线衍射能够很好地反映淀粉的结晶构成和类别。经过处理后面条的相对结晶度存在差异。由图 2-4 可知，面条在 2θ 为 13.8°、17.5°、19.5°附近有衍射峰，这是典型的 B 型结构。

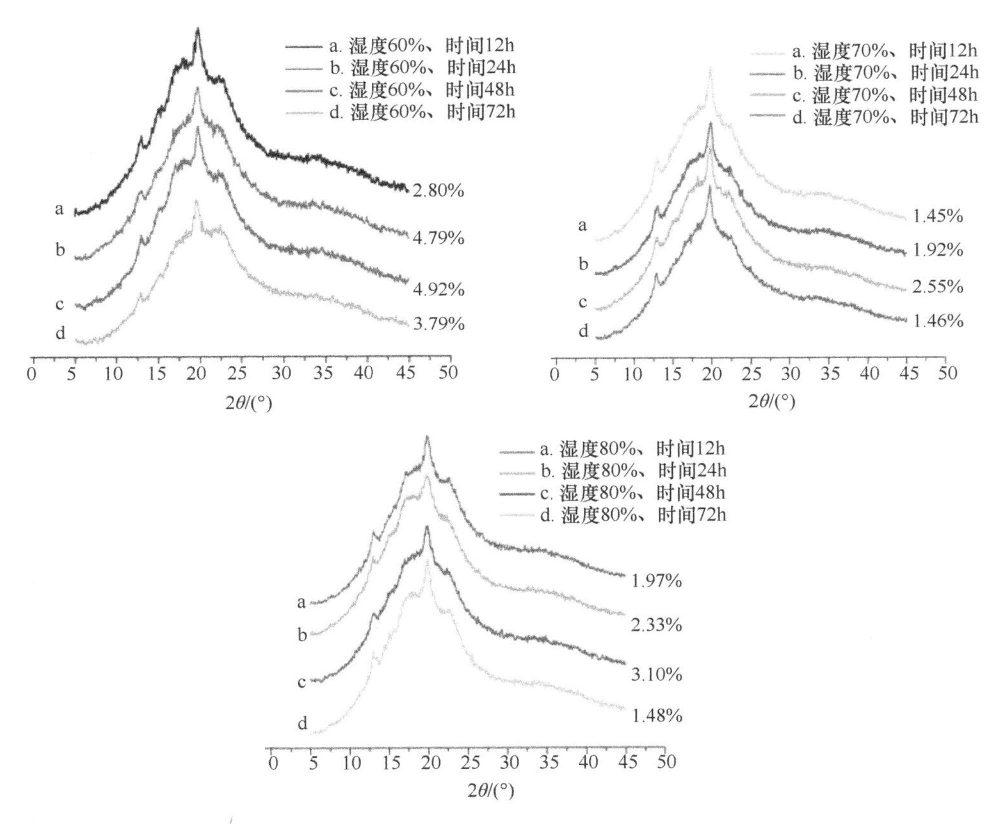

图 2-4　燕麦全粉面条淀粉的 X 射线衍射图（彩图请扫封底二维码）

老化时间对淀粉老化影响显著。当老化湿度一定时，随着老化时间的增加，面条的相对结晶度呈现先升高再下降的趋势。其中，当老化湿度为 60%时，老化时间为 48h 的面条相对结晶度最大，为 4.92%；当老化湿度为 70%时，老化时间为 48h 的面条相对结晶度最大，为 2.55%；当老化湿度为 80%时，老化时间为 48h 的面条相对结晶度最大，为 3.10%。这可能是因为随着老化时间增加，淀粉分子由无序态向有序态转变，分子内部逐渐聚合，结晶度逐渐增大，进而导致淀粉老化程度不断增大。

老化湿度对面条相对结晶度的影响显著。当老化时间一定时，随老化湿度的增加，面条的相对结晶度呈现先下降再升高的趋势，且均在老化湿度为 60%时相对结晶度最大。其中，当老化时间为 12h 时，面条的相对结晶度为 2.80%；当老化时间为 24h 时，面条的相对结晶度为 4.79%；当老化时间为 48h 时，面条的相对结晶度为 4.92%；当老化时间为 72h 时，面条的相对结晶度为 3.79%。这可能是因为老化湿度较高时，淀粉体系内分子运动性能好，聚合成晶体的概率降低。

Ⅳ. 老化时间、老化湿度、面条蒸煮品质及老化品质的相关性分析

老化湿度与蒸煮损失率呈不显著正相关关系（$P<0.05$），与回生值、热焓值呈不显著负相关关系，相关系数依次为 0.363、−0.443、−0.383，说明若老化湿度增加，面条的蒸煮损失率增大，回生值和热焓值则减小；老化时间与回生值呈不显著负相关关系（$P<0.05$），与蒸煮损失率、热焓值呈不显著正相关关系，相关系数依次为−0.100、0.003、0.424，说明若老化时间增加，面条的蒸煮损失率和热焓值增大，回生值则减小；蒸煮损失率与回生值和热焓值呈极显著负相关关系（$P<0.01$），相关系数依次为−0.945、−0.763，说明若蒸煮损失率减小，则回生值和热焓值增大；回生值和热焓值呈极显著正相关关系（$P<0.01$），相关系数为 0.746，说明若回生值增大，则热焓值增大（表 2-14）。

表 2-14 老化时间与老化湿度和面条蒸煮品质及老化品质的相关性

	老化湿度	老化时间	蒸煮损失率	回生值	热焓值
老化湿度	1				
老化时间	0	1			
蒸煮损失率	0.363	0.003	1		
回生值	−0.443	−0.100	−0.945**	1	
热焓值	−0.383	0.424	−0.763**	0.746**	1

**表示 $P<0.01$，本章下同

主成分分析是一种通过降低维度进行数据分析的方法，是将数据中大部分信息分析处理后，选出少数主要指标，从而精简了数据信息，保留了重要部分。这种分析方法的优点在于数据中各指标间不会互相产生影响，能够更准确地评价样品性能，分析结果更加客观公正。本试验设置特征值 $\lambda>1$，以方差贡献率为依据确定最优的主成分。

由表 2-15 可知，前 3 个因子的特征值大于 1，并且其信息量之和占总信息量的 89.777%，因此选取这 3 个因子代表 9 种指标的全部信息。第 1 主成分的贡献率为 57.251%，其中具有代表性的指标为蒸煮损失率、谷底黏度、最终黏度、回生值以及热焓值，其中蒸煮损失率与第 1 主成分呈负相关关系，其余指标与第 1

主成分呈正相关关系；第 2 主成分的贡献率为 19.517%，其中具有代表性的指标为起始糊化温度和峰值糊化温度；第 3 主成分的贡献率为 13.009%，其中具有代表性的指标为终止糊化温度。

表 2-15　样品蒸煮品质与老化品质主成分分析结果

指标	权重		
	第 1 主成分	第 2 主成分	第 3 主成分
蒸煮损失率	–0.957	0.158	0.105
峰值黏度	0.786	0.153	–0.381
谷底黏度	0.970	0.031	0.112
最终黏度	0.978	0.009	0.106
回生值	0.957	–0.022	0.091
起始糊化温度	0.191	0.924	0.013
峰值糊化温度	–0.112	0.866	0.372
终止糊化温度	0.099	–0.320	0.917
热焓值	0.865	–0.039	0.056
特征值	5.153	1.757	1.171
贡献率/%	57.251	19.517	13.009

经不同老化时间、温度处理后的 12 种样品大致可分为三类。老化湿度为 70%，老化时间分别为 12h、24h、48h、72h 的 4 种样品，以及老化湿度为 80%、老化时间分别为 72h 的样品，这 5 种可分为第一类。这 5 种样品位于第 1 主成分的负向，第 1 主成分的代表性指标为蒸煮损失率、回生值、热焓值等，说明这 5 种样品蒸煮损失率较大，回生值和热焓值较小。老化湿度为 60%、老化时间分别为 12h 和 24h 的两种样品，以及老化湿度为 80%、老化时间为 48h 的样品，这 3 种样品可分为一类。这 3 种样品位于第 1 主成分零刻度附近，说明其蒸煮损失率、回生值、热焓值在 12 种样品中排序适中。老化湿度为 60%、老化时间分别为 48h 和 72h 的两种样品，以及老化湿度为 80%、老化时间分别为 12h 和 24h 的两种样品，这 4 种样品可分为一类。这 4 种样品位于第 1 主成分的正向，说明其蒸煮损失率较小，回生值和热焓值较大（图 2-5）。

聚类分析可以将关联性强的研究对象归为一类，划分出不同类别的组成成分，确定出分类标准，同时保持数据信息的完整性，不划分数据的主次性，每种类别的主次性都是相同的。

将 9 项理化指标数据经标准化转换后，采用切比雪夫距离，用离差平方和法进行系统聚类，结果如图 2-6 所示。

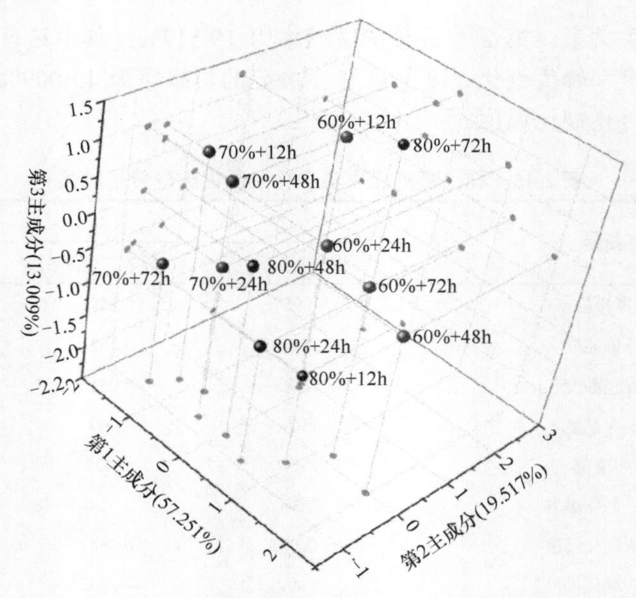

图 2-5 主成分分析（彩图请扫封底二维码）
图中数据为湿度+时间

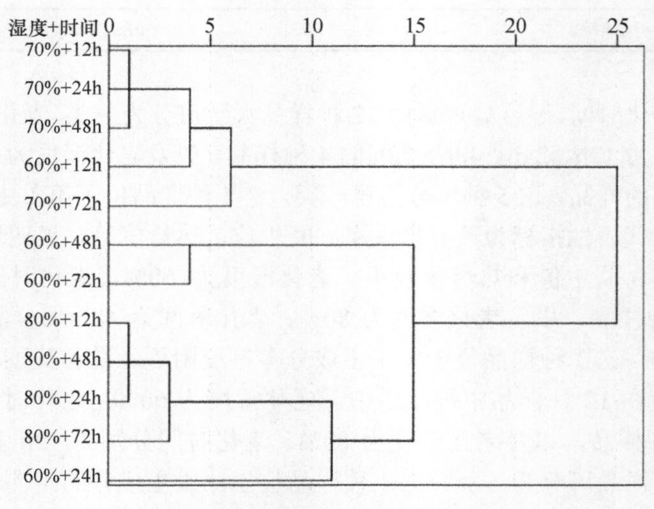

图 2-6 聚类分析结果

老化湿度为 70%，老化时间分别为 12h、24h、48h、72h 的样品与老化湿度为 60%、老化时间为 12h 的样品，在聚类步径约为 6 时聚成了第一小类；老化湿度为 60%、老化时间分别为 48h 及 72h 的样品，在聚类步径约为 4 时聚成了第二小类；老化湿度为 80%，老化时间分别为 12h、24h、48h、72h 的样品，在聚类步径约为 3 时聚成了第三小类。综合分析后说明，当老化湿度为 60%时，老化时间对样品的老化品质和蒸煮品质影响较大，导致不同老化时间的样品并没有聚为一类。老化湿度分别为 70%和 80%的样品，不同老化时间处理后的样品都聚合为一类，说明老化湿度分别为 70%和 80%时，老化时间对样品的老化品质和蒸煮品质影响较小。

老化时间为 12h 时，老化湿度为 60%和 70%的样品聚为一类，但老化湿度为 80%的样品并没有。老化时间为 24h 时，老化湿度为 60%和 80% 的样品聚为一类，但老化湿度为 70%的样品并没有。老化时间分别为 48h 和 72h 时，不同老化湿度处理的样品基本上都未聚成一类。综合分析后说明，不同的老化湿度对样品的老化品质和蒸煮品质影响较大。

调湿老化处理的面条蒸煮损失率最小（2.26%～3.34%），蒸制老化次之（4.19%～5.19%），冷冻老化最大（5.16%～7.97%）。不同老化处理的面条感官评分差异不显著，以调湿老化处理的面条感官评分最高（87.2 分）；调湿老化处理面条的淀粉相对结晶度（12.47%～16.10%）、热焓值（1.04～1.06J/g）及回生值（519.5～558.0cP）均最大，蒸制老化次之，冷冻老化最小。调湿老化处理后，面条样品中淀粉的老化程度较高，其中老化时间为 24h 的面条样品中淀粉老化程度最高。这可能是因为，在 25℃条件下，淀粉冷却回生过程中，糊化的淀粉分子易重新排列，形成晶体结构，所以重新融化破坏该晶体结构所需要的能量最大，热焓值最大。老化时间为 24h 时，支链淀粉外侧链长较短的淀粉分子形成新的结晶，因此相对结晶度最大。综合分析可知，对燕麦挤压面条进行淀粉老化处理能够显著降低燕麦全粉挤压面条的蒸煮损失率，最优方式为调湿老化 24h（卜宇等，2017）。

燕麦淀粉的相对结晶度、热焓值、回生值越大，淀粉老化程度越高，燕麦全粉面条的蒸煮损失率越小。三种老化处理中，调湿老化处理即温度为 25℃、老化时间为 24h 的条件下，燕麦淀粉的老化程度最高，燕麦面条的蒸煮损失率最小。本研究结果表明，生产燕麦全粉可蒸煮面条从技术上可行，只需要对生产工艺进行针对性改进，挤压后的面条配合常温调湿老化处理，即可实现蒸煮过程中糊汤率低、蒸煮损失率小，改变全燕麦面条只能蒸着吃或温水浸泡复水、不耐煮的食用方式，生产的全燕麦面条可蒸煮，不糊汤，口感筋道，燕麦味浓，突破了制约全燕麦面条加工的技术瓶颈（卜宇等，2017）。

随着燕麦全粉添加量的增大，混合粉的湿面筋含量显著下降；混合面团的最大拉伸阻力、延伸度、最大拉伸比例和能值都逐渐降低，持气性下降，开始漏气时间明显提前，pH 也较小麦粉面团的高；燕麦全粉去麸后，除糊化温度增加外，其余各项糊化参数指标都下降；而荞麦全粉去麸后，峰值黏度和回生值增大，衰减值减小和糊化温度降低（王洁琼，2016）。在燕麦全粉与小麦混合粉中添加适量的活性小麦面筋，可降低燕麦面条的蒸煮损失率和断条率，增加面条的拉伸强度、硬度和紧实度，降低面条黏附性，改善感官品质（田志芳等，2014）。

添加50%燕麦粉、60%水、1%食盐、10%鸡蛋清的原料，按照和面、醒面、压片（擀面）、切条、包装、速冻工艺制得的燕麦面条，在冻藏条件下，可保存90天，且面条的感官和蒸煮品质没有发生显著变化，是一种不添加任何化学添加剂、营养健康、保质期长的保健食品（赵爱萍，2016）。

4. 其他改进措施

谷氨酰胺转氨酶（TG）是一种催化酰基转移反应的转移酶，它能催化蛋白质分子内的交联、分子间的交联、蛋白质和氨基酸之间的连接，形成蛋白质网络结构，从而改变食品蛋白质的凝胶性、可塑性、持水性、水溶性及热稳定性等功能性质，进而改变烘焙制品、肉制品、鱼肉制品、乳制品、豆制品等食品的质地和结构（田灏等，2010）。在燕麦面团中添加 TG，可以使燕麦中小分子蛋白聚合形成大分子蛋白，燕麦中的谷蛋白较球蛋白更适合作为 TG 的反应底物。面团中游离氨基含量的减少也进一步证实 TG 对燕麦蛋白有交联作用。随着 TG 添加量的增多，燕麦面团硬度及黏性均显著提高，拉伸距离减小，拉伸阻力增大，表明 TG 加强了燕麦面团内部结合力 TG 的添加使燕麦熟面条的干物质吸水率及损失率均显著减小，感官评价各项得分升高，且面条的质构参数与感官各项评分之间存在一定的相关关系（彭飞，2016）。在燕麦面团中分别添加不同量的 TG（0.5%、1.0%、1.5%），对表征蛋白质变化的部分参数影响较大，并使得燕麦面团的弹性模量和热稳定性提高。对含 1.5% TG 的燕麦面团中不同蛋白质片段进行 SDS-聚丙烯酰胺凝胶电泳研究发现：燕麦中的球蛋白和谷蛋白都是 TG 较好的反应底物。添加不同量的酶使得面团中游离氨基含量减少，进一步证实了 TG 对燕麦蛋白的交联作用。

添加不同的外源蛋白对燕麦面团的特性也会产生不同的影响。添加大豆蛋白和面筋蛋白使得燕麦面团的吸水率增大，当分别添加 15%的面筋蛋白和大豆蛋白时，面团吸水率分别提高了 30%和 15%。蛋清蛋白则相反，当添加 15%的蛋清蛋白时，面团吸水率下降了 31%。但三种外源蛋白都可显著提高面团形成时间，其中面筋蛋白影响最大，随着面筋蛋白添加量由 5%增加到 15%，面团形成时间由 1.2min 增加到了 8.2min。与含大豆蛋白的燕麦面团相比，含面筋蛋白和蛋清蛋白的燕麦面团有着较长的稳定时间。动态流变学试验显示：含面筋蛋白和大豆蛋白的燕麦面团具有较大的弹性模量与黏性模量，且随着添加量的增大而增加，含蛋清蛋白的面团则相反。采用差示扫描量热法分析面团的热力学特性：蛋清蛋白和大豆蛋白可显著提高燕麦面团的峰值糊化温度和终止糊化温度，并在一定程度上提高面团的热焓值；面筋蛋白则作用不明显。三种含有 15%外源蛋白（大豆蛋白、面筋蛋白和蛋清蛋白）的燕麦复合面团，随着 TG 添加量的增加，面团吸水率下降，TG 对含蛋清蛋白燕麦面团的影响主要体现在改变淀粉特性部分，TG 可以显著增加含大豆蛋白燕麦面团的形成时间，显著影响含面筋蛋白燕麦面团的弹性。凝胶电泳结果显示，TG 对含面筋蛋白和大豆蛋白燕麦复合面团中的蛋白质片段都有显著影响。通过添加蛋清蛋白和羟丙基甲基纤维素（hydroxypropyl methyl cellulose，HPMC）（含或不含 TG），可制作口感较好的高蛋白含量的无面筋燕麦面条（王凤，2009）。

2.1.5.2　荞麦面条

荞麦属于蓼科荞麦属，是一种杂粮作物。荞麦富含类黄酮、必需氨基酸等营养物质，有利于降低罹患高血压、高血脂、心血管疾病的风险，具有丰富的营养和保健价值。荞麦蛋白中赖氨酸含量（6.1%）显著高于其他谷物（2.4%～4.0%），且荞麦的氨基酸组成更加平衡，生物效价＞90%。我国是最大的甜荞生产国（林汝法等，2005），甜荞主要分布在内蒙古、甘肃和山西等地区；苦荞主要分布在云南、四川、贵州等地区（王世霞等，2016）。近年来，在食品工业中，荞麦常作为健康食品成分被广泛使用（Rayasduarte et al.，1998），苦荞茶、荞麦膨化物、荞麦面包、荞麦馒头、荞麦发酵产品等加工产品受到国内外消费者的广泛青睐。随着消费者健康意识的不断提升，对荞麦产品的质量和需求量不断增加，进一步要求荞麦产品加工企业通过科学的方法，选用优质的荞麦原料，来满足市场需求。

1. 荞麦面条加工特点

荞麦粉中蛋白质主要为清蛋白，醇溶蛋白含量仅为 0.8%左右，制作面团时不能形成面筋网络结构。通常把荞麦粉与小麦粉混合使用，以改善其加工特性。荞麦粉与小麦粉混粉后，会稀释小麦粉中原有的面筋蛋白，不利于形成连续、均匀的面筋网络（Guo et al.，2017；Hatcher et al.，2011）。荞麦粉含量较高时，面条的色泽变暗，弹性变差，口感下降，断条率增加，蒸煮损失率增大等。目前，商业荞麦面条存在荞麦粉含量较低（商业挂面一般不超过 20%）、熟面断条率高、煮制损失率大、感官质量较差等问题，严重制约了荞麦面条产业的发展（张健，2012）。

由于荞麦籽粒不同部分的营养成分不同，因此采用不同磨粉方式制成的不同粗细度的荞麦面粉中的营养物质含量差异较大，导致加工品质和营养品质不同（魏益民，1995）。荞麦粉的添加对小麦粉面团流变学特性有不利影响，会使面团形成时间、稳定时间缩短，弱化度增大，评价总分降低，拉伸性能下降（魏晓明等，2009；杜双奎等，2003）。荞麦混合粉面团的延伸性（L）、面团比功（W）随着荞麦粉添加比例的增大呈下降趋势，混合粉面团张力（P）、面团 P/L 值则随荞麦粉添加比例的增加呈现上升趋势（王荣成，2005）；添加荞麦粉阻碍了小麦面筋网络的形成，使面团的面筋松散、不均匀，成块成片，淀粉颗粒杂乱地混在其间（李丹等，2007a，2007b）。

荞麦粉添加比例、和面温度、醒面时间对混合粉面团的拉伸特性有影响。添加精粉的面团比添加全粉具有较高的抗拉伸阻力，而延伸性有所降低。添加荞麦精粉的面团具有更高的强度，而添加全粉的面团具有更好的韧性。通过扫描电镜观察小麦粉面团和不同混合粉面团的微观结构可以看出，100%的小麦粉面团、含50%荞麦粉的混合粉面团和100%荞麦粉面团结构有明显不同。小麦粉面团的微观结构中有比较致密的面筋网络结构，大、小淀粉颗粒多数被紧紧黏附或包裹在膜状面筋中；荞麦粉添加量为50%的面团面筋网络松散多孔，大、小淀粉颗粒脱落的痕迹明显可见；100%荞麦粉面团中没有面筋网络结构，淀粉颗粒呈团状聚集，且有大量淀粉颗粒暴露于外面，少量的丝状结构为零散的荞麦蛋白。荞麦精粉面团中的丝状结构多于荞麦全粉面团（王艺静，2017）。

随着苦荞粉添加量的增加，面条的断条率不断升高，蒸煮损失率不断加大，面条品质逐渐下降；海藻酸钠、羧甲基纤维素钠（CMC-Na）和明胶都能够起到改善面条蒸煮品质的作用，其中效果最佳的是CMC-Na；小麦粉与苦荞粉按3∶7（*w/w*）混合，添加CMC-Na 0.55%、水35%、食盐1.0%时制得的面条品质较佳。利用体外模拟消化试验确定魔芋胶和黄原胶具有良好的缓释效果，魏晓明等（2016）研制了具有控制餐后血糖功能的荞麦面条，最优复配重量比为5∶5（小麦粉∶荞麦粉），复配胶溶液浓度为25mg/ml。

添加TG使得荞麦面团的加工特性和荞麦面条的品质得到改善，并促进了荞麦面条中蛋白质的交联，尤其在煮面过程中更为明显。通过观察微观结构并结合淀粉糊化特性的变化可知，TG可催化蛋白质交联形成较为致密而连续的网络结构，这种结构使得淀粉颗粒很好地被包裹起来，影响了淀粉的糊化特性，减少了荞麦面条表面可溶性淀粉的溶出，降低了蒸煮损失率，并且使得荞麦面条内部存在较多完整的淀粉颗粒，这种结构本身以及与淀粉糊化的共同作用，使得荞麦面条的硬度和拉断力增强，而且蛋白质的交联程度越高，荞麦面条质构特性的改善效果越明显（魏晓明等，2016）。

荞麦面粉加水调制成面团使芦丁转化为槲皮素，且加工方式对芦丁和槲皮素的含量有影响，发酵对荞麦中芦丁、槲皮素的影响最大（苦荞面粉中的芦丁含量为6869.1mg/kg，槲皮素未捡出；而苦荞醋中的芦丁含量为19.8mg/kg，槲皮素含量为29.2mg/kg），油炸次之，煮制对芦丁、槲皮素的影响最小（宫风秋等，2007）。高维和刘刚（2016）对纯荞麦面条的制作工艺的研究表明，90%的荞麦粉、10%的谷朊粉，在和面时间25min、水温30℃下制得的纯荞麦面条品质最佳。

与普通面条相比，荞麦面条由于有明显的降低血糖、血脂作用及纤维素和灰分含量较高，被称为“益寿食品”。以荞麦面粉为主要原料，加入一定量的酵母和水，调制成荞麦面团，在 30℃恒温条件下发酵成具有一定芳香酸味的荞麦面团，再利用面条机将发酵好的荞麦面团挤压成荞麦面条。面团水分含量是影响发酵的主要因素，其次是酵母的添加量、面团的发酵时间和发酵温度，发酵的最佳条件为，酵母添加量 1.0%，30℃发酵 8 天（于小磊，2011）。

二氧化氯作为一种广谱、高效灭菌剂，易降解、无残留，在医学灭菌（Chuanhe et al.，2012）、防疫消毒、工业灭菌（Dengling et al.，2012）、农业灭菌（Ibrahim et al.，2012）、食品抑菌保鲜（Trinetta et al.，2012；刘增贵等，2008）等方面均有应用。采用二氧化氯气体对荞麦挤压预熟面条致腐菌进行杀灭，效果好，干面条杀菌 30min 时效果较好。随二氧化氯浓度增加，保质期逐渐延长；在最佳杀菌条件下即二氧化氯浓度为 15mg/L 时，可保证荞麦湿面条 30 天 的保质期；当浓度为 30mg/L 时，可延长保质期至 60 天；继续增加浓度，为 40mg/L 时，可将保质期延长至 90 天（杨莎等，2013）。

2. 氢氧化钙对荞麦面条品质的影响

在我国，荞麦常作为谷类食用，常见的荞麦食品有荞麦凉面、荞麦饸饹、荞麦挂面、荞麦馒头、荞麦米饭等。饸饹是我国西北地区最为常见的一类传统小吃，目前市售饸饹主要有两大类，一类是在小麦粉中添加部分荞麦面粉制作而成；另一类是以全荞麦粉为原料制作而成，传统的荞麦饸饹往往指的是后者，其制作工艺主要包括和面、醒面、挤压、熟制 4 个过程。现阶段，关于荞麦饸饹生产工艺和品质评价等方面的研究报道较少，现有的相关报道，采用的方法和研究内容大多与小麦面条雷同，而实际上，饸饹与普通小麦面条存在本质上的区别。与小麦粉相比，荞麦粉中醇溶蛋白含量比较低，纯荞麦粉难以形成小麦粉那样的面团和拥有小麦面条特有的品质，这极大地限制了荞麦粉的加工利用。

称取 100g 荞麦粉，并分别添加为荞麦粉重量 0%（0g）、0.2%（0.2g）、0.4%（0.4g）、0.6%（0.6g）、0.8%（0.8g）、1.0%（1.0g）的氢氧化钙，以及为荞麦粉重量 50%（50g）的水，采用图 2-7 设备制作荞麦饸饹样品。随着氢氧化钙添加量的增加，各个处理之间荞麦饸饹的 L^*值、a^*值、b^*值均存在差异，荞麦饸饹的 L^*值逐渐减小，a^*值逐渐增大，b^*值先增大后减小，且随着氢氧化钙添加量的增加，荞麦饸饹的颜色逐渐由灰白色变为黄色，然后逐渐变为褐色。肉眼观察，添加 0.4%和 0.6%氢氧化钙制作的饸饹呈现亮黄色，而当氢氧化钙添加量大于 0.6%时，色泽变为褐色（张嘉等，2018）。

荞麦饸饹的 pH 随着氢氧化钙添加量的增加而增大。pH 变化是导致荞麦饸饹品质及荞麦粉糊化特性变化的重要因素。随着氢氧化钙添加量的增加，荞麦饸饹中总黄酮的含量均有所减少，且与未添加氢氧化钙的饸饹相比，总黄酮含量减少

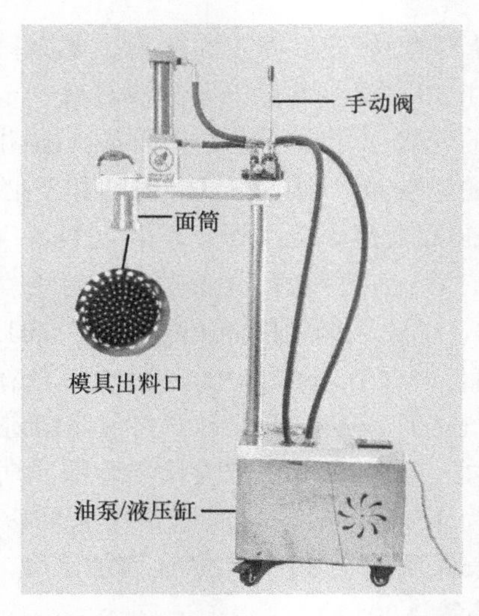

图 2-7　电动液压饸饹挤压机（彩图请扫封底二维码）

显著（P<0.05）。原因可能是随着氢氧化钙的增加，提取液的碱性增强，pH 会影响黄酮的提取效率，部分高浓度的碱会影响黄酮的结构，从而降低了荞麦饸饹提取液中黄酮的含量。

添加氢氧化钙的饸饹与未添加的饸饹相比，吸水率均有所减小。氢氧化钙添加量为 0.4%、0.6%和 1.0%时，饸饹吸水率较低。随着氢氧化钙添加量的增加，饸饹的蒸煮损失率先降低后增加，氢氧化钙添加量为 0%和 1.0%的荞麦饸饹蒸煮损失率较大，而添加量为 0.6%的饸饹蒸煮损失率最小，这可能是由于适量碱的添加可以增加荞麦粉的糊化程度，减小蒸煮损失率，而碱的添加量较多时，淀粉的溶解度增加，导致蒸煮损失率增加。

随着氢氧化钙添加量的增加，饸饹的断条率先减小后增加，未添加氢氧化钙饸饹的断条率最高，添加 0.6%氢氧化钙的饸饹断条率最低，且显著低于其他组（P<0.05）。氢氧化钙添加量对荞麦饸饹的感官总分有显著影响，随着氢氧化钙添加量的增加，荞麦饸饹的感官总分先增大后减小，氢氧化钙添加量为 0.6%的饸饹感官总分显著高于其他组（P<0.05），其色泽均匀，表面光滑细腻，口感最佳。从感官评价结果可以看出，添加一定量的氢氧化钙可以明显改善饸饹的感官品质。氢氧化钙添加量为 0.2%的荞麦饸饹，除黏性外，其他质构指标均低于未添加氢氧化钙的饸饹；除添加 0.2%氢氧化钙的饸饹外，其余氢氧化钙添加量的饸饹，其硬度、黏性、弹性、黏聚性、咀嚼性、回复性均高于未添加氢氧化钙的饸饹。说明添加一定量的氢氧化钙对荞麦饸饹的质构特性有明显的改善作用。

添加氢氧化钙能显著影响荞麦粉的糊化特性，随着氢氧化钙添加量的增加，荞麦粉透光率逐渐下降，溶解度呈增加趋势，峰值黏度逐渐减小，最终黏度、衰减值、回生值、糊化时间先增后降，糊化温度无显著变化，添加 0.6%氢氧化钙的荞麦粉衰减值较低，最终黏度和回生值较高，凝胶强度较高，不易断条，说明添加氢氧化钙可通过影响荞麦粉的糊化特性改善饸饹品质。添加氢氧化钙能显著影响荞麦饸饹的色泽和蒸煮、感官、质构品质。向荞麦粉中添加 0%～1.0%的氢氧化钙，探究其对荞麦饸饹品质和荞麦粉糊化特性的影响。随氢氧化钙添加量的增加，饸饹 L^*值下降，a^*值增大，b^*值先增大后减小，添加 0.6%氢氧化钙的饸饹呈亮黄色，断条率最低（17.57%），蒸煮损失率最小（4.67%），感官总分最高（80 分），硬度适中，黏性和弹性较好；添加氢氧化钙可降低荞麦粉的透光率，增加溶解度，最终黏度和回生值先增后降，添加 0.6%氢氧化钙的荞麦粉最终黏度和回生值适中。氢氧化钙可通过影响荞麦粉的糊化特性改善饸饹品质（张嘉等，2018）。

3. 国内外荞麦面条品质标准

在陕西传统饸饹的生产过程中，为提高荞麦饸饹的成条率和改善其品质，民间常常添加氢氧化钙。鉴于此方法在民间使用多年，2016 年西安出台了地方技术规范《西安传统小吃制作技术规程　蓝田荞面饸饹》（DB 6101/T 3005—2016）。

标准规定，以甜荞或苦荞为原料，按一定比例混合制作的蓝田荞面饸饹，由于色泽黄亮、筋细滑软、清香爽口、营养丰富、风味独特而成为享誉全国的地方传统特色小吃。荞面饸饹，古称河漏、手搦饼，是以荞麦为主要材料，将其磨制成面粉，与食用氢氧化钙和水按一定比例进行和面，通过饸饹床或机器挤压成粗细均匀的面，再配上调料等制作成的熟食。以甜荞（又称花荞）或苦荞为原料，按一定比例混合制作，采用独特工艺加工成的细长光滑、色泽黄亮、绵软筋韧、清香爽口、营养丰富、风味独特的荞面饸饹称为蓝田荞面饸饹。

标准规定，荞麦饸饹应采用符合 GB/T 10458—2008 要求的甘肃或宁夏产的花荞、苦荞加工成的出面率达到 60%的荞麦面粉。按使用原料，饸饹分为：①以花荞为主，辅加质量分数小于 10%的苦荞加工生产的饸饹，称为普通荞面饸饹；②以花荞为主，辅加质量分数 10%～20%的苦荞加工生产的饸饹，称为苦荞面饸饹。蓝田饸饹按加工形状，分为圆柱形荞面饸饹、扁条形荞面饸饹。按水分含量，饸饹分为鲜食荞面饸饹，指水分含量在 70%左右的荞面饸饹；干荞面饸饹，指水分含量≤10%的荞面饸饹；半干荞面饸饹，指水分含量在 10%～60%的荞面饸饹。标准明确指出，可将质量分数为 0.8%的氢氧化钙作为改善饸饹品质的添加剂。

日本农业标准 JAS 653 对干（荞麦）面条类产品的质量以及与质量有关的各个方面做出了统一规定，通过对面条中荞麦粉的混合比例加以设定，该标准最终将干荞麦面条产品分为两个级别：优质级（荞麦粉的混合比例为 50%及以上）和标准级（荞麦粉的混合比例为 40% 及以上）。我国《预包装食品标签通则》（GB 7718—2011）和《预包装食品营养标签通则》（GB 28050—2011）规定，包装上应该包含配料表内容。以荞麦挂面为例，产品已在食品标签上强调添加了荞麦这种具有特殊营养价值的成分，但是小麦粉与荞麦粉各占多少比例无从考证，这样不仅不利于挂面产品品质的控制，不利于消费者各取所需、理性消费，也影响我国挂面市场的有序发展。制约杂粮挂面标准制定的瓶颈是挂面产品杂粮添加量的定量检测。日本 JAS 标准关于荞麦添加量的规定，主要做法是要通过日本反不正当竞争委员会的特别许可。

我国需要针对杂粮挂面产品杂粮添加量的定量检测方法标准进行更多探索。当然，杂粮品种繁多，并不是所有原料都能找到特征性化合物作为检测指标，这也许就是杂粮挂面标准制定的难度所在（谭斌等，2016）。

2.1.5.3 鹰嘴豆面条

鹰嘴豆（*Cicer aretinum*）是世界上种植量最大的豆类之一，2017 年全球总产量为 1480 万 t，由于其具有良好的营养及健康效益（包括降低心血管疾病、癌症和胃肠道疾病等发病风险），逐渐受到人们的关注和认可。鹰嘴豆中高含量的慢性消化淀粉（16.9%±1.6%）和抗性淀粉（15.2%±1.3%）有助于降低餐后血糖反应，从而降低患 2 型糖尿病的风险。此外，鹰嘴豆赖氨酸含量较高，这使其成为硫氨基酸含量高但赖氨酸含量低的小麦制品的最佳互补成分。

由于鹰嘴豆不含谷蛋白，添加鹰嘴豆粉对小麦面条的面团特性和最终食用品质均会产生一定的影响。在小麦面团中添加碱可以改变其疏水作用和静电相互作用，其对面筋蛋白的聚集起主要作用，从而促进面团中三维聚合物网络的形成。通常 Na_2CO_3 和 K_2CO_3 的添加量范围在 0.5%～3.0%（*w/w*），比例为 1∶9～9∶1。由于小麦面粉内源性类黄酮色素在碱的作用下易变色，碱液的加入增加了面团的形成时间，使面条的质地更加坚实，且外观呈现出特有的黄色。加入黄碱液会使鹰嘴豆-小麦复合粉中的蛋白质通过共价/非共价作用发生聚合，同时由于碱的存在，鹰嘴豆-小麦复合粉面条的淀粉糊化受到影响。此外，不同碱添加量的鹰嘴豆-小麦复合粉的面筋凝聚及其与淀粉的相互作用均会发生一定的改变。

1. 鹰嘴豆面团流变学的动态测定

采用线性黏弹性区振荡扫频试验，研究了碱对鹰嘴豆面团流变学特性的影响。如图 2-8A～C 所示，面团储能模量（G'）、损耗模量（G''）和损耗正切值（$\tan\delta$）的变化均可反映面团体系中生物大分子间相互作用的变化，特别是淀粉-淀粉、淀粉-蛋白质间的相互作用以及面筋聚合物分子间的交联和聚合。随着频率的增加，G'和 G''不断增加。根据图 2-8A 和 B 可知，G'均大于 G''，我们发现所有的面团样品在所研究的频率范围内，弹性均大于黏性。鹰嘴豆-小麦复合面粉面团的动态模量（G'和 G''）相对高于全麦面粉面团，说明鹰嘴豆粉的添加增加了面团的黏弹性。随着碱添加量的增加（0.5%、1.0%、1.5%、2.0%），G'和G''与对照组（0%）相比均有所增加，在 1.5%的碱浓度时达到最大值。然而，在研究的频率范围内，添加较高水平的碱（2.5%、3.0%）会使 G'值和 G''值降低，与对照组相比，添加 0.5%～2.0%的碱液可使面团的弹性（G'）和黏性（G''）增加，这可能是由于碱性盐的存在使蛋白质网络增强，因此面团更紧致，可拉伸率更高。Shiau 和 Yeh（2001）的研究也报道了当碱浓度在 0.25%～1.0%时，添加碱会导致 G'和表观黏度呈现一定程度增加。然而，面团网络结构的稳定性依赖于碱溶液的浓度，添加高浓度的碱盐（＞2%）倾向于增加碱盐和蛋白质之间竞争自由水的机会，从而减缓了蛋白质的水合作用，导致 G'值和 G''值降低。随着碱添加量的增加，$\tan\delta$ 表现出下降趋势（图 2-8C），Guo（2017）等和 Li 等（2018）也报道了类似的发现。

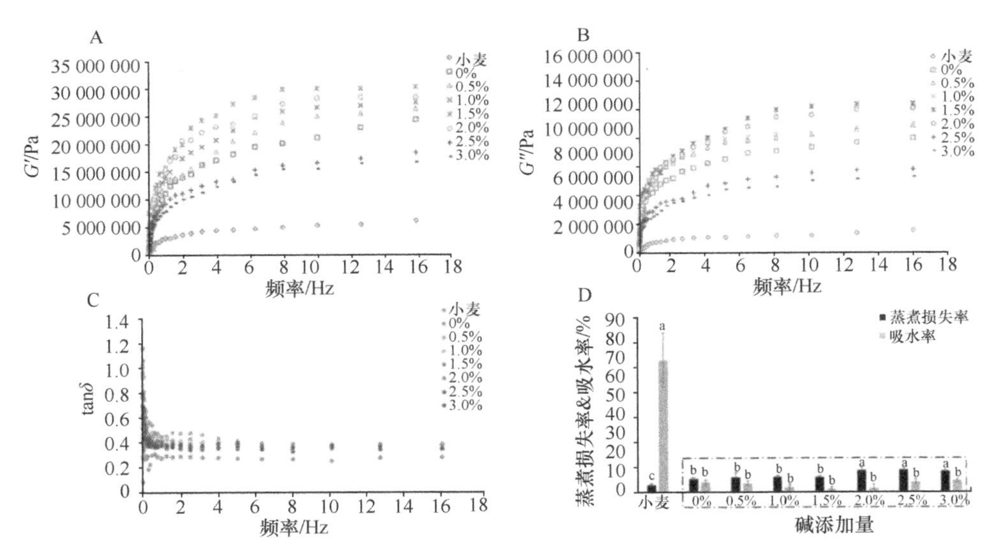

图 2-8　添加碱对面团储能模量（A）、面团损耗模量（B）、面团 $\tan\delta$（C）、黄碱面条蒸煮特性（D）的影响（彩图请扫封底二维码）

小麦是指不添加碱的全麦面条样品；0%～3.0%代表不同碱添加量的鹰嘴豆-小麦复合粉面团和熟面条样品；A、B、C 图样品为面团；D 图样品为熟面条，柱子上方不同小写字母表示各试验样品同一测定指标间差异显著（$P<0.05$）

2. 鹰嘴豆面团的糊化特性

通过快速粘度仪（rapid visco analyzer，RVA）所测量的糊化特性一般可以反映淀粉悬浮液在热-冷却循环过程中的黏度变化特征（Fan et al.，2018），所得的黏度参数可为面条产品的质量预测提供依据。与对照相比，在鹰嘴豆-小麦复合粉制成的面食中添加碱液后，其峰值黏度（PV）、崩解值（BD）、最终黏度（FV）、回生值（SB）均显著增加（$P<0.05$=。较高的 PV 表明在淀粉颗粒破裂前，加入碱

液会导致淀粉膨胀程度增加。PV 的增加则表明，碱液的添加可使淀粉颗粒的完整性损失加快，并使淀粉的解聚行为增加（Zhou and Hou，2011）。Lai 等（2004）认为，Na2CO3 和 NaOH 可通过破坏淀粉分子间的氢键促进淀粉的糊化。另外，面条样品的 PV、BD、FV、SB 先在低水平加碱量时升高（0.5%～1.0%），后随碱液添加量的增加（1.5%～3.0%）而呈现降低的趋势，在加碱量为 1.0%时达到最高值。Fan 等（2018）也报道了 RVA 黏度受碱影响的类似趋势，在面团配方中添加鹰嘴豆粉降低了鹰嘴豆面条 PV、BD、FV、SB 等，但相对提高了其糊化温度。这将有利于鹰嘴豆粉在食品加工中应用，因为降低 SV 和 PV 意味着淀粉热稳定性的提高，可减缓淀粉的老化行为。

3. 鹰嘴豆面条的蒸煮特性

熟面条的吸水率直接决定了面条的质地和烹饪质量。将鹰嘴豆粉添加至小麦面粉中，鹰嘴豆面条吸水率呈现显著下降，这与 Zhao 等（2013）的报道一致。较高的蒸煮损失率可能是由于随样品中纤维含量的增加，鹰嘴豆-小麦复合粉制成的面条中蛋白质和淀粉基质被破坏。另外，碱液添加量低（0.5%～1.5%）的熟面条吸水率明显降低（图 2-8D），这可能是由于添加碱液诱导了二硫键之间的连接，因此形成了更强的蛋白质-淀粉网络结构，引起吸水率降低。较低的碱添加量导致面条吸水率的降低也可能是由带电氨基酸对面筋蛋白表面静电的屏蔽所致，因此蛋白质间因疏水/亲水相互作用增强而重新聚集，形成更强的面筋网络。然而，当碱的添加量在 2.0%～3.0%时，面条的吸水率呈显著增加趋势，同样，低水平碱添加量（0.5%～1.5%）对面条蒸煮损失率的影响可以忽略不计，而较高水平的碱添加量（2.0%～3.0%）则会导致面条样品蒸煮损失率显著增加（图 2-8D）。蒸煮损失率是衡量面条在蒸煮过程中释放固体物质量的指标。碱对面筋网络形成的影响与淀粉糊化程度提高的相互作用，是高碱液添加量引起鹰嘴豆面条蒸煮损失率和吸水率增加的主要原因。根据 Shiau 和 Yeh（2001）的研究，随碱液的加入，挤压面条的淀粉糊化程度增加。高浓度碱的存在能加快热传递，并通过提高水的沸点和弱化蛋白质-淀粉基质的网络结构而加速淀粉凝胶化，从而导致大量淀粉在蒸煮过程中损失及面条吸水率增加。纯小麦面条的蒸煮损失率均低于鹰嘴豆-小麦复合粉制成的挂面蒸煮损失率，表明鹰嘴豆粉的加入对蛋白质起到了稀释作用而使面团中的分子作用力发生了一定变化。

4. 鹰嘴豆面条的自由巯基含量

决定面条中自由巯基（—SH）含量的主要因素包括：①自由巯基的氧化反应及 SH—SS 的交换反应可导致自由巯基水平的降低；②β-消除反应（如胱氨酸形成脱氢丙氨酸所发生的衍生交联）可导致游离—SH 水平升高。以鹰嘴豆-小麦复合粉为原料制备的面条样品中自由—SH 含量（4.58～8.19μmol/g）均高于全麦面条（0.08μmol/g）。鹰嘴豆粉所含的非谷蛋白可能是本研究中—SH 含量较高的原因。与对照组相比，含碱熟面条自由—SH 的含量显著降低（$P<0.05$），说明碱的加入可促进自由—SH 间发生氧化反应，从而促进分子间二硫键的交联和链间的相互聚集。Shiau 和 Yeh（2001）也报道了类似的研究结果，即在添加碱液的面条中，面筋网络中形成了更多的二硫键。在高碱浓度（2.5%～3.0%）时，—SH 含量的降低并不明显。这一观察结果与前文中讨论的蒸煮损失率和吸水率结果一致，即在蒸煮过程中，添加低水平碱液可增加 S—S 之间的交联与聚合。这说明在低碱浓度条件下，由谷蛋白二硫键形成的强聚合蛋白质网络可避免嵌入在蛋白质网络结构中的淀粉颗粒发生分离。据 Li 等（2018）和 Rombouts 等（2014）的研究，β-消除反应更可能发生在高碱浓度条件下。

5. 鹰嘴豆面条的蛋白亚基组成

鹰嘴豆面条样品在还原和非还原条件下的 SDS-PAGE 谱图如图 2-9 所示。从图 2-9A 可看出，碱液添加量在 2.5%～3.0%的熟面条样品的条带强度明显降低。这一观察结果与在高碱条件（2.5%～3.0%）下获得的自由—SH 含量变化结果相吻合。由图 2-9B 可见，在非还原条件下，添加碱对熟面条 SDS-PAGE 谱图中 20～45kDa 多肽条带强度影响显著，这可能是因为增加碱导致蛋白质分子之间的静电斥力变化，从而降低了鹰嘴豆面条较强的亲水和疏水作用，因此，大分子量的蛋白质聚合物在非还原条件下均无法进入 SDS-PAGE 凝胶。Li 等（2018）也报道了类似的发现。

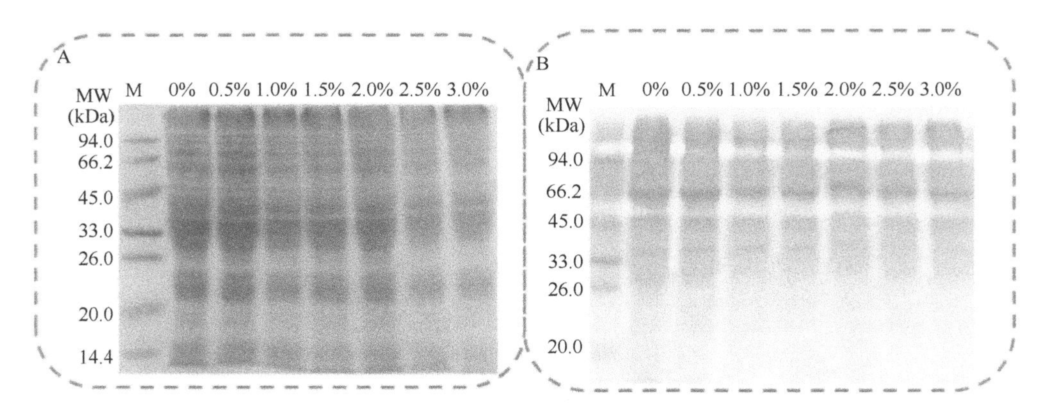

图 2-9　熟黄碱面条的 SDS-PAGE 谱图（彩图请扫封底二维码）

A. 在 β-巯基乙醇存在的变性条件下；B. 在 β-巯基乙醇不存在的非变性条件下；M 代表标准蛋白；0%～3.0%代表不同碱添加量的以鹰嘴豆-小麦复合粉为原料制备的熟面条样品

6. 鹰嘴豆面条的质构特性

鹰嘴豆粉替代小麦粉使面条的硬度、咀嚼度、回弹性等参数均呈现增加的趋势。质构参数结果还表明，含碱面条的硬度、咀嚼度、回弹性均高于对照（$P<0.05$）。随着碱用量的增加，硬度、咀嚼度和凝胶度均有显著提高。当碱添加量较低时，弹性和回弹性均显著提高（$P<0.05$），最高时分别为2.0%和1.5%，然而高碱添加量（2.0%～3.0%）会导致弹性和回弹性降低。弹性被定义为面条在压缩后恢复原状的能力，而回弹性则描述了面条的弹性状态，为压缩后恢复程度的量度。这两个参数发生变化可能均是由于过高水平碱的添加而产生过度的屏蔽效应以及静电斥力导致聚集性降低和谷蛋白网络受损。

7. 鹰嘴豆面团/面条的微观结构

鹰嘴豆面团的扫描电镜图如图 2-10A 所示。与对照相比，碱的添加容易引起颗粒间的聚合。鹰嘴豆面条横截面的形态特征表现为面筋网络中嵌入凝胶化淀粉颗粒（图 2-10B）。将鹰嘴豆粉掺入小麦粉中制作面条样品中时，其交联和缠结程度相对降低（图 2-10B）。这与样品中自由—SH 含量显著升高的结果一致，表明碱液添加量不同的面条内部结构发生明显变化。低水平的碱添加量（0.5%～1.0%）导致面筋网络中有更小的可见沟槽和更紧密的包裹淀粉颗粒的膜状结构（0%）。随着碱添加量的增加（1.5%～2.0%），淀粉粒进一步凝胶化、膨胀，并部分融合，但仍黏附在蛋白质网络结构上。而当碱添加量达到2.0%～3.0%时，面筋网络变得更加松散，大量淀粉颗粒从网络中溢出。高碱液添加量对面筋网络形成的影响与淀粉糊化程度增加之间的相互作用，可能是本研究得到的微观结构变化的原因。Fan 等（2018）也报道了不同浓度的碱盐对小麦面粉面条微观结构特征的类似影响。

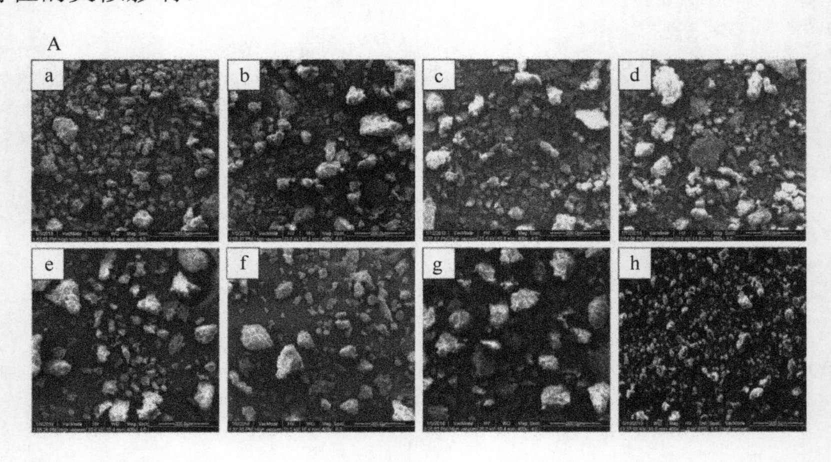

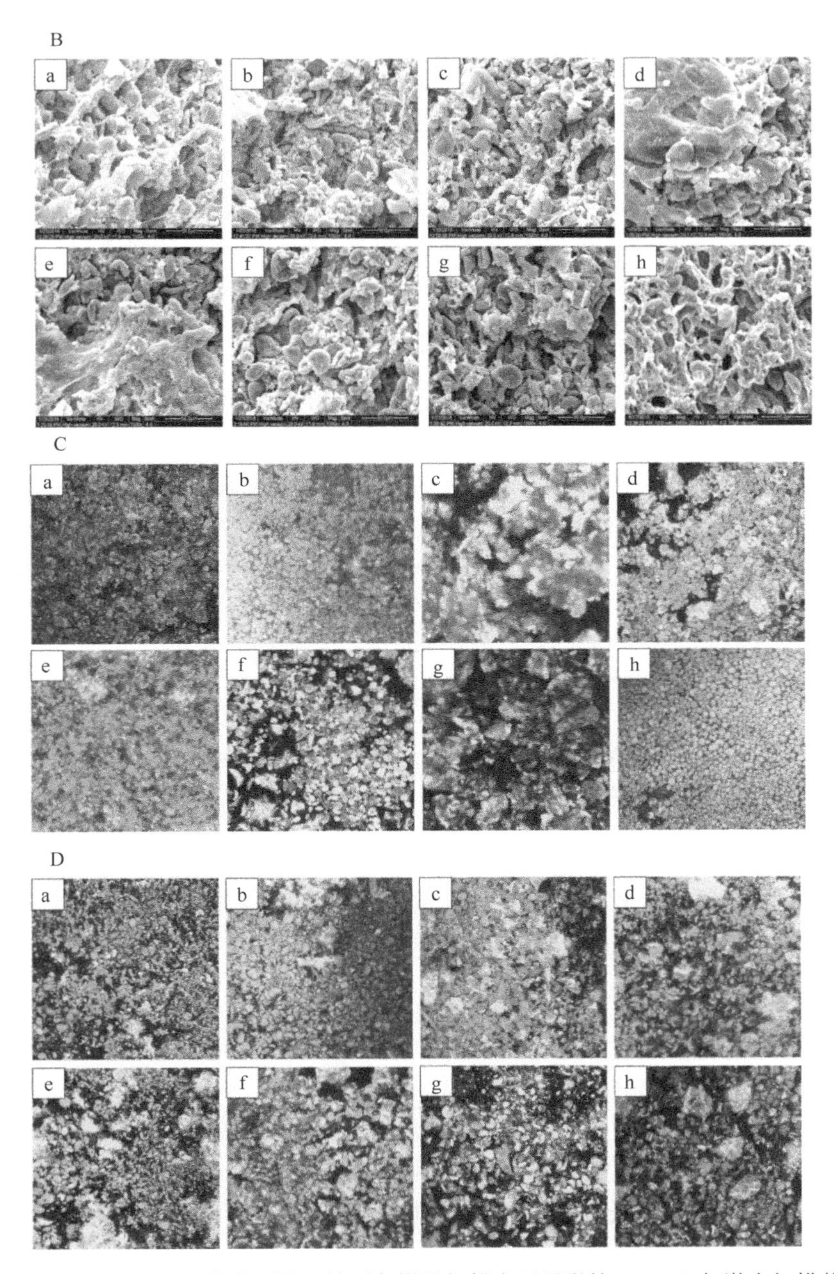

图 2-10　碱液添加量不同的生面团和熟面条样品扫描电子显微镜（SEM）与激光扫描共聚焦显微镜（CLSM）图（彩图请扫封底二维码）

A 图是面团样品的 SEM；B 图是熟黄碱面条的 SEM；C 图是面团样品的 CLSM；D 图是熟黄碱面条的 CLSM；a～g 分别代表碱添加量为 0%、0.5%、1.0%、1.5%、2.0%、2.5%、3.0%的鹰嘴豆-小麦复合粉熟面条样品，h 代表不添加碱的全麦粉熟面条样品

8. 鹰嘴豆面条的激光扫描共聚焦显微镜图

激光扫描共聚焦显微镜（CLSM）可以作为一种光学工具来监测谷物和豆类食品中蛋白质与淀粉大分子的形态分布。淀粉组分以绿色表示，蛋白质组分以红色表示，淀粉和蛋白质的复合结构以黄色表示。与鹰嘴豆-小麦熟面条相比，全麦面条的CLSM图中表现出更为扩展的面筋基质，其中镶嵌着淀粉颗粒，且蛋白质的聚集行为更加明显。加入0.5%～2.0%的碱液后，面筋网络形成连续的黄色块状结构，均匀分布在面团样品中。这表明在碱添加量较低的情况下，面条团簇网络中淀粉与蛋白质分子间形成了一种强化的缠结。相比之下，当碱添加量达到2.5%～3.0%时，面筋网络结构相对较弱，聚集程度也较低。这一观察结果与上述讨论的面团流变学测量结果一致。对于熟面条样品，添加低水平碱（0.5%～1.5%）似乎在某种程度上阻止了淀粉颗粒的膨胀，避免了嵌入在蛋白质网络结构中的淀粉颗粒从面筋网络中游离出来。另外，随着碱添加量的增加（2.0%～3.0%），蛋白质网络受到破坏，趋于形成不连续的网络结构，且破裂的淀粉颗粒从面筋网络中脱离。这一观察结果也与SEM、电泳分析、蒸煮损失率、吸水率、—SH含量以及鹰嘴豆面条样品质构特性的结果一致。

2.1.5.4　绿豆面条

绿豆又名植豆，为豆科蝶形花亚科豇豆属植物。我国为原产地，种植历史悠久，产量丰富。绿豆既可作为调节饮食的佳品，又是防病治病的良药。从古至今，人们一直有熬绿豆汤防暑降温的习惯，绿豆汤不仅能清凉解渴，还可清热解毒。绿豆可成粥入饭，还可制作绿豆糕、绿豆馅、粉丝、粉皮、豆芽菜、绿豆淀粉、绿豆沙等。中医认为绿豆及其花、叶、种皮、豆芽和淀粉均可入药，其味甘性寒，内服可清热解毒、消肿利尿、明目降压，具有治疗动脉粥样硬化、减少血液中胆固醇及保肝等作用，外敷可治疗烫伤、创伤等症。《本草纲目》记载：绿豆可补益元气，调和五脏，安精神，行十二经脉，去浮风，润皮肤，止消渴，利肿胀，解一切草药、牛马、金石诸毒（纪花等，2006）。

绿豆营养价值丰富，每100g绿豆中含有蛋白质23.8g，碳水化合物58.8g，脂肪0.5g，还含有胡萝卜素、维生素B_1、维生素B_2、维生素E和维生素B_3及多种矿物质元素。绿豆所含蛋白质主要为球蛋白，并含有甲硫氨酸、色氨酸、酪氨酸等多种氨基酸；所含磷脂有磷脂酰胆碱、磷脂酰乙醇胺、磷脂酰肌醇、磷脂酰甘油、磷脂酰丝氨酸等成分。现代医学研究证明，绿豆可以降低胆固醇，又有保肝和抗过敏作用（周传林，2007）。

绿豆中的蛋白质不能形成面筋，因此只能在绿豆粉中添加面筋粉，也就是谷朊粉，才能使之形成面筋网络，形成完整的面条。在纯绿豆面条的生产过程中，谷朊粉添加量、和面水温、微波去腥时间、醒面时间等因素将影响面条断条率等指标，从而决定纯绿豆面条品质的好坏。在添加 15%谷朊粉、和面水温 30℃、微波去腥时间 3min 条件下制成的绿豆面条品质较好，又有营养保健功能（高维等，2016）。绿豆粉的添加使面团的粉质拉伸性能明显下降，面团筋力变弱；面条的评分、蒸煮损失率及质构指标明显变差，整体质量明显下降，使用一定量谷朊粉会使绿豆面条的质量得到明显的改善。绿豆粉的使用使面条的亮度（L^*值）下降，色泽变绿；使混合粉的起始糊化温度、峰值糊化温度升高，热焓值降低；采用扫描电镜发现，绿豆粉对面条中淀粉与面筋蛋白的结合产生一定的破坏，使用谷朊粉后会明显改善。在谷朊粉的辅助下，在小麦粉中添加 30%的绿豆粉可以生产出高质量的面条（张剑等，2015）。食用绿豆面条可有效避免摄入过多热量，可作为健康减肥食品进行推广（段佐萍，2005）。

随着粉碎、挤压膨化、超微粉碎小米和绿豆粉含量的增加，制作的挂面的面汤透光率逐渐升高，说明微粉结合能力较强，淀粉不易溶出，挂面的蒸煮损失率低，证明了超微粉碎对杂粮挂面具改善作用。

2.1.5.5　大麦面条

大麦（*Hordeum vulgare*），又称饭麦、倮麦、赤膊麦，为禾本科植物。大麦分为皮大麦（带壳）和裸大麦（无壳），农业上所称的大麦指皮大麦，裸大麦在不同地区又称为元麦、青稞、米大麦（陈海华和董海洲，2002）。《本草纲目》记载，大麦性味甘咸凉，有清热利水、和胃宽肠之功效。大麦营养成分较为丰富，含淀粉 66.3%、蛋白质 10.5%、脂肪 2.2%、组纤维 6.5%、钙 43mg/kg、铁 4.1mg/kg、维生素 B_3 8mg/kg。大麦中的脂肪主要为不饱和脂肪酸，如亚油酸、油酸等，占总脂肪含量的 80%。油酸在人体内合成花生四烯酸（人体必需脂肪酸之一），能降低血脂，是合成前列腺素和脑神经元的重要成分。大麦中的 β-葡聚糖和戊聚糖含量很高，水溶性好，具有凝固血胆固醇的能力，可延缓葡萄糖的消化吸收，有效控制糖尿病；戊聚糖（阿拉伯木聚糖）可降低胆固醇，有益于人体健康（陈海华等，2002）。

由于大麦中谷蛋白含量少，不能直接用来加工面条，因此以不同比例的大麦粉来替代小麦粉。随着大麦粉添加量的增加（10%～60%），混合粉的色泽变暗、持水力增加；面团形成时间、稳定时间显著降低，延伸性与最大抗延伸阻力显著下降；面团微观结构随之发生改变，内部组织变得粗糙。将适量的 β-葡聚糖酶（0.02%、0.04%、0.06%和 0.08%）添加到大麦-小麦混合粉中，随着 β-葡聚糖酶添加量的增加，混合粉黏性明显降低；尽管混合粉面团的形成时间和稳定时间明显缩短，但面团的弹性、硬度及微观结构均得到显著的改善。高分子量的 β-葡聚糖遇水产生高黏性凝胶，一方面附着在面筋网络结构表面，影响面筋蛋白二级结构，从而降低面筋蛋白的功能特性，另一方面与面筋蛋白争夺水分；而 β-葡聚糖酶的添加可以将高分子量的β-葡聚糖降解为低分子量的寡糖片段，使葡聚糖的高持水性与高黏性下降，促进面筋蛋白分子间的相互交联，间接改善面筋网络结构（李真，2014）。添加30%以下的大麦粉和2%～3%的谷朊粉可改善面条的表观状态、黏性、咬劲、光滑度和口味，对大麦面团品质有较大改良（温纪平等，2003）。

2.1.5.6 高粱面条

高粱（*Sorghum bicolor*），又称乌禾、蜀黍，为禾本科高粱属一年生草本植物，已有 3000 多年的种植历史，是世界上种植面积仅次于小麦、玉米、水稻、大麦的第五大谷类作物。与其他主要粮食作物相比，高粱具有高产（旱涝保收）、高抗逆性（抗旱、抗涝、耐盐碱等）以及用途广泛的特点（董玉琛和曹永生，2003）。中医认为，高粱性平、温，味甘、涩，无毒，具有和胃、健脾、消积、温中、涩肠胃、止霍乱等功效。

高粱籽粒中主要营养物质含量：粗脂肪 3%、粗蛋白 8%～11%、粗纤维 2%～3%、淀粉 65%～70%。高粱籽粒中亮氨酸和缬氨酸的含量略高于玉米，而精氨酸的含量略低于玉米，其他各种氨基酸的含量与玉米大致相等。高粱蛋白消化率低，主要是由于高粱醇溶蛋白分子间交联较多，且蛋白质与淀粉间存在很强的结合键，因此分解酶难以进入蛋白质网络内部使之分解。较低的消化率降低了植物蛋白的摄入，减轻了糖尿病、肾病患者肾脏的负担；此外，高粱中含有丰富的抗性淀粉，抗性淀粉具有降低血糖、血脂、胆固醇和改善糖尿病等作用（李颖，2006），符合糖尿病、肾病患者所要求的“低蛋白质、低升糖指数”。

高粱蛋白中醇溶蛋白含量低，在加工过程中不易形成面筋，形成的面团缺乏延伸性，加工性能较差；同时，高粱粉的加入会稀释面粉中面筋蛋白的比例，从而弱化面团的网络结构，影响面团的黏弹性、韧性和延伸性。因此，必须添加适量的面条改良剂来改善面条的品质。对高粱面条品质进行改良，复合改良剂的最佳配比为：海藻酸 1.0%、复合磷酸盐 0.3%、食盐 0.3%、食用碱 0.2%，经传统加工工艺可制得品质较好的低蛋白质高粱面条（寇兴凯等，2016）。

花花面是一种在陕甘地区流行的高粱面条，以小麦面为主，擀开两层小麦面，中间夹上烫过的高粱面，二白夹一红，看起来色泽丰富。由于切好后的面条断面呈现出红白相间的纹理，上下白的是小麦面，中间红的是高粱面，因此农村人称它为“花花面”。高粱耐旱，旱涝保收，但高粱面是粗粮，口感粗糙，没有小麦面好吃，于是有“心计”的农村妇女便用小麦面夹裹着高粱面做成“花花面”，吃起来口感好，同时增加了面制食品花样。

随着我国经济的快速发展、生活水平的不断提高，现有的传统面制主食的生产和消费模式已经不能满足消费者的需求。原有的以家庭和小作坊为主、即煮即食的生产方式必将被主食工业化生产所代替。主食工业化生产是在发扬传统主食品文化的基础上，采用现代营养学原理和先进的技术装备进行批量化生产，以提供方便化、营养化、标准化、安全化即食主食的过程（郭文华，2012）。主食的工业化是粮食产业链的延伸和完善，在发达国家，主食工业化程度达到 70%左右，甚至部分达到 90%，而我国目前仅为 15%～20%，因此，我国主食的工业化生产将是一个最稳定、最广大的市场，也是经济发展的必然趋势。

2.2　馒头的加工

广义的馒头类食品包含蒸馍、包子、花卷、烙饼等发酵面制食品，从营养学角度看，馒头类食品在谷类食物中占有重要地位，约占我国面粉总消费量的 30%。自秦汉以来，馒头类食品作为国民的主食，养育了中华民族，为世界饮食文明的进步做出了重大贡献。作为主食，馒头对于中国人有不可替代的地位，应当充分运用现代科技使馒头获得新生（李里特，2006）。

中国的馒头可与西方的面包相媲美，而且与面包相比，馒头营养成分破坏少，且价格低廉。改革开放 40 多年来，我国主食向工业化生产发展。主食工业化生产是指按照一定规范和标准，由机械化生产代替手工制作，要求实现产品标准化、操作规范化、生产机械化、工艺科技化，用现代科学技术改造、提升传统主食品生产工艺。据统计，我国每年传统面制主食消耗小麦量占小麦总产量的 75%，其中馒头消费量占面制食品总量的 30%以上。这就是说，在中国，馒头的年消费量在 2100 万 t 以上，占面制食品消费总量的 30%（刘晓真，2014）。

馒头由于营养丰富、含水量大，很容易受到细菌和霉菌的作用而变质，特别是在高温高湿的环境中，16h 内就会因变质失去食用价值，造成浪费，且易产生食品安全问题。工业化生产馒头一般要经过加工、运输、贮存和销售等环节，从而延长了馒头从生产到消费的时间，如何防腐保鲜、延长馒头保质期是促进馒头工业化生产的一个重要因素。

为了实现主食馒头的工业化生产，我国科技人员已经进行了大量的研究，经过他们的不懈努力，主食馒头现已基本可以实现机械化、规模化生产，但是他们忽视了对诸如发酵工艺、“老化”控制、风味和营养增强等加工工艺方面的深入开发，因此还不能说完成了工业化生产。主要问题是在方便性、安全性、流通性、营养性和嗜好性等方面还远不能满足人们的需求。

2.2.1　馒头品质的主要影响因素

2.2.1.1　小麦粉品质

小麦粉是制作馒头的主要原料，面粉的品质直接影响馒头的品质。一般制作馒头采用中筋粉，蛋白质含量一般在 10%～13%，面筋含量为 25%～30%。馒头加工时，只有醇溶蛋白和麦谷蛋白平衡搭配才能制作出具理想品质的馒头（张艳，2015）。

根据馒头不同制作工艺及终产品品质将小麦粉馒头分为软式馒头、中硬式馒头和硬式馒头（苏东明，2005）。从蛋白质含量的角度看，制作软式馒头、中硬式馒头、硬式馒头应当采用的适宜面粉分别为中等偏低蛋白质含量面粉（蛋白质含量 10.0%～12.0%）、中等蛋白质含量面粉（蛋白质含量 10.5%～12.5%）、中等偏高蛋白质含量面粉（蛋白质含量 10.5%～13.5%）（苏东明等，2007）。

面粉中淀粉品质对馒头品质影响显著，直链淀粉含量与馒头体积、比容、高度及感官评分均呈负相关；支链淀粉含量与馒头体积、比容、质量、高度及感官评分等均呈正相关，但未达到显著水平（周展明，2012）。

适量破损淀粉对馒头加工是有利的，破损淀粉可以使面团吸水率增大，馒头产量增加，同时，适当破损淀粉可提高淀粉对酶的敏感性，使其易被淀粉酶作用产生葡萄糖。但过量破损淀粉会使酶解反应过于强烈，内部质地太软而不能支撑馒头体积，且黏度过高，口感不好。一般来讲，制作馒头的面粉，破损淀粉含量不应超过 60%（付奎等，2014）。

面粉中的脂质同样影响馒头品质，小麦粉约含 0.8%游离脂和 0.6%结合脂，在 0.8% 游离脂中，3/4 为非极性脂质，1/4 为极性脂质。一般认为，小麦粉中粗脂肪含量与馒头品质呈正相关，对馒头体积和柔软度都有积极作用。因为脂质与淀粉形成复合物，阻止淀粉分子间的缔合作用，从而阻止淀粉老化，所以脂类物质对馒头具有一定的抗老化作用（李昌文等，2003）。在馒头蒸煮过程中，随着温度的上升，面筋蛋白开始变性，脂质与蛋白质间的结合力减弱，慢慢地转向与直链淀粉和支链淀粉结合。脂类虽不能阻止馒头的老化，但可以延缓其老化的过程，其作用机制是：脂类集中在淀粉颗粒的表面，减少了糊化淀粉间的接触，同时，在糊化淀粉粒的表面形成一层不溶性的直链淀粉复合物薄膜，它能阻止老化过程中面筋和淀粉间的水分转移（赵九永，2010）。

馒头各质构参数中，对弹性影响最大的面粉品质指标是蛋白质、湿面筋含量和面筋指数；对黏附性影响最大的是湿面筋含量、吸水率和最大拉伸阻力（250～450BU）；当面团的弱化度在 65～100BU 时，对黏聚性的影响最大；对回复性影响最大的是蛋白质含量、面筋指数和面团形成时间（李卓等，2011）。

2.2.1.2 发酵剂

馒头的发酵剂最早使用的是甜酒酿，后来是老酵子（酵面），当前利于工业化生产的主要有鲜酵母、干酵母。

1. 传统发酵剂

我国传统发酵剂是多菌种混合发酵形成的发酵剂，主要有酵子、老面、酒曲等。酵子是以玉米面、小麦面或米粉等为原料，以小曲或大曲等为菌种，经多次发酵后风干、制粉而得，其主要依靠酵母菌发酵、霉菌糖化以及多种细菌类微生物的协同作用，使馒头松软可口、风味优良。

老面发酵历史悠久，它主要靠野生酵母与其他菌种混合发酵制作馒头。所谓老面发酵剂，是取一部分上次制作馒头的发酵面团作为发酵菌种来源，掺入面粉过夜发酵。次日在面团中再次补足面粉，成型醒发蒸制成馒头。老面发酵制作出的酵面馒头有酵母特有的香味，口味浓厚。

酒曲是主要以糯米、麦芽、大麦等谷物为原料，通过添加曲霉使原料糖化、发酵制得的一种传统发酵剂，目前常用于发酵白酒和米酒等。大曲的添加可以使馒头软硬适中、风味纯正、口感香甜，并提升其抗老化程度。如今在我国河南南阳、山东胶东半岛、山西、陕西等地区，酒曲发酵仍被广泛使用。

传统发酵剂在制作过程中发挥了多种微生物共生的优势，是多种微生物糖化、发酵、酯化协同进行，可生成醇、脂、醛、酚等多种风味物质。用碱中和后，制品产生特有的风味和口感，与单纯酵母发酵面团有所不同。这种风味和口感效果也是用其他发酵方法无法获得的，因此很多中国人都非常爱吃传统酵面馒头（杨敬雨和刘长虹，2007）。

与酵母发酵相比，传统酵子发酵对面团的动态流变学特性影响较大，并且对面筋的降解作用较大；但能够更好地维持面团面筋网络，使其内部气孔均匀分布；能够延缓馒头老化，提高馒头的感官品质；能够提高普通馒头蛋白质的含量和氨基酸的总量，使得普通老面馒头的赖氨酸评分有所提高，并且提高了抗消化淀粉的含量和蛋白质的消化率（田晓会，2017）。

2. 酵母发酵

酵母分为干酵母和鲜酵母。鲜酵母因水分含量较大，需在低温条件下保存，使用起来没有干酵母方便，但成本较低，制作的面食风味好。干酵母是鲜酵母经干燥后得到的，水分含量低，方便贮存，发酵速度快。与老面发酵相比，酵母发酵的优点是不会使面团过酸或过碱，不会破坏面粉中营养成分，也更有利于工业化生产。

不同酵母在冻藏后的流变学特性和发酵特性不同，用其制作的馒头硬度、弹性、回复性、咀嚼性、亮度、比容、色泽和感官品质差异显著，低糖型国光高活性干酵母和耐高糖安琪高活性干酵母冷冻面团制作的馒头感官品质较好，比容较高，质构较好（范会平等，2016）。

2.2.1.3 生产工艺

1. 和面工艺

和面时的加水量、和面时间等对面筋水合程度影响显著，随着加水量的增加，加水温度的升高，面团的湿面筋含量增大，色值中白度值呈上升趋势；和面时面团最大抗拉伸阻力先减小后增大。和面时间太短或太长都会使白度值减小，使馒头发暗、发黄或发青，使比容值减小。随着和面时间的延长，面团的湿面筋含量先逐渐变大再慢慢变小（王录通，2017）。

2. 醒发工艺

随着醒发时间的增加，馒头的硬度、老化程度先减小后趋于稳定，比容、弹性、回复性均呈先增大后趋于稳定的趋势，最佳醒发时间在40～60min。

醒发时间不足，馒头体积小；醒发过度，馒头内部出现大蜂窝状孔洞。随着醒发时间的延长，馒头的比容先增大后减小，馒头的高径比逐渐降低，馒头皮、瓤、芯的白度值在醒发10min之内上升，随后降低，而馒头皮比瓤和芯的白度值均低（白建民等，2010）。

3. 包装

馒头属于鲜食产品，运输距离有限，目前国内家庭绝大部分都是就近购买现做产品。如果需要远距离运输，则需要借助冷链等手段，增加了产品成本和能耗。为了延长货架期，生产企业一般采用包装的方式将食品与环境隔离开以减少微生物的污染。为了提高馒头的工业产品特性，扩大销售半径，目前一般通过控制贮存温度、使用添加剂或包装来延长馒头的保鲜期（刘长虹，2009）。包装能延长馒头货架期，根据包装的密闭程度，可将目前市售包装馒头分为两类，即密闭包装馒头和简易包装馒头。前者由于包装密闭，保质期相对较长；后者一般仅采用塑料包装袋进行简易包装，保质期较短（Licciardello et al.，2014）。但无论是密闭包装馒头还是简易包装馒头，大多采用冷却到常温后再进行装袋包装的方法，易造成微生物的二次污染，有一定的食品安全风险（Galić et al.，2009）。

气调包装可改善馒头品质及保鲜效果。高浓度CO_2的气调包装是保鲜馒头的理想手段，可将馒头的货架期延长至 8天以上（盛琪等，2016）。真空包装馒头在常温条件下的保存品质变化研究表明，真空包装结合减菌处理技术，可以满足馒头工业化生产常温短期储藏的需求（吴立根等，2015）。减压贮藏技术具有最低贮物失水率、有效保持品质、延长货架期的独特优势（Burg 和郑先章，2007），出锅30min后的馒头减压贮藏25天无霉变、无异味（郑先章和郑郤，2009）。

食品非热加工与传统的热加工相比，具有杀菌温度低、快速、安全、可靠、环保等优势，能够保持食品原有的营养成分、质构、色泽和新鲜度，特别是对热敏性食品的功能性及营养成分具有很好的保护作用。在 0.85～5.2mg/L 臭氧浓度下，仅在 20min 内就可以 100%杀死引发馒头、生鲜面腐败霉变的细菌、酵母、青霉、曲霉和黑曲霉菌。不同臭氧浓度的杀菌、保鲜效果相差不大，且货架期一般都可延长 4～6 周，其保鲜效果 95%以上达到食品卫生要求。蒸好的馒头采用微波杀菌（150℃处理 70s），在冷藏和常温储存过程中硬度增加，弹性和回复性减小（熊柳，2009）。

传统改善馒头品质的常用方法是使用防腐剂和乳化剂，但由于消费者的健康需求，含有添加剂的馒头产品并不受欢迎。关于节能、高效、环保、绿色的馒头加工及包装技术方面的研究还很少。

2.2.2　馒头保鲜方法

2.2.2.1　添加剂

1. 磷酸盐类

磷酸盐与面粉作用后显现一定的乳化作用，同面粉中的蛋白质及脂肪等相互作用，形成较为致密的结构，使馒头表皮显得光亮。磷酸盐类的水分保留能力能够显著提高馒头的体积和质量，同时随着水分含量提高，馒头质地更加柔软。磷酸盐可螯合矿物质，从而可以加强面团中蛋白质-淀粉的结合能力，提高面团的发酵能力。此外，磷酸盐可以通过改善馒头质地提高馒头白度。三聚磷酸钠可以隔离金属从而减少酶促褐变，提高持水率，进而对面团色度进行提升。在面粉中添加磷酸氢二钠，添加量为 0.6%时，馒头的品质最好（苌艳花等，2011）。

2. 酯类

乳化剂是理想的抗老化剂和保鲜剂，能够同淀粉分子发生相互作用形成稳定的复合物，这一点在保持淀粉类食品品质方面有着特殊的意义。酯类物质作为增稠剂和乳化剂，广泛用于面条及馒头中。硬脂酰乳酸钙（CSL）、双乙酰酒石酸单双甘油酯（DATEM）和单甘酯等均广泛用于提高馒头品质，其最佳用量分别为 0.15%、0.15%和 0.05%。

DATEM 的疏水基团进入 α-螺旋结构内，并在这里与淀粉以疏水方式结合起来，形成一种稳定的强复合物，因直链淀粉在淀粉粒中被固定下来，向淀粉周围自由水中溶出的直链淀粉减少，防止了因淀粉粒之间的重结晶而发生的老化。同时，使淀粉的吸水溶胀能力降低，从而使更多的水分向蛋白质转移，增加了食品的柔软度，客观上延缓了馒头的老化。CSL 可与淀粉结合成稳定的络合物，使直链淀粉难以结晶析出，从而使面包、馒头等制品较长时间保持新鲜、松软，但它的效果不及 DATEM（Wang et al.，2018）。

3. 胶体类

海藻酸盐、卡拉胶、黄原胶、果胶、羟丙基甲基纤维素和一些变性淀粉均可用于馒头品质提升与保鲜，可改善质构特性，延缓淀粉老化，增加持水性，作为面筋蛋白替代物在面团中起聚合作用。

馒头中的胶体物质可以组织大分子缠结，延缓淀粉重结晶，从而延缓馒头淀粉老化。亲水胶体对馒头品质的影响取决于胶体的种类及添加浓度。海藻酸钠能够影响小麦淀粉糊化性质，主要表现在使起始糊化温度、峰值糊化温度升高，促进小麦淀粉的吸水溶胀，并且有利于小麦淀粉形成黏弹性凝胶；能够使小麦面团吸水率升高、稳定时间增长、衰减值降低；有利于提高小麦粉加工品质；同时可以增大馒头体积，进而增大馒头比容。馒头中海藻酸钠的用量一般为 0.05%～0.15%（赵阳等，2015）。

在馒头制作过程中添加 0.1%的卡拉胶或者 0.1%的黄原胶不会影响馒头的咀嚼性，能够使馒头纵切面气孔更加细密均匀，使馒头的弹性分别提高 3.08%和 2.80%（李秀娟，2013）。添加 0.6%的瓜尔豆胶、0.6%的高甲氧基柑橘果胶均可以显著降低馒头的硬度及咀嚼性，提升馒头的弹性。分别添加 0.2%的瓜尔豆胶及魔芋胶，0.2%～1.0%的高甲氧基柑橘果胶、阿拉伯胶及乳清水解蛋白，0.6%～1.0%的低甲氧基柑橘果胶及酪蛋白钠均可使馒头比容显著增加（黎金鑫等，2018）。

4. 酶类

酶类物质作为一种绿色的添加剂常用于我国传统谷物食品中，其中 α-淀粉酶、葡萄糖氧化酶、木聚糖酶、脂氧合酶等越来越多地用于馒头工业化生产中。α-淀粉酶用量低于 30mg/kg 时，能够增大馒头体积、提高馒头质构和总体感官评分，并随着用量增加而效果增强。

在馒头尤其是杂粮馒头制作过程中添加葡萄糖氧化酶，能够使馒头口感柔软，增量增白，并且延缓老化，其最佳用量为 20mg/kg（鲍宇茹和李辉，2007）。葡萄糖氧化酶作为一种强筋剂用于面粉中，能起到加强面粉筋力的作用，能显著改善面粉的粉质特性。

脂肪酶能够影响面粉流变学特性和馒头外观品质。脂肪酶使面团吸水率、筋力增加，加工时间延长。适量添加脂肪酶（3mg/kg）有利于馒头成型（杜洋等，2014），但添加过量会使面团耐搅揉性、延伸性和抗拉伸性减弱，不利于馒头胀发。

木聚糖酶可改善面团的操作性能。木聚糖酶与淀粉酶之间协同作用能减少木聚糖酶的添加量，同时能获得体积大且不发黏的面团。速冻馒头随着冻藏时间的延长，比容下降，加入木聚糖酶可使速冻馒头的比容、色泽、淀粉糊化程度和面筋持水率明显增加（王显伦等，2015）。木聚糖酶含量达到80mg/kg时，可冻结水（冰）含量最低，对冷冻面团及其发酵馒头的品质产生影响主要是通过减少可冻结水的含量，使更多的水分保留在面筋网络中，改善面团品质的劣变，促使冷冻面团形成更加细小均匀的冰晶，减缓大冰晶对面筋网络、酵母细胞的损伤作用，从而改善馒头品质（任顺成等，2013）。

单一酶类作用有限，复合酶制剂可以提高馒头制品的总体品质。经复配酶改良的馒头内部组织改善，气孔小而均匀，口感细腻、轻柔，弹韧性好。对馒头品质的影响从主到次的因素为：淀粉酶＞木聚糖酶＞葡萄糖氧化酶＞脂肪酶。目前复合酶制剂是面制食品加工中的研究热点，各企业对不同酶的添加比例不同，由于酶制剂会影响醇溶蛋白和谷蛋白的含量及比例，因此在具体应用中应以实际需求为准。

5. 变性淀粉

变性淀粉是一种经过改性的淀粉，具有特殊的理化性能，添加到食品配方中后可以使食品在加工或食用时具有更好的性能。例如，马铃薯淀粉的颗粒大，含有天然磷酸基团，具有糊化温度低、糊化速度快、持水性好、润胀能力高、低温稳定性好等特点。添加变性马铃薯淀粉能够更有效地防止馒头的老化（潘丽军等，2010）。这是因为淀粉经变性以后可以达到增稠、改善质构、抗老化和提高感官品质的作用，还可以对馒头开裂起到一定的抑制作用，从而改善馒头的品质。

6. 防腐剂

防腐剂是指天然或合成的化学成分，加入食品、药品、颜料、生物标本等中，用于抑制微生物生长或减缓由化学变化引起的腐败。馒头多数会使用乳化剂、防腐剂等添加剂。我国到目前为止已批准了32种可使用的食物防腐剂，其中最常用的有苯甲酸钠、山梨酸钾等。苯甲酸钠的毒性比山梨酸钾强，而且在相同的酸度下抑菌效果仅为山梨酸钾的1/3，因此许多国家逐渐改用山梨酸钾。但苯甲酸钠价格低廉，现主要用于碳酸饮料和果汁饮料。香辛料精油对馒头保鲜作用的研究表明，精油气态防腐与冷藏结合使用可延长馒头保质期。香辛料精油抑制霉菌的效果显著，试验初期对细菌有抑制效果，后期的抑制效果较弱（柴向华等，2011）。过量和违规使用添加剂使消费者不能放心食用，应该开发天然、毒性作用小的添加剂，延长传统面制食品贮藏期。

2.2.2.2　低温贮藏

我国对馒头进行保鲜保质研究起步较晚，缺乏对传统主食品进行现代化开发和研究，尚未解决的问题依然较多，缺少机制上的深入和规律上的探究。研究经热包装技术制得的常温保鲜馒头的淀粉老化机制，对促进传统主食品的工业化发展有良好的指导意义。

冷冻馒头面团中的酵母菌数量随着贮藏时间的延长呈下降趋势，在贮藏前50天内下降速率较大，50天后逐渐趋于平稳；细菌数量在贮藏前10天内迅速降低，10～30天回升后处于相对稳定的状态，整体低于初始含量；乳酸菌呈现先下降后相对平稳的变化趋势，整体从220CFU/g降低至100CFU/g，变化不大。

为了更好地延长保质期，扩大销售半径，一些厂家采用冷冻保鲜的方法，在流通和贮藏过程中始终保持温度在−18℃，馒头保质期可延长至6个月。馒头面团中的水分含量在冷藏期间先升高后降低，酸度先上升后下降，在前9天酸度上升速率较快（Ngamnikom and Songsermpong，2011）。但在冷冻环境下，馒头的口感和风味会显著降低，且在实际销售中，受成本的限制，大部分生产厂家及超市等不能保证冷链流通，馒头普遍是在常温下保存的，且冷链流通耗能较高，并没有广泛普及。

2.2.2.3 常温贮藏

将新制作好的馒头进行密封包装，经6kGy ^{60}Co辐照处理，在第6天时，有20%出现霉变；用热杀菌（100℃下10min）和^{60}Co辐照相结合的方式处理，具有较长的贮藏期，达6个月（韩志慧和汪姣，2013）。但辐照技术的控制、辐射源的控制等都非常严格且难以获得，在普通企业进行应用并不容易。热包装技术将蒸好的馒头直接送入无菌操作间进行热包装，省去冷却的步骤，有效避免了自然环境的影响。同时可解决影响馒头保鲜的微生物污染和老化问题，且在加工过程中不添加任何化学添加剂，确保馒头品质和食品安全。通过热包装后，产品常温保鲜期可达90天（盛夏璐，2016）。

2.2.3 包装方式对馒头常温贮藏过程中淀粉老化特性的影响

为了提高馒头的工业产品特性，扩大销售半径，目前一般通过控制贮存温度、使用添加剂或包装来延长馒头的保鲜期。科学的包装方式能延长馒头货架期。常用的密闭包装和简易包装都容易造成微生物二次污染，为了加快馒头的工业化进程，保证馒头的质量和安全，延长馒头的货架期，必须采取更有效的包装方式。因此出现了热包装和真空包装两种方式。热包装是在馒头蒸熟后立刻进行密闭包装，以减少冷却过程中的二次污染；真空包装是抽真空后进行密闭包装，通过去除包装袋内的氧气，降低微生物的繁殖可能性。

2.2.3.1 馒头贮藏过程中水分含量变化

三种包装（简易包装、真空包装、热包装）处理的馒头总水分含量随贮藏时间（常温）的变化如图 2-11 所示。三种包装的馒头在贮藏前 14 天总水分含量的变化趋势基本相同，都是先增大后减小。简易包装、真空包装、热包装馒头的总水分含量分别从 38.70%、39.13%和 40.62%（第 0 天）增加至 39.87%、40.74%和 41.46%（第 5 天），然后降至 38.82%（第 7 天）、38.62%（第 14 天）和 39.80%（第 42 天）。值得注意的是，在馒头贮藏期间，热包装馒头的总水分含量始终高于其他两种包装馒头。简易包装和真空包装馒头在贮藏第 7 天和第 14 天分别发生品质劣变，馒头表面有霉菌出现，不能再继续进行贮藏试验。在室温下贮藏 42 天后，热包装馒头的水分含量仍然保持在 39.00%左右，且在贮藏期间始终没有发生霉变，这可能是因为馒头在蒸制后立即进行无菌包装，避免了微生物污染。

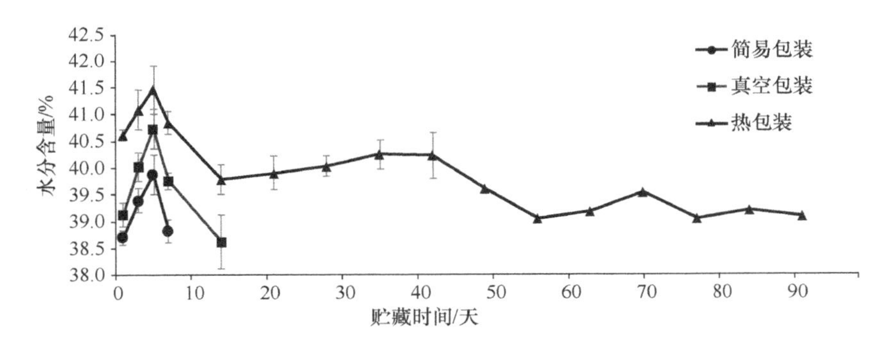

图 2-11　不同包装馒头在常温贮藏时水分含量变化

热包装馒头各部位水分含量在常温贮藏下的变化情况如图 2-12 所示。随贮藏时间的延长，馒头各部位的水分含量略有降低，但最终基本达到平衡状态，这可能是由馒头在贮藏期间发生水分迁移和再分配造成的。在贮藏期间，馒头皮中的水分含量呈降低趋势，馒头芯水分含量整体呈增加趋势，而馒头瓤水分含量略有减少，最终馒头三个部位的水分含量平均值为 39.14%。在贮藏第 0 天馒头皮的水分含量甚至达到 48.93%，这可能是由热包装馒头的生产过程引起的。馒头蒸制后直接进行包装，然后冷却 18～36h，附着在包装袋上的水蒸气被馒头皮吸收。馒头皮丢失的水分一部分可能通过蒸发凝结在包装袋顶部，最终从包装膜逸散出去（Hu，2015）；另一部分由馒头皮向馒头瓤和馒头芯迁移，随着不同部分水分含量越来越接近，水分迁移和再分配速率趋于降低（Sheng et al.，2016）。这与面包各部位的水分含量变化趋势正好相反。在贮藏期间，面包芯水分含量降低，面包皮水分含量升高，水分由面包芯向面包皮迁移。这可能是因为相较于面包的焙烤过程，馒头的蒸制过程导致馒头皮的水分含量更高，且热包装技术使馒头在贮藏期间始终处于一个密闭的环境中。

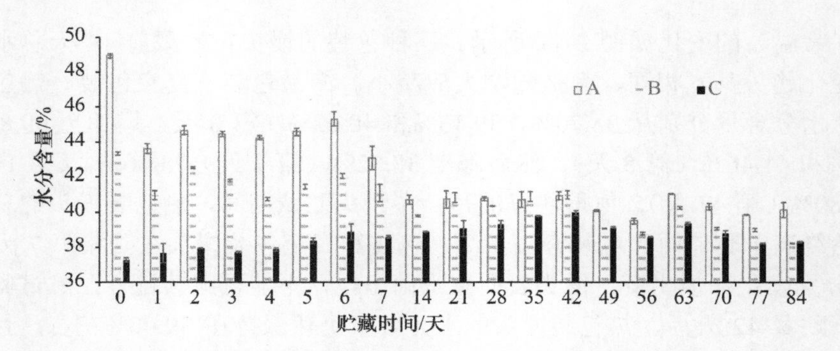

图 2-12 热包装馒头各部位常温贮藏时水分含量变化

A、B、C 分别代表馒头的皮、瓤、芯

2.2.3.2 馒头贮藏过程中水分迁移变化

三种包装（简易包装、真空包装、热包装）的水分横向弛豫时间（T_2）见表2-16。热包装馒头的强结合水横向弛豫时间（T_{21}）在贮藏的前 14 天基本保持不变，在 14 天后缓慢升高；简易包装和真空包装馒头的 T_{21} 在贮藏前 5 天基本保持不变，然后缓慢升高。这可能是因为 T_{21} 不仅代表与蛋白质等紧密结合的水质子的横向弛豫时间，还包括固形物中氢质子的横向弛豫时间，在贮藏期间，馒头中水分子在大分子之间转移，而其他分子随水分迁移而迁移，但迁移不剧烈（Breaden and Willhofr，1971）。热包装馒头样品的弱结合水横向弛豫时间（T_{22}）从 5.34ms 缓慢增加至 6.14ms，说明贮藏期间弱结合水的流动性增加。T_{22} 增加可能是由大分子之间的氢键减弱造成的（Breaden and Willhofr，1971），研究表明在贮藏过程中馒头中淀粉-蛋白质网络结构逐渐松散（Ghoshal et al.，2016）。简易包装馒头样品的 T_{22} 在贮藏 7 天内从 5.34ms 迅速增加到 24.71ms，这可能是由于馒头品质发生劣变。三种包装馒头的自由水横向弛豫时间（T_{23}）在贮藏期间均降低：热包装、真空包装、简易包装馒头分别从 174.75ms、191.50ms、151.99ms（第 1 天）降至 123.58ms（第 28 天）、133.48ms（第 11 天）、116.10ms（第 7 天）。T_{23} 的减少可能是由淀粉回生造成的，馒头贮藏过程中，糊化后排列无序的淀粉部分形成有序的晶体结构，其中淀粉无定形区与水分子结合变成结晶区，从而降低水分子的流动性，导致 T_{23} 的下降。热包装馒头的 T_{23} 始终高于同一时期简易包装馒头。与经过包装的馒头样品相比，未包装的馒头样品在贮藏过程中水分损失大，导致支链淀粉的结晶速率也大于包装馒头。本研究中热包装技术为馒头提供了相对封闭湿润的环境，从而使馒头的水分含量保持在较高的水平。表明热包装可阻碍水分与淀粉之间的相互作用，从而有效延缓这部分水的流动性变差（Sheng et al.，2015）。

表 2-16　不同包装馒头常温贮藏过程中水分流动性变化

贮藏时间/天	横向弛豫时间/ms								
	热包装			真空包装			简易包装		
	T_{21}	T_{22}	T_{23}	T_{21}	T_{22}	T_{23}	T_{21}	T_{22}	T_{23}
1	0.14	5.34	174.75	0.07	6.59	191.50	0.14	5.34	151.99
3	0.14	5.34	132.19	0.07	7.05	163.61	0.14	5.34	142.09
5	0.14	5.34	132.19	0.08	6.13	142.09	0.14	5.34	81.31
7	0.14	5.34	132.19	0.12	7.05	151.99	0.16	24.71	116.10
11	—	—	—	0.57	7.05	133.48	—	—	—
14	0.14	5.74	114.98	—	—	—	—	—	—
21	0.07	6.14	107.49	—	—	—	—	—	—
28	0.25	6.14	123.58	—	—	—	—	—	—
贮藏时间/天	不同组分水的占比/%								
	热包装			真空包装			简易包装		
	S_{21}	S_{22}	S_{23}	S_{21}	S_{22}	S_{23}	S_{21}	S_{22}	S_{23}
1	21.88	77.79	0.34	27.41	72.32	0.27	22.49	77.11	0.39
3	19.67	79.91	0.40	27.93	70.69	0.25	20.27	79.63	0.43
5	18.21	81.40	0.40	22.08	71.83	0.27	22.31	76.47	1.21
7	18.68	80.86	0.46	16.57	77.64	0.27	12.60	80.16	7.13
11	—	—	—	11.19	88.35	0.46	—	—	—
14	17.25	82.24	0.51	—	—	—	—	—	—
21	24.65	74.85	0.50	—	—	—	—	—	—
28	15.15	84.44	0.41	—	—	—	—	—	—

注："—"表示未检测

计算各部分水的相对含量，由质子信号峰面积得出不同包装对各部分水（强结合水、弱结合水、自由水）相对含量变化的影响，从而探究馒头贮藏过程中的水分迁移和再分配。由表 2-16 可知，三种包装馒头在贮藏过程中各部分水的变化趋势基本相同，强结合水含量（S_{21}）减少，弱结合水含量（S_{22}）和自由水含量（S_{23}）增加，这表明水分子逐渐由蛋白质网络向流动性较大的弱结合水和自由水迁移（Peng et al.，2017）。馒头水分迁移的趋势与面包不同，研究表明面包在贮藏过程中弱结合水与自由水向强结合水迁移（Breaden and Willhofr，1971），这可能是由于经蒸制得到的馒头水分从馒头皮向馒头芯迁移。简易包装馒头样品的 S_{23} 在贮藏 5～7 天迅速增加，这可能是由馒头表面有霉菌生长引起的。

2.2.3.3　馒头贮藏过程中淀粉微观结构的变化

通过电镜扫描图（图 2-13）可以看到典型小麦粉馒头的淀粉颗粒由大淀粉颗

粒和小淀粉颗粒构成，所有淀粉颗粒呈椭圆形，表面光滑，但是表面有凹坑，这与天然小麦淀粉完整的颗粒结构不同。这可能是由馒头在蒸制过程中淀粉糊化，在贮藏过程中糊化的淀粉又重结晶发生老化造成的。随着贮藏时间的延长，馒头小淀粉颗粒相互粘连，但是热包装馒头的淀粉粘连程度始终弱于真空包装和简易包装馒头。淀粉回生不仅包括直链淀粉通过氢键聚合形成双螺旋结构，还包括支链淀粉外侧支链的结晶（Lian et al.，2014）。在淀粉回生过程中，淀粉分子结构被打乱，直链淀粉还可与支链淀粉的外侧 A 链形成双螺旋结构，从而提高晶体形成的速度。淀粉-蛋白质网络随着贮藏时间的延长结构变得松散（Ghoshal et al.，2016），淀粉从蛋白质网络结构中裸露出来，自由水作为增塑剂，促进淀粉分子移动，从而使淀粉颗粒相互粘连，影响馒头品质，使馒头口感粗糙。

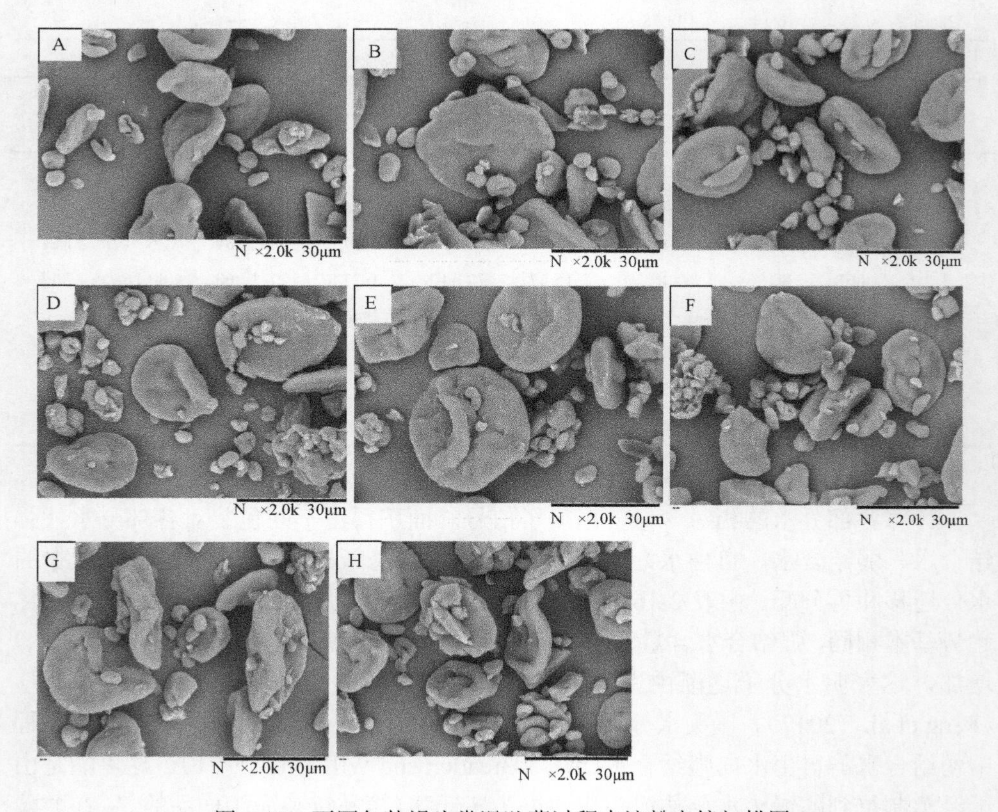

图 2-13　不同包装馒头常温贮藏过程中淀粉电镜扫描图

A～C 分别为热包装馒头贮藏第 1 天、第 7 天和第 70 天；D～F 分别为真空包装馒头贮藏第 1 天、第 7 天和第 11 天；G、H 分别为简易包装馒头贮藏第 1 天和第 7 天

2.2.3.4　馒头贮藏过程中相对结晶度的变化

贮藏过程中，馒头淀粉在 13.5°、17°、20°、34°有衍射峰，为典型的 B 型晶

体，且随着贮藏时间的延长，17°衍射峰强度明显增强，但在 20°出现的“V”形峰强度变化不大。三种包装馒头的 17°衍射峰强度为简易包装＞真空包装＞热包装（图 2-14）。馒头淀粉在第 0 天为典型“V”形晶体，在 20°有典型衍射峰，这可能是因为直链淀粉与脂肪形成双螺旋结构。淀粉回生包括直链淀粉和支链淀粉的变化，馒头经蒸制糊化后，直链淀粉在放置 1h 内迅速重结晶，而支链淀粉重结晶速度较慢。淀粉糊在储存过程中，直链淀粉和支链淀粉分子重新排列产生新的晶体，在 X 射线衍射图谱中表现为在 17°出现典型衍射峰，且随着贮藏时间的延长，17°衍射峰强度变大。简易包装和真空包装馒头淀粉的 17°衍射峰比热包装馒头淀粉的衍射峰尖锐，这说明热包装可延缓淀粉回生。真空包装馒头和热包装馒头在 15°和 23°均出现微弱的衍射峰，简易包装馒头淀粉未观察到这两个小峰。这与 Karim 等（2009）的结果一致，面包在 15°和 23°有衍射峰出现。

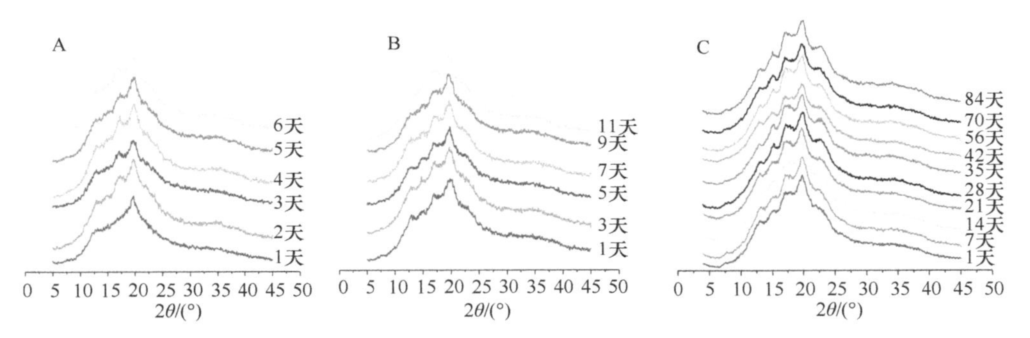

图 2-14　不同包装馒头常温贮藏过程中淀粉的 X 射线衍射图谱（彩图请扫封底二维码）

A、B、C 分别代表简易包装、真空包装、热包装

不同包装馒头淀粉的相对结晶度随贮藏时间的变化趋势相似，首先迅速增加，然后缓慢增加：简易包装馒头样品的相对结晶度在 6 天内从 3.38%增加到 11%；真空包装馒头样品的相对结晶度在 11 天内从 1.51%增加到 8.84%；热包装馒头样品的相对结晶度在 84 天内从 1.37%增加到 9.23%（图 2-15）。热包装馒头的相对结晶度始终低于同一时期其他两种包装馒头，并且增长速度也是最慢的。此外，热包装馒头样品在贮藏 42 天后相对结晶度变化缓慢。这表明馒头在贮藏过程中的淀粉回生与馒头水分含量相关。

2.2.3.5　馒头贮藏过程中淀粉有序结构变化

使用傅里叶变换红外光谱（FTIR）检测淀粉回生情况。不同包装馒头样品在 400～4000cm^{-1} 的 FTIR 图谱如图 2-16 所示。样品在 3000～3600cm^{-1}、2850～2950cm^{-1} 和 800～1300cm^{-1} 的吸收峰分别代表—H、C—H 和淀粉区。随着贮藏时间的延长，三种包装馒头样品淀粉的—H、C—H 均增强（信号增强、谱带

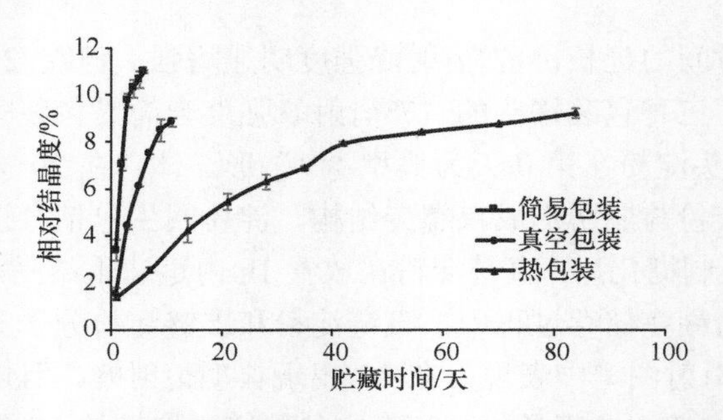

图 2-15　不同包装馒头常温贮藏过程中淀粉相对结晶度

变宽）。在 800～1300cm^{-1} 的淀粉区，观察到谱带窄化的现象。由于淀粉主要由氢键组成，由淀粉老化引起的空间构象变化可通过分析 FTIR 图谱中谱带宽窄和谱带信号强度的变化得出。谱带窄化是由于在淀粉回生过程中淀粉分子逐渐趋向稳定、有序的低能级状态（Karim，2009）；而谱带信号增强是由淀粉构象变化引起的，如淀粉分子的有序排列和重结晶（Gray and Bemiller，2003）。淀粉 FTIR 图谱的变化说明馒头淀粉在常温贮藏过程中发生了老化。

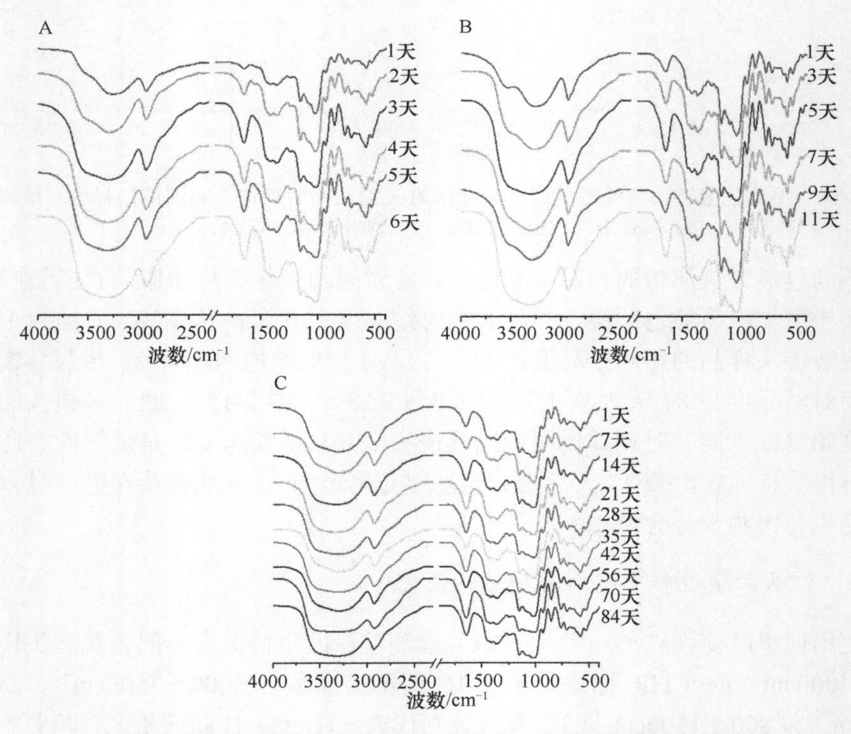

图 2-16　不同包装馒头淀粉的 FTIR 图谱（彩图请扫封底二维码）

A、B、C 分别代表简易包装、真空包装、热包装

2.2.4 热包装馒头常温贮藏过程中的品质变化

热包装技术是指食品在加热制熟后，将其在无菌条件下进行密封包装的方法。将热的食品迅速封装于 PE、PVC 等塑料包装材料中，由于产品中含有热蒸汽，包装袋迅速鼓胀，静置一段时间后，包装的食品吸收了冷凝的水蒸气，因此使包装袋内产生了一定的真空度。此技术的原理是热胀冷缩，物体受热以后会膨胀，在受冷的状态下会缩小，物体都有热胀冷缩的现象，在日常生活中十分常见。热包装与目前常用的热收缩包装截然不同，热包装是被包装的物体在热的状态下进行包装，而热收缩包装是对裹包在被包装物品外面的热收缩膜进行加热，薄膜会立即收缩，紧紧包裹在产品外面，从而达到包装的目的。

热包装技术是一种简单易行的包装技术，可以最大限度地保留食品自身营养。该技术改变了目前食品保鲜采用防腐剂和真空高温杀菌的现状，节能环保，基本解决了馒头贮藏过程中发霉和淀粉老化的问题，成果创新性强，经济效益明显，社会效益显著，是对主食馒头产业化加工与技术装备升级进行有益探索的实例，在推进中国传统食品工业化、保障食品安全方面具有积极作用。

2.2.4.1 热包装馒头常温贮藏过程中微生物的变化

将热包装馒头在室温贮藏，检测不同贮藏天数馒头微生物。在整个贮藏期，均没有检测到大肠杆菌、沙门氏菌和金黄色葡萄球菌，菌落总数为零，霉菌和酵母菌均符合国家标准。这些指标说明所采用的在线无菌热包装技术有效控制了馒头包装小环境的无菌环境，在常温贮藏的 90 天里，微生物指标均符合《小麦粉馒头》（GB/T 21118—2007）要求。

贮藏过程中，馒头中酵母菌的含量变化较小，但酵母菌的含量低于国家标准。馒头皮含有的霉菌、酵母菌数量明显高于馒头热包装形成的冷凝水和馒头芯中含有的霉菌、酵母菌数量，总体看来，冷凝水中菌落数量普遍低于馒头样品，因此冷凝水的相对潜在污染可能性比较低。更重要的是，馒头热包装形成的冷凝水在 16～24h 后就会被馒头吸收而消失。

2.2.4.2 热包装馒头常温贮藏过程中真空度的变化

采用热包装方式的馒头呈现出充气包装的状态，水分从馒头内部扩散到包装袋内壁，形成水蒸气，随着贮藏时间的延长，包装内壁的冷凝水逐渐消失，馒头包装呈现出近似于真空包装。在贮藏过程中，外界温度升高，水分从馒头内部扩散到包装内壁，形成水蒸气，温度降低，水蒸气被馒头吸收，这种水分运动在贮藏过程中反复发生。

采用食品工业真空度测试仪（图 2-17）通过差压式真空度测量法对馒头包装内真空度进行测定。将刚包装好的馒头迅速放入真空室，因为在 1h 内馒头包装真空度变化迅速，故每 10min 进行一次检测，在 2～3h 每 15min 进行一次检测，其后每隔 1h 进行一次真空度检测。

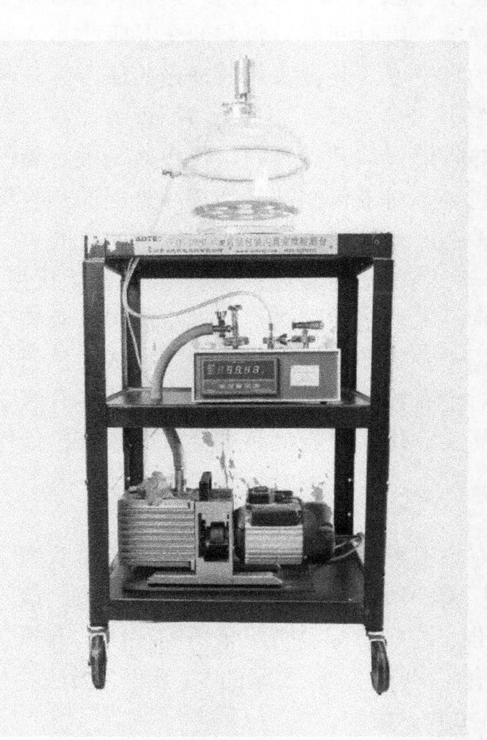

图 2-17　食品工业真空度测试仪（彩图请扫封底二维码）

真空度计算公式为

$$P=P_A-P_S\approx P_0-P_S \tag{2-1}$$

式中，P 为压力指标，kPa；P_A 为环境大气压，kPa；P_S 为表压，kPa；P_0 为标准大气压，kPa，P_0=101.325kPa。

随着贮藏时间的延长，馒头包装真空度先增大后减小（图 2-18）。在 0～1h 包装真空度急剧升高，是因为馒头蒸熟后在冷却期间，馒头芯部温度明显比表皮温度高，导致制品内部蒸汽压高于外部蒸汽压，水蒸气从馒头内部向外扩散，包装真空度增大。在 1h 内，温度下降迅速，对应的真空度也变化迅速。1h 后，馒头已基本冷却，温度变化缓慢，对真空度几乎无影响，此时馒头开始吸收包装中的水蒸气，真空度缓慢下降，贮存 6h 后，真空度下降趋势趋于平缓。馒头包装起始真空度很低，明显低于贮藏 21h 时对应包装真空度。

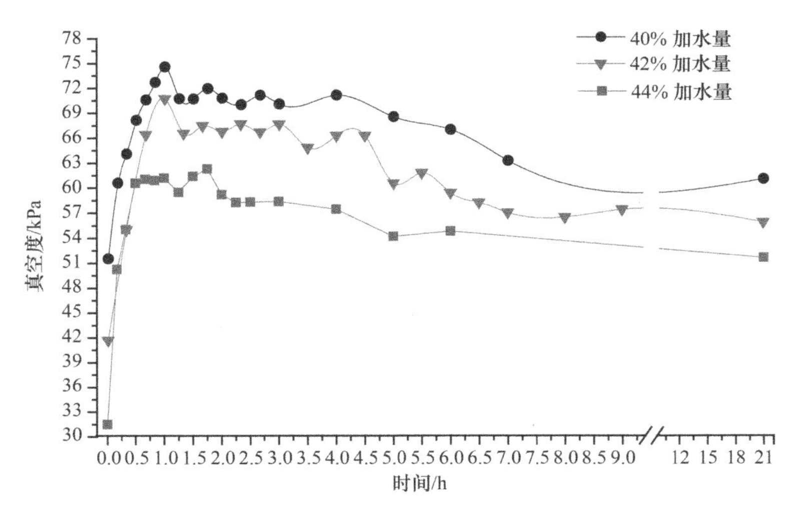

图 2-18 室温条件下热包装馒头真空度变化

2.2.4.3 热包装馒头常温贮藏过程中的水分变化

（1）热包装馒头常温贮藏过程中水分迁移趋势

在贮藏期间，水分由较为湿润的馒头皮和瓤向干燥的馒头芯迁移。在馒头贮存的前 7 天，馒头皮的水分含量从 48.9%下降到 43.1%，瓤的水分含量从 43.3%下降到 41.1%，芯的水分含量从 37.3%上升到 38.9%。馒头皮的水分迁移速率较快，瓤和芯部的水分迁移速率相对较为缓慢，之后各部分水分含量变化渐渐平缓。在 21 天之后，馒头皮水分含量在 39.1%～40.7%变化，瓤水分含量在 37.9%～40.8%变化，芯水分含量在 38.0%～39.9%变化，各部分水分含量十分接近，始终保持平衡直到 91 天（图 2-19）。在贮藏期间，馒头瓤的水分含量基本等于馒头皮和芯水分含量总和的一半，说明馒头内部水分迁移始终处在一个动态平衡的状态（图 2-19）。在 91 天时观察馒头表面，没有出现无包装自然状态贮藏的皲裂情况，且没有任何微生物污染的现象。因为馒头在包装袋内形成水分平衡，减缓了水分散发，水分得以保持。

（2）不同加水量热包装馒头常温贮藏过程中馒头水分迁移变化

馒头各部分水分含量在贮藏期间始终随着面团加水量的增加而增加。随着面团制作过程中加水量的增加，馒头皮水分迁移速率增大，馒头瓤和芯水分迁移速率减小。在第 7 天时，馒头皮 S_{21}、S_{22} 和 S_{23} 分别减少了 5.8%、8.1%和 9.6%，馒头瓤 S_{21}、S_{22} 和 S_{23} 分别减少了 2.2%、1.9%和 1.7%，馒头芯 S_{21}、S_{22} 和 S_{23} 分别上升了 1.6%、1.1%和 0.9%（图 2-19）。

面包的水分迁移与面包老化有一定关系。在老化过程中，面包内部存在一个水分梯度，芯的水分含量最高，从芯到皮水分含量逐步递减（He and Hoseney，

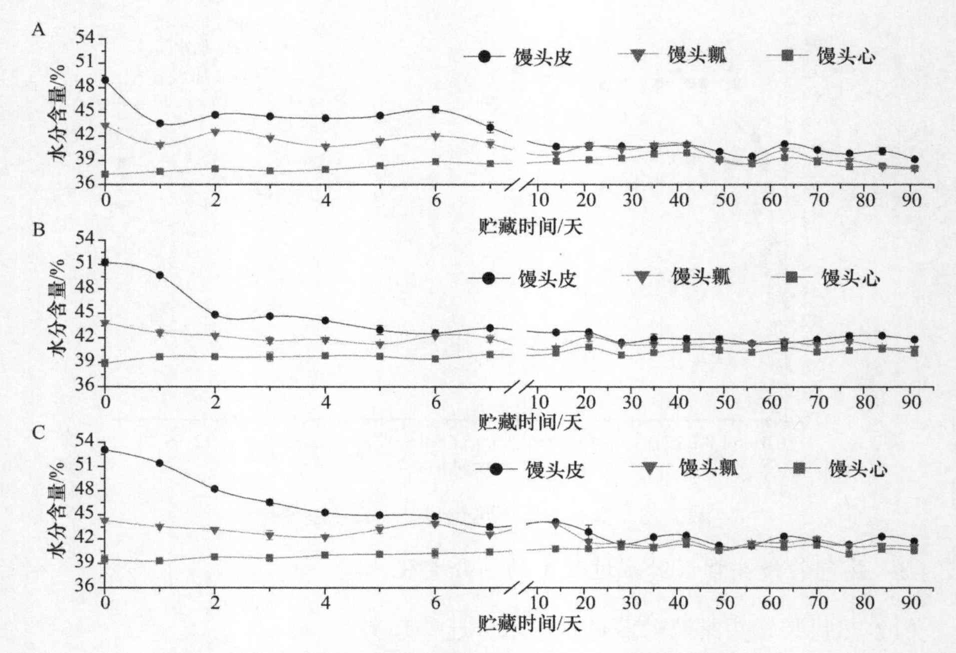

图 2-19 热包装馒头常温贮藏过程中水分含量变化

A、B、C 分别指水分含量为 40%、42%和 44%的热包装馒头

1990）。由于面包皮和面包芯的蒸汽压不同，水分由面包芯向面包皮迁移。随着时间的延长，面包芯水分含量下降，皮水分含量上升。然而，热包装馒头的水分含量梯度与面包是不同的。在贮藏过程中，馒头各部分的水分含量始终为皮＞瓤＞芯。因为蒸制环境比烤制环境存在更多的水蒸气，所以馒头皮的水分含量高于芯，而面包皮的水分含量低于芯。热包装技术在馒头未冷却时便对馒头进行了包装，在馒头冷却过程中，水蒸气从馒头中扩散出来并凝结在包装袋内，使得馒头处在一个湿润的小环境中，所以水分由馒头皮和瓤向馒头芯迁移。而真空包装馒头是将冷却后的馒头进行真空包装，所以包装袋内的环境是干燥的，馒头皮与外界接触面积最大，水分散失最快，馒头水分由芯向瓤再向皮不断迁移。所以热包装技术可使馒头水分有效保持。保持水分是馒头抗老化的关键手段之一，说明采用热包装技术贮藏和配送是工业化生产馒头有效的抗老化措施。

（3）热包装馒头常温贮藏过程中水分组成变化

随着贮藏时间的延长，常温保鲜馒头中水分分布和组成发生显著变化。在常温贮藏期间，馒头中强结合水含量先缓慢下降，在 28～42 天急剧下降，之后达到平衡。馒头中弱结合水含量先上升，在 21 天后开始下降，在 28 天时开始急剧上升，在 42 天后达到平衡。馒头中自由水含量在 21 天时开始急剧上升，从 28 天开始急剧下降，在 42 天时达到平衡。在常温贮藏前期（0～42 天），馒头的强结合水含量随着面团加水量的增加而减少：加水量 40%的馒头中强结合水含量由 27.2%减少到 12%；加水量 42%的馒头中强结合水含量由 26.4%减少到 12%；加水量 44%的馒头中强结合水含量由 25.8%减少到 12%。在贮藏前期（0～42 天），馒头中弱结合水含量与馒头制作过程中面团加水量呈负相关；加水量 40%的馒头中弱结合水含量始终在 71.6%～87.0%变化；加水量 42%的馒头中弱结合水含量在 72.7%～87.1%变化；加水量 44%的馒头中弱结合水含量在 73.3%～87.3%变化。在贮藏 21～42 天，馒头中的自由水含量与面团加水量呈正相关；在 28 天时，加水量 40%、42%、44%的馒头中自由水含量分别为 5.0%、5.3%、5.9%（图 2-20）。

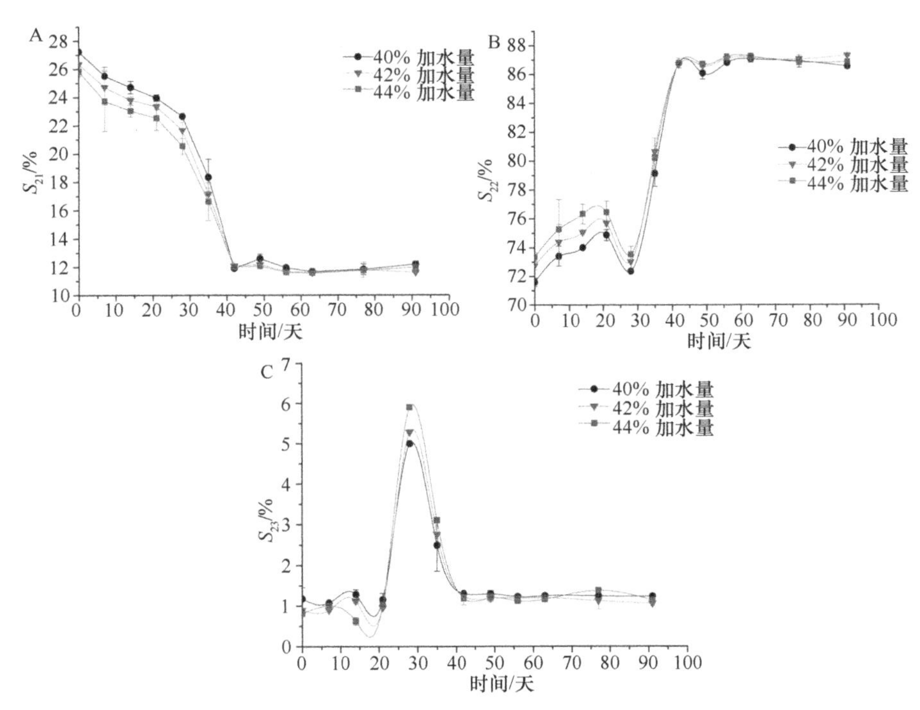

图 2-20　不同加水量热包装馒头常温贮藏过程中水分组分变化

核磁共振参数变化反映热包装馒头特有的水分重新分布和水分迁移运动现象，这与其抗老化现象之间有一定关系。据报道，在贮藏过程中，面包中的结合水（不可流动水）越来越多。然而试验所得结果显示，馒头在起始 42 天内强结合水含量减少，弱结合水含量增加，之后基本保持平衡。这可能是因为起始时馒头芯的水分含量是逐渐变大的（水分从馒头皮和瓤向馒头芯迁移），且馒头中淀粉结晶速率缓慢（图 2-20），所以有限的水分子会和淀粉结晶结构结合，从而抑制了馒头淀粉的老化。

2.2.4.4 加水量对热包装馒头常温贮藏过程中品质的影响

（1）不同加水量对热包装馒头常温贮藏过程中包装内真空度的影响

不同加水量（40%、42%、44%）的馒头包装内的真空度存在差异（图 2-18），馒头包装真空度始终随加水量的增大而减小。40%、42%、44%三种加水量馒头包装的真空度在 0h 时分别为 51.54kPa、41.75kPa、31.38kPa，在 1h 时分别为 74.58kPa、70.85kPa、61.18kPa，在 21h 时分别为 61.09kPa、55.98kPa、51.59kPa。在 21h 内，40%加水量馒头包装的真空度始终保持最大，可能是因为在相同包装条件下低加水量的馒头更易吸收水蒸气，包装的真空度升高。

（2）不同加水量对常温贮藏过程中热包装馒头老化的影响

通过差示扫描量热法分析不同加水量（40%、42%和44%）馒头在常温贮藏 91 天内的热力学性质变化情况。热焓值表示的是熔化淀粉重结晶所需的能量。馒头在贮藏过程中，糊化后的无序淀粉分子重新排列形成结晶结构，热焓值越大则说明重结晶越多，即老化越严重。

由表 2-17 可知，三种加水量馒头的热焓值在 0 天（即 24h 内）时并未检出，说明淀粉在汽蒸过程中完全糊化。随着贮藏时间的延长，熔化淀粉结晶的起始糊化温度、峰值糊化温度、终止糊化温度及热焓值均越来越大，表明淀粉重结晶不断增加。但是增加速率缓慢，说明热包装有效减缓了馒头淀粉的老化。同时发现吸热峰随时间的延长向右偏移［即起始糊化温度、峰值糊化温度和终止糊化温度均升高］，说明早期晶核的组成和构象与后期的重结晶晶体存在差异。

表 2-17 不同加水量馒头常温贮藏的热力学参数

加水量/%	贮藏时间/天	起始糊化温度/℃	峰值糊化温度/℃	终止糊化温度/℃	热焓值/（J/g）
	0	—	—	—	—
	7	45.23	52.91	61.87	1.895
	14	45.90	52.84	61.54	2.186
	21	47.18	53.48	64.84	2.232
	28	46.80	54.88	63.64	2.592
	35	47.53	55.18	64.74	2.673
40	42	49.30	55.10	64.59	2.636
	49	49.61	54.31	64.71	2.692
	56	49.40	54.41	63.70	2.800
	63	48.80	55.30	64.48	2.838
	70	49.06	56.04	67.09	2.904
	77	49.58	55.59	65.40	2.982
	84	49.45	55.51	65.20	3.025

续表

加水量/%	贮藏时间/天	起始糊化温度/℃	峰值糊化温度/℃	终止糊化温度/℃	热焓值/（J/g）
42	0	—	—	—	—
	7	45.18	51.27	62.26	1.909
	14	48.72	54.79	64.87	2.048
	21	46.47	53.30	64.47	2.696
	28	47.44	55.56	64.78	2.761
	35	47.39	54.76	64.87	2.815
	42	48.78	54.93	65.13	2.772
	49	48.20	55.07	62.98	2.967
	56	49.21	54.75	62.55	2.837
	63	47.98	54.78	63.41	2.990
	70	49.16	55.66	65.78	3.086
	77	50.57	55.58	66.13	3.267
	84	49.31	55.59	66.40	3.267
44	0	—	—	—	—
	7	45.00	48.22	60.70	1.852
	14	45.34	52.00	62.27	2.152
	21	47.42	52.68	62.28	2.743
	28	48.15	53.25	62.95	2.804
	35	50.03	53.10	63.04	3.022
	42	50.98	53.32	62.42	3.029
	49	49.34	53.98	63.79	3.089
	56	—	—	—	—
	63	49.28	54.50	63.32	3.102
	70	48.06	55.48	66.40	3.129
	77	49.78	55.48	64.96	3.201
	84	50.77	57.84	65.99	3.278

注：“—”表示未检出

X 射线衍射能够很好地反映淀粉的结晶结构和晶型，图 2-21 是原小麦粉、40%加水量、42%加水量、44%加水量馒头在贮藏 7 天的 X 射线衍射图。从图中可知，原小麦粉样品在 2θ 为 15.2°、17.5°、18.2°和 23.2°附近有衍射峰，这是典型的 A 型结构。所有样品在常温贮藏 7 天后，在 17.3°附近有强衍射峰，这是典型的 B 型结构。说明小麦粉经糊化和老化过程后由 A 型晶体转变为 B 型晶体。出现这些变化的原因是淀粉分子在糊化时颗粒破裂，直链淀粉的双螺旋结构被破坏，直链延伸，原小麦淀粉结晶结构被破坏，而在馒头贮藏过程中，直链淀粉分子相互靠近，通过氢键相连接，互相卷曲形成双螺旋结构，然后相互束缚形成新的结晶，而随着馒头的老化，直链淀粉及支链淀粉的直线部分趋于有序化，体系内分子聚集形态发生变化，无定形态逐渐向结晶态转化，结晶化程度不断增加，晶型逐步变成一种更稳定的B型结构。

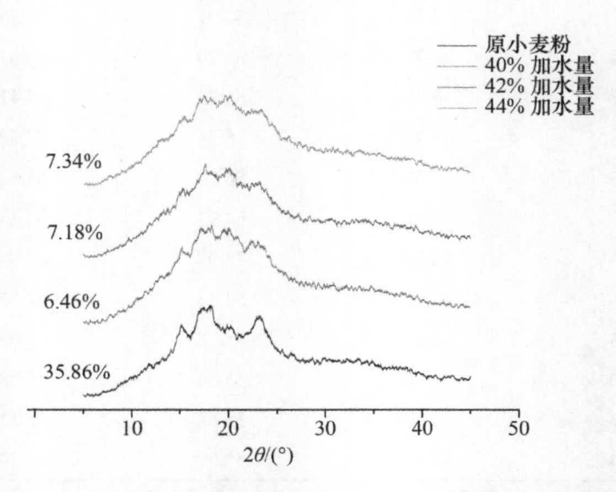

图 2-21　不同加水量馒头常温贮藏 7 天的 X 射线衍射图（彩图请扫封底二维码）

相对结晶度反映了馒头淀粉的老化程度，随着馒头制作过程中加水量的增加，馒头淀粉在 0～7 天的相对结晶度由 6.46%上升到 7.34%。表明在试验范围内，加水量越多，馒头越易老化这个结果与差示扫描量热法的检测结果一致。

2.2.4.5　蒸制时间对热包装馒头常温贮藏过程中品质的影响

馒头蒸制过程中，水分与淀粉结合形成水-淀粉结合态，蒸制时间对馒头水-淀粉结合态有显著影响，从而影响淀粉结晶形态。对不同蒸制时间（30min、60min、90min）常温保鲜馒头的老化进行研究，为馒头工业化生产提供理论依据。

（1）蒸制时间对感官及质构品质的影响

每组选取 2 个馒头，取出复蒸好的馒头于室温下冷却 1h，用保鲜膜密封，在 25℃条件下稳定 2h，切成 2.5cm×3cm×3cm 大小的长方体来测定馒头的质构。采用 P/36 探头、TPA 模式，参数设置为：测试前速度为 3mm/s；测试时速度为 1mm/s；测试后速度为 5mm/s；压缩比例为 50%；时间间隔为 10s，压缩次数为 2 次，每项测试重复 2 次。馒头物性有关的质构评价参数为：硬度、黏性、咀嚼性、黏聚性、弹性和回复值（Bourne，2006）。TPA 测试与感官评价并行，可以更好地反映出食品的特性。

表 2-18 和表 2-19 是分别蒸制 30min、60min、90min 后在相同贮藏温度（室温）和条件下贮存 2 天馒头的感官评价与质构分析。

蒸制时间对馒头的食用品质有明显的影响，随着蒸制时间的增加，馒头的光泽、平滑度和结构均有所改变（表 2-18），评价总分先增大后减小。蒸制时间过短

表 2-18　不同蒸制时间馒头感官评价

蒸制时间/min	得分									总分
	外观白度	光泽	平滑度	结构	柔软度	黏聚性	弹性	黏性	气味	
30	9.0	8.7	9.2	13.7	9.5	8.7	13.3	13.2	4.1	89.4
60	9.0	9.0	9.5	14.1	9.2	8.8	13.9	13.2	4.2	90.9
90	8.7	8.8	8.8	13.6	9.1	8.9	13.8	13.5	4.3	89.5

表 2-19　不同蒸制时间馒头质构分析

蒸制时间/min	硬度/g	黏性/g	咀嚼性/g	回复值	弹性	黏聚性
30	1473	1107	985	0.40	0.89	0.75
60	1870	1448	1315	0.45	0.91	0.77
90	1990	1514	1376	0.44	0.91	0.76

或过长都会影响馒头品质。蒸制时间过短，馒头淀粉尚未完全糊化，馒头的光泽、结构和弹性评分都很低；蒸制时间过长，馒头的结构和柔软度、光泽、平滑度评分都很低。

随着蒸制时间的增加，馒头的硬度、黏性和咀嚼性不断增大，回复值和黏聚性均先增大后减小。当蒸制时间从 30min 增长至 60min 时，馒头的硬度、黏性、咀嚼性分别增大了 26.95%、30.80%、33.50%；当蒸制时间从 60min 增长至 90min 时，馒头的硬度、黏性、咀嚼性分别增大了 6.42%、4.56%、4.64%。由此可见，蒸制时间在 30～60min 时，对馒头的硬度、黏性和咀嚼性有较大影响，当蒸制时间超过 60min 时，影响减弱（表 2-19）。

（2）蒸制时间对馒头淀粉热力学特性的影响

通过差示扫描量热法分析不同蒸制时间（30min、60min 和 90min）馒头在常温贮藏 91 天期间的热力学性质变化情况。从表 2-20 中的试验结果可以看出，三种馒头的热焓值在第 0 天（即 24h 内）时并未检出，说明淀粉在汽蒸过程中完全糊化，在 24h 之内尚未重新形成结晶。随着贮藏时间的延长，熔化淀粉结晶的起始糊化温度、峰值糊化温度、终止糊化温度及热焓值均越来越大，表明淀粉重结晶不断增加，但是增加速度缓慢，说明热包装有效地减缓了馒头淀粉的老化。同时发现吸热峰随时间的延长向右偏移（即起始糊化温度、峰值糊化温度和终止糊化温度均升高），说明早期晶核的组成和构象与后期的重结晶晶体存在差异。

表 2-20　不同蒸制时间馒头常温贮藏的热力学参数

蒸制时间/min	贮藏时间/天	起始糊化温度/℃	峰值糊化温度/℃	终止糊化温度/℃	热焓值/（J/g）
30	0	—	—	—	—
	7	44.17	50.44	61.05	1.718
	14	44.70	51.76	61.78	2.165
	21	45.62	49.16	60.11	2.502

续表

蒸制时间/min	贮藏时间/天	起始糊化温度/℃	峰值糊化温度/℃	终止糊化温度℃	热焓值/（J/g）
30	28	46.67	53.24	61.87	2.613
	35	48.57	54.66	63.41	2.465
	42	48.49	53.51	62.45	2.721
	49	—	—	—	—
	56	48.75	55.07	63.58	2.882
	63	49.62	56.22	66.52	2.941
	70	49.98	55.85	66.83	2.975
	77	50.59	57.15	67.02	2.989
	84	52.88	56.46	65.35	3.071
60	0	—	—	—	—
	7	44.49	53.13	60.78	1.625
	14	45.19	53.23	61.78	2.164
	21	45.89	52.84	63.08	2.478
	28	47.30	53.12	61.11	2.542
	35	47.64	53.29	62.05	2.582
	42	48.92	55.29	63.70	2.703
	49	48.07	54.99	63.70	2.731
	56	50.72	55.89	66.55	2.743
	63	47.97	54.99	63.45	2.792
	70	48.51	55.30	64.42	2.902
	77	49.84	56.43	66.21	2.966
	84	49.90	55.91	65.96	2.972
90	0	—	—	—	—
	7	45.54	53.33	63.15	1.596
	14	46.40	53.36	65.20	2.005
	21	46.52	53.92	63.48	2.498
	28	47.71	53.77	63.12	2.422
	35	48.05	54.41	63.98	2.555
	42	48.48	54.93	63.69	2.438
	49	49.64	55.70	65.54	2.665
	56	49.10	55.59	65.04	2.706
	63	—	—	—	—
	70	49.20	55.62	64.61	2.803
	77	52.83	56.57	63.54	2.820
	84	50.22	55.73	65.96	2.919

注：“—”表示未检出

贮藏 7 天时，30min、60min、90min 蒸制时间馒头的热焓值分别为 1.718J/g、1.625J/g、1.596J/g，贮藏 84 天时的热焓值分别为 3.071J/g、2.972J/g、2.919J/g，相同贮藏时间下，热焓值从大到小的顺序是 30min＞60min＞90min，说明在试验范围内，馒头蒸制时间越短，在贮藏过程中越易老化。

图 2-22 分别是原小麦粉和蒸制时间分别为 30min、60min、90min 的馒头在第 0 天和第 7 天的 X 射线衍射图。从图中可知，原小麦粉样品在 2θ 为 15.2°、17.5°、18.2°和 23.2°附近有衍射峰，这是典型的 A 型结构。淀粉经糊化处理后，原有的晶体结构被完全破坏，A 型淀粉衍射特征峰基本消失（金鑫，2013）。在第 0 天时，30min 蒸制时间的馒头样品仅在 2θ 为 19.7°有强衍射峰，而 60min 和 90min 蒸制时间的馒头在 2θ 为 17.7°和 20.0°附近有强衍射峰，说明此时馒头已经糊化，但尚未完全老化，而 30min 蒸制时间馒头样品的老化程度明显低于 60min 与 90min 蒸制时间。馒头样品在 2θ 为 20°左右有强衍射峰，对应于 V 型晶体结构。所有样品在常温贮藏 7 天后，均在 2θ 为 15.3°、17.5°、20.0°和 23°附近有强衍射峰，这是典型的 B 型结构。说明面粉经糊化和老化过程后由 A 型晶体转变为 B 型晶体。这是由于在老化过程中，支链淀粉的直线部分和直链淀粉趋于有序的平行排列，体系内的分子聚集形态发生变化，由无定形态向着结晶态转化，淀粉结晶化程度不断增加。此时 30min、60min、90min 蒸制时间馒头的淀粉相对结晶度分别为 6.61%、6.08%和 5.45%，但与原小麦粉馒头淀粉的相对结晶度相比明显减小。对比三种不同蒸制时间馒头储存相同时间的相对结晶度可发现，馒头的结晶化程度随蒸制时间的增加而增大，这说明在试验范围内，馒头蒸制时间越短，在贮藏过程中越易老化。

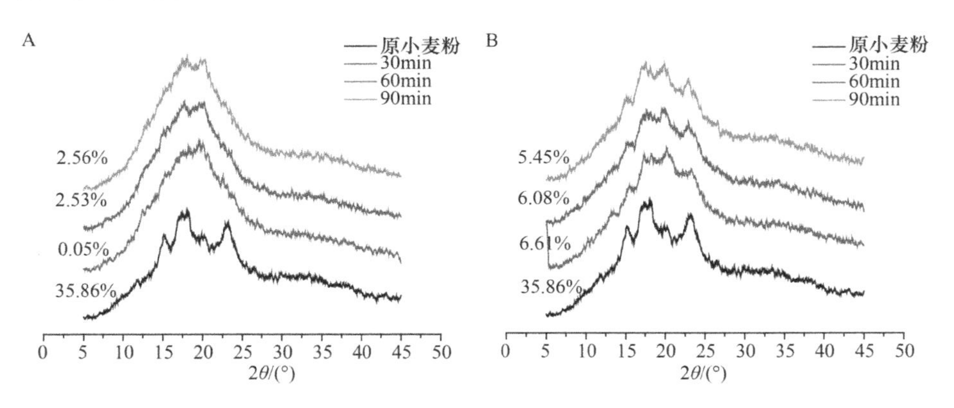

图 2-22　不同蒸制时间馒头常温贮藏的 X 射线衍射图（彩图请扫封底二维码）

A. 第 0 天；B. 第 7 天

淀粉分子的老化可以分为两个阶段：短期老化和长期老化。短期老化发生在糊化后的几个小时或者十几个小时内，主要是由直链淀粉的重结晶所引起，此时分子量相对较高的直链淀粉分子之间将会形成交联网状结构，而后形成结晶，分子量相对较小的直链淀粉将会与脂肪形成结晶。而长期老化则需要几天甚至十几天的时间，主要是由支链淀粉外侧短链的重结晶所引起。引发馒头品质下降的老化主要是长期老化。淀粉老化过程中，B 型晶体与支链淀粉相关，V 型晶体与直链淀粉相关。

2.2.4.6 常温贮藏过程中包装温度对馒头品质的影响

馒头通过热包装后，不仅可以延长货架期，而且生产成本降低，有益于大规模的工业化生产。我们前期的研究表明，刚蒸制完成的馒头直接进行热包装时，由于馒头本身温度高，水分含量高，馒头内部的水分逸散到包装袋上，因此馒头包装袋鼓胀，而随着馒头逐渐冷却，包装袋上的水分逐渐被馒头吸收，此时馒头包装出现类似真空的状态，且包装温度越高，真空度越大。吴立根等（2015）的研究表明，真空包装可延缓馒头老化，真空包装馒头在贮藏过程中水分含量的变化非常小，在真空包装袋内馒头水分形成了平衡，延缓了水分散失，而馒头的抗老化关键措施之一就是保持水分，且真空包装馒头在贮藏过程中三种状态水分（强结合水、弱结合水、自由水）的变化不明显。

（1）不同包装温度馒头常温贮藏过程中包装真空度变化

随着贮藏时间的延长，不同包装温度的馒头包装真空度均先增大后减小（图 2-23）。0～40min 时馒头包装真空度急剧增加，这可能是因为馒头在加工包装后，馒头芯温度大于馒头皮的温度，所以内部蒸汽压大于外部，水蒸气从馒头内部向大气中逸散，包装真空度增加。40～60min 时温度下降，真空度也迅速变化。60～150min 时馒头基本冷却，温度变化缓慢，馒头开始吸收凝结在包装袋上的水蒸气，馒头包装真空度缓慢下降。150min 以后，馒头包装真空度基本保持不变。

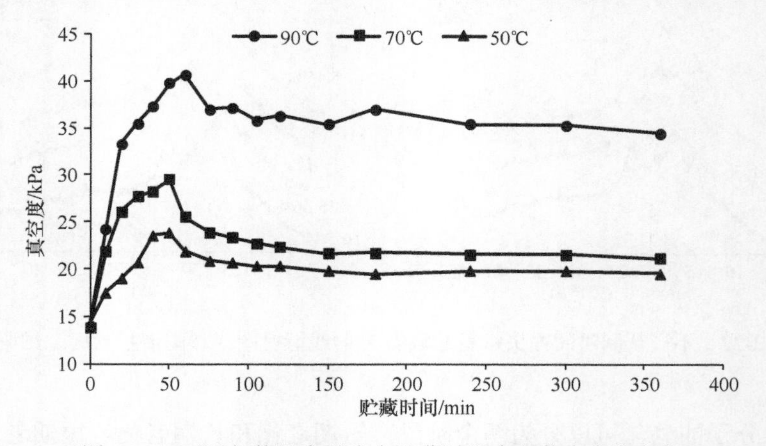

图 2-23 不同包装温度馒头在贮藏过程中包装真空度变化

不同包装温度（90℃、70℃、50℃）对馒头的包装真空度影响很大，包装温度越高，馒头的包装真空度越大。包装温度为 90℃、70℃、50℃的馒头在 6h 时的包装真空度分别为 34.52kPa、21.17kPa、19.52kPa。这可能是因为包装温度越低，馒头蒸制后在空气中冷却时间就越久，热蒸汽逸散在空气中，所以真空度低于刚出锅就包装的馒头。

（2）不同包装温度馒头常温贮藏过程中水分含量变化

不同包装温度（90℃、70℃、50℃）馒头在贮藏过程中水分含量的变化趋势相同，都是先增加后减少，最后基本保持不变，且随着包装温度的增加，馒头水分含量增大。包装温度为 90℃、70℃、50℃的馒头在常温下贮藏 1 天水分含量分别为 38.50%、38.36%、38.28%，在贮藏 5 天时水分含量分别为 40.85%、40.42%、39.32%（图 2-24）。这可能是因为包装温度越低，馒头蒸制后室温下放置的时间越长，馒头冷却时，热蒸汽挥发到空气中，所以馒头水分含量小于蒸制后直接进行包装的馒头（90℃）。李志建等（2011）研究表明，当馒头处于完全真空环境中时，馒头与周围环境之间没有水分的转移和交换，所以馒头的水分含量基本保持不变。因此，当馒头的包装真空度越大时，馒头周围环境中空气含量越少，馒头越不易和周围环境发生水分交换，馒头内部水分逸散速度越低。由图 2-24 可知，馒头包装温度越高，包装真空度越大。因此，馒头的水分含量和包装温度呈正相关。50℃包装的馒头由于蒸制后在空气中的冷却时间过久，冷却过程中可能发生了二次污染，因此在贮藏 7 天时表面有霉菌生成。

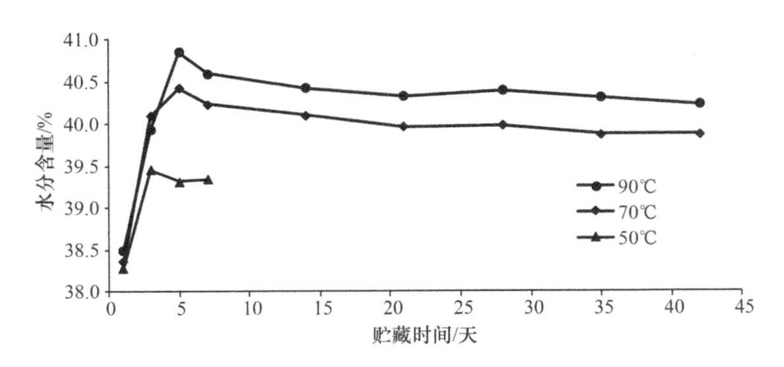

图 2-24　不同包装温度馒头常温贮藏过程中水分含量变化

（3）不同包装温度馒头常温贮藏过程中水分组成变化

包装温度对馒头在常温贮藏过程中水分组成变化无明显影响（图 2-25）。馒头在室温下贮藏 1 天时强结合水、弱结合水、自由水含量均分别约为 17.78%、81.34%、0.88%。说明馒头包装真空度的变化对馒头水分组成的变化无明显影响，包装真空度主要影响馒头在贮藏过程中宏观水分含量的变化，对馒头微观水分组成变化基本无影响。不同包装温度馒头在贮藏过程中强结合水含量减少，弱结合水含量升高，自由水含量变化不明显，室温下贮藏 42 天后，包装温度为 90℃的馒头强结合水含量由 17.78%降至 13.70%，弱结合水含量由 81.34%上升至 85.29%，不同温度包装馒头样品变化趋势相同。表明不同包装温度对馒头在贮藏过程中的水分迁移无明显影响，馒头在贮藏过程中水分从蛋白质网络中释放出来，流动性变大。不同包装温度馒头主要是包装真空度不同，不同水分组分变化幅度不明显，可能是由于包装内是一个密闭的环境，与外界接触小，受环境影响小。

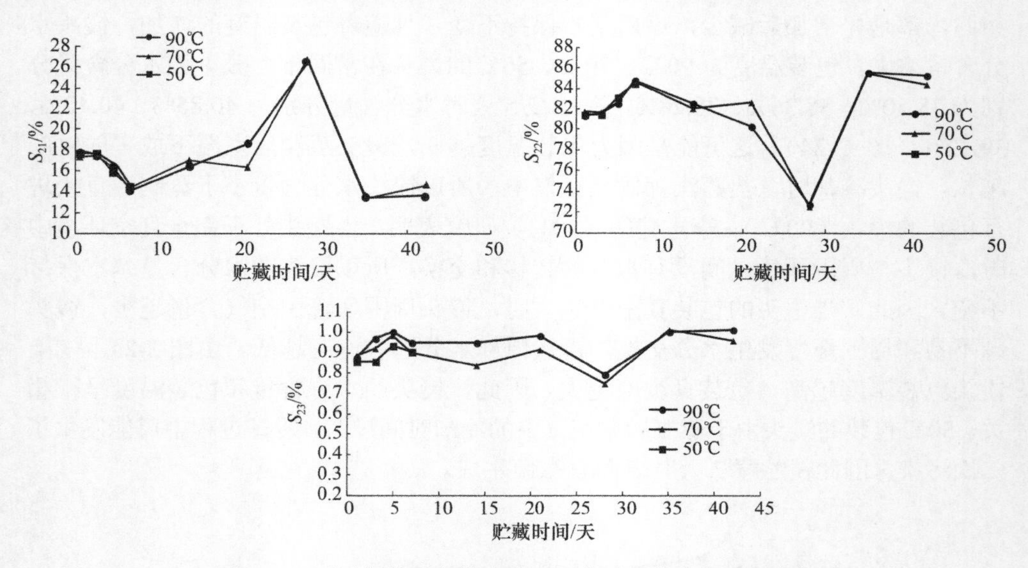

图 2-25　不同包装温度馒头常温贮藏过程中水分组成变化

（4）不同包装温度馒头常温贮藏过程中硬度的变化

不同包装温度馒头在贮藏过程中硬度均增大，包装温度为 90℃、70℃、50℃的馒头硬度分别从 2367.46g、2461.48g、2277.95g（第 1 天）增加至 3950.1g（第 42 天）、4442.43g（第 42 天）、3979.62g（第 7 天）。可以看出，馒头硬度的增加速率随包装温度的升高而减小，且 90℃包装的馒头硬度始终低于同一时期其他两种包装温度的馒头硬度。这可能是由于包装温度越高，馒头水分含量越大，因此馒头硬度随之减小。馒头水分含量还与淀粉老化有关，可能由于 90℃包装的馒头淀粉老化速率较慢，因此馒头硬度较小（图 2-26）。

（5）不同包装温度馒头常温贮藏过程中相对结晶度的变化

所有馒头样品的淀粉经老化后都为 B 型晶体，在 13.5°、15°、17°、20°、23°、34°有典型的衍射峰（图 2-27）。研究表明，天然小麦淀粉呈 A 型晶体，说明小麦淀粉经糊化和老化后由 A 型晶体变为 B 型晶体。出现这种变化的原因是小麦淀粉

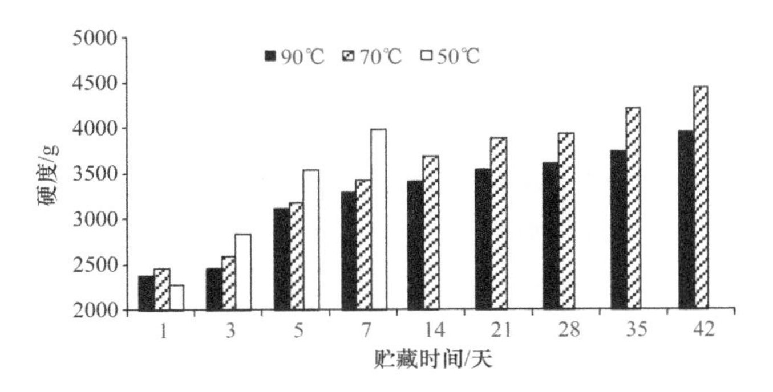

图 2-26　不同包装温度馒头常温贮藏过程中硬度变化

的糊化包括直链淀粉颗粒溶胀破裂和支链淀粉颗粒溶胀破裂，淀粉处于不稳定的状态即玻璃态，而淀粉的老化是指玻璃态的淀粉分子重新排列成稳定的分子状态即 B 型晶体。由于淀粉在贮藏过程回生，17°衍射峰的强度随之增强，且随着包装温度的升高，13.5°、17°、20°衍射峰的强度变弱，表明不同包装温度不仅可以影响馒头在贮藏过程中直链淀粉的结晶，还影响支链淀粉的结晶。

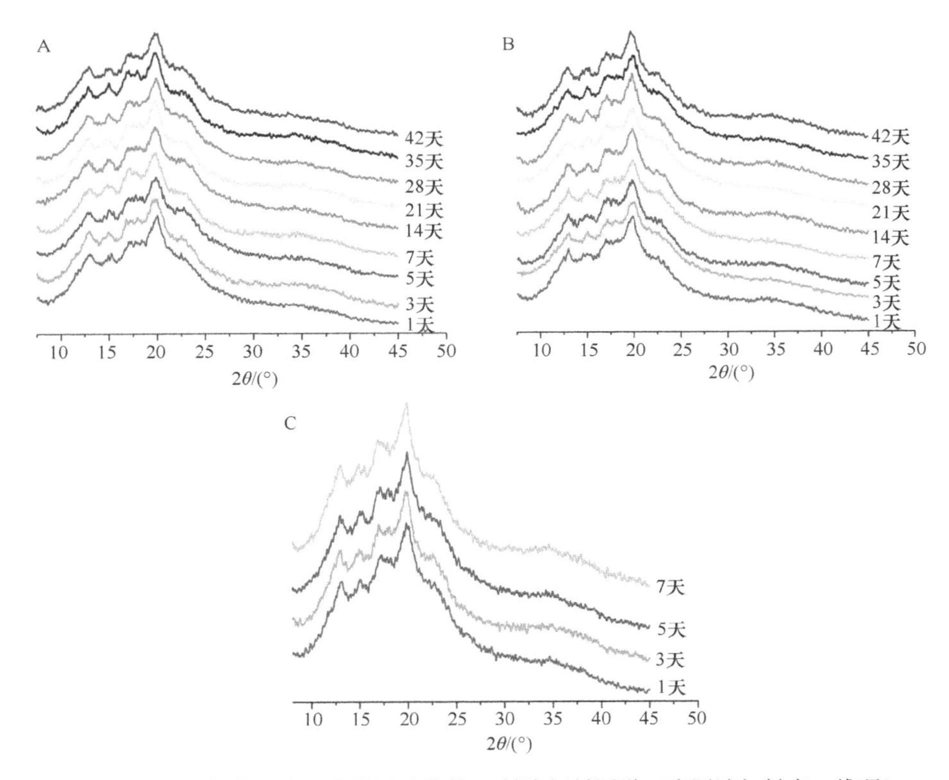

图 2-27　不同包装温度馒头常温贮藏的 X 射线衍射图谱（彩图请扫封底二维码）

A、B、C 分别代表包装温度为 90℃、70℃、50℃的馒头样品

不同包装温度（90℃、70℃、50℃）馒头淀粉在贮藏过程中相对结晶度的变化情况见表2-21。相对结晶度可反映馒头淀粉老化程度。包装温度为90℃、70℃、50℃的馒头在室温下贮藏1天的相对结晶度分别为1.32%、1.41%、1.59%；随着贮藏时间的延长，馒头的相对结晶度均增大，包装温度为90℃、70℃的馒头在室温下贮藏42天的相对结晶度分别为8.04%、8.97%。随着包装温度的升高，馒头的相对结晶度减小，90℃包装的馒头在贮藏中相对结晶度始终保持最低。包装温度可以影响馒头在贮藏过程中的水分含量，包装温度越高，馒头水分含量越高，之前的研究表明水分含量可以影响淀粉的回生，较高的水分含量可延缓馒头淀粉老化。因此，90℃包装的馒头相对结晶度最低，老化程度最低。

表2-21　不同包装温度馒头淀粉在常温贮藏过程中相对结晶度、DO值①及质量分形维数的变化

贮藏时间/天	相对结晶度/%			DO值			质量分形维数（D_m）		
	90℃	70℃	50℃	90℃	70℃	50℃	90℃	70℃	50℃
1	1.32	1.41	1.59	1.17	1.24	1.38	1.37	1.45	1.61
3	1.94	2.01	2.96	1.21	1.29	1.49	1.42	1.51	2.01
5	2.56	2.97	4.08	1.29	1.34	1.63	1.54	1.63	2.00
7	2.94	3.99	5.91	1.36	1.41	1.84	1.67	1.72	1.97
14	4.15	5.07	—	1.37	1.49	—	1.71	1.87	—
21	5.32	5.87	—	1.41	1.52	—	1.79	1.94	—
28	6.61	6.92	—	1.49	1.58	—	1.65	1.76	—
35	7.23	7.99	—	1.51	1.63	—	1.61	1.74	—
42	8.04	8.97	—	1.54	1.67	—	1.62	1.74	—

注：①DO值为傅里叶变换红外光谱中1047cm^{-1}和1022cm^{-1}处峰强度的比值，“—”表示样品变质，无样品

（6）不同包装温度馒头常温贮藏过程中淀粉有序结构的变化

淀粉回生是淀粉分子由无序向有序排列转变的过程，而通过FTIR图谱可以得出淀粉的有序化程度。不同包装温度（90℃、70℃、50℃）的馒头样品淀粉在400～4000cm^{-1}均无特征峰的消失或者新峰的出现，表明包装温度不同并不能引起新的基团形成。随着包装温度的升高，氢键（3000～3600cm^{-1}）和淀粉区（800～1250cm^{-1}）信号均减弱。

由表2-21可知，不同包装温度馒头淀粉的DO值随着贮藏时间的延长均增大，包装温度为90℃的馒头样品DO值在42天内从1.17增加到1.54；包装温度为70℃的馒头样品DO值在42天内从1.24增加到1.67；包装温度为50℃的馒头样品DO值在7天内从1.38增加到1.84。包装温度为90℃的馒头样品DO值始终低于同一时间70℃和50℃包装馒头的DO值，因此，较高的包装温度可以有效延缓馒头在贮藏过程中有序结构的形成，从而延缓淀粉老化。

（7）不同包装温度馒头常温贮藏过程中淀粉层状结构的变化

天然小麦淀粉颗粒主要由无定形区和半结晶生长环构成，结晶环层和无定形环层重复交替组成半结晶生长环。结晶环层由支链淀粉链形成的双螺旋结构及由其排列形成的小晶体构成；而无定环形层主要由直链淀粉和部分支链淀粉的分支无序排列构成。徐亚峰和黄强（2013）的结果表明，可以通过 X 射线小角衍射（small angle X-ray scattering，SAXS）研究淀粉回生过程中晶体层状结构的变化。三个包装温度（90℃、70℃、50℃）馒头样品的 SAXS 曲线整体趋势相似，且均无散射峰的出现（图 2-28）。淀粉类样品的散射峰强度与半结晶生长环的有序排列有关，层状结构越整齐，排列越规律，散射峰强度越大。因此，馒头淀粉经蒸制后，半结晶生长环层状结构消失，且在回生过程中无法形成整齐排列的层状结构。

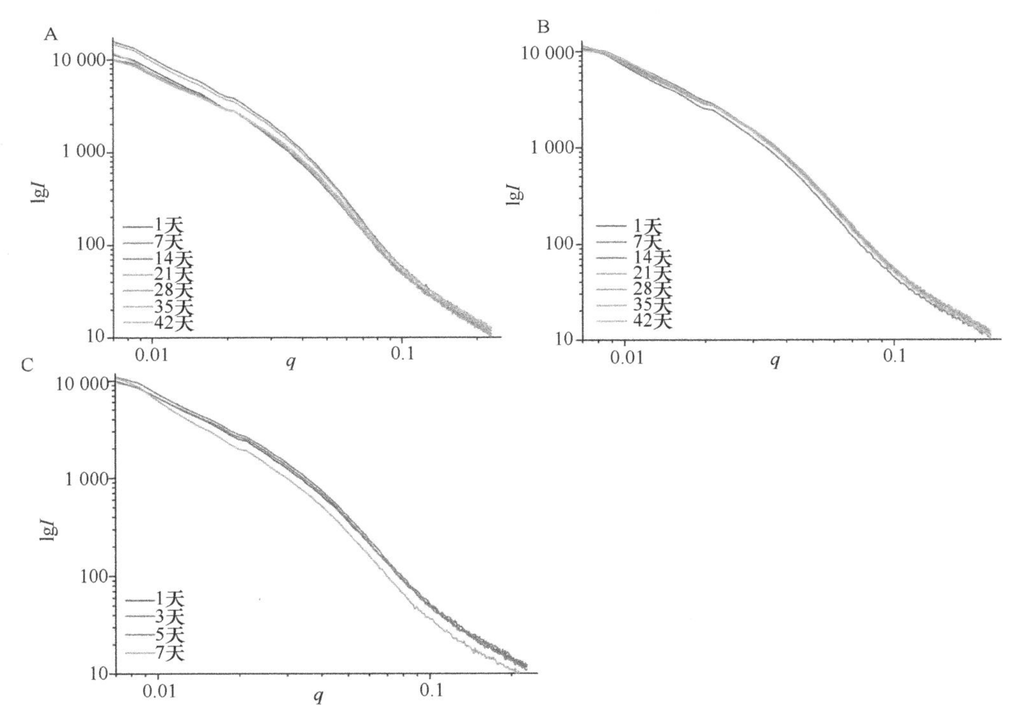

图 2-28　不同温度包装馒头常温贮藏的 SAXS 图（彩图请扫封底二维码）

A、B、C 分别代表包装温度为 90℃、70℃、50℃的馒头样品

对馒头淀粉在回生过程中散射体系的分形维数进行计算，结果见表 2-21。所有馒头淀粉样品在回生过程中呈质量分形特征，即散射反映了淀粉的内部结构，而不是表面，且随着贮藏时间的延长，质量分形维数（D_m）先增大后减小。包装温度为 90℃、70℃、50℃的馒头在常温下贮藏 1 天的水分含量 D_m 反映了散射体系的致密度，D_m 越大表示体系内部越致密。在淀粉糊形成初期，直链淀粉以连续

相形式溶解在淀粉溶液中，支链淀粉较均匀地分散在淀粉糊中，随贮藏时间的延长，由于表面现象和颗粒的吸附作用，直链淀粉首先析水、絮凝，从连续相中分离出来，支链淀粉颗粒之间会产生凝聚现象，凝聚会随贮藏时间延长而不断加剧，同时，支链淀粉颗粒之间、胶体之间以及直链淀粉之间还会相互作用，使凝聚作用加剧，物系的非均相性增加则其质量分形维数增加。在回生后期，支链淀粉分子间作用力无法支撑支链淀粉的网络结构，淀粉网络逐渐解体，分形维数开始降低，达到新的聚集状态和平衡。随着包装温度的升高，馒头淀粉的 D_m 降低，包装温度为 90℃、70℃、50℃的馒头在常温下贮藏 1 天的 D_m 分别为 1.37、1.45、1.61。这可能是由于在贮藏过程中，包装温度越低，淀粉老化速率越快，因此，包装温度为 50℃时，馒头淀粉形成的晶体结构更致密。

三种包装温度（90℃、70℃、50℃）馒头的包装真空度先急剧增加后缓慢减小，最后基本保持不变。三种包装温度的馒头水分含量先升高后下降，最后基本保持不变，馒头水分含量在贮藏 5 天时达到最高。包装温度对馒头水分迁移无显著影响，馒头强结合水含量减少，弱结合水含量增大，自由水含量变化不明显。三种包装温度的馒头在贮藏过程中硬度变大；馒头在贮藏过程中形成 B 型晶体，在 17°有典型衍射峰，有序结构、紧密度增加，半结晶生长环结构消失。随着包装温度的升高，馒头的包装真空度随之升高，较高的真空度导致馒头的水分含量升高，从而延缓馒头支链淀粉的结晶，降低馒头衍射峰的强度和相对结晶度，阻碍淀粉有序结构的形成，紧密度下降。

采用热包装技术进行包装的馒头，可以在常温条件下贮藏 90 天以上，在这期间，馒头的食用安全性有保证，微生物及营养品质符合国家标准。同时，热包装影响馒头内部水分排布，从而延缓馒头中淀粉的老化，能够保证馒头的品质。该工艺可以避免冷链运输，降低能耗，产品可以实现工业化生产，运输半径可以扩展至全国，推动了我国馒头主食工业化进程。

在和面过程中小麦蛋白与水分形成面筋网络，该网络可以阻碍淀粉结晶，但馒头在贮藏过程中蛋白质-淀粉网络结构会逐渐消失，淀粉颗粒逐渐从蛋白质网络上脱落下来，相互结合，从而形成晶体结构。因此，关于热包装馒头贮藏过程中蛋白质的分子量、微观结构的变化也值得深入研究。淀粉结构对热包装馒头淀粉老化有影响，直链淀粉在溶液中易取向，容易形成双螺旋结构，支链淀粉分支多，难以取向，不容易老化。因此，直链淀粉与支链淀粉的含量对馒头淀粉老化的影响需要进一步研究。

2.2.4.7 热包装燕麦馒头品质变化

添加杂粮粉可以改善馒头的营养品质。粗粮与细粮结合可以有效地改变膳食结构，缓解肥胖、高血压等现代病。国外关于在细粮中加入粗粮的研究主要集中在面包和饼干等制品，国内更注重把杂粮加入馒头中的相关加工与营养研究（彭辉，2012）。

燕麦营养价值高，是生产营养健康谷物产品的重要原料。燕麦蛋白质含量为15%左右，其氨基酸配比科学合理。燕麦中含有大量的亚油酸和膳食纤维，一些研究表明燕麦可降低餐后血糖生成指数，降低血清胆固醇含量，并可预防慢性疾病（如癌症和便秘）的发生。因此，关于燕麦在食品加工领域应用的研究也迎来了新的契机。国外的食品企业经常在小麦面包中加入燕麦粉，从而使面包含有丰富的 β-葡聚糖、膳食纤维和总酚，各种燕麦饼干、燕麦巧克力等产品屡见不鲜。在国内，燕麦也被用于蒸煮类产品中，如燕麦米饭、燕麦馒头、燕麦面条等，用于提供特殊的外观、独特的燕麦芳香风味和丰富的营养功能。燕麦富含可溶性膳食纤维，添加燕麦既可以增加馒头的营养价值，还可以增加体系持水能力。经过超微粉碎处理，燕麦全粉平均粒径为 17.05μm。感官评价表明，添加燕麦超微全粉馒头口感得到改善。燕麦超微全粉添加量对馒头感官品质、质构特性及内部纹理结构均具有较大影响，燕麦超微全粉的添加量以 10%为宜（程晶晶等，2017）。不同燕麦（含麸皮）添加量（0%、10%、30%）对热包装馒头贮藏过程中水分含量、水分组成、淀粉老化、质构感官等品质影响显著，研究热包装馒头常温贮藏条件下不同燕麦添加量馒头的淀粉特性与变化规律，可为杂粮面制主食的生产提供理论基础，对促进传统主食品的多样化具有重要的积极影响。

（1）热包装燕麦馒头常温贮藏过程中水分变化

不同燕麦添加量（0%、10%、30%）的馒头在贮藏过程中水分含量变化与不同包装及不同包装温度馒头的变化趋势相同，馒头水分含量均先上升后下降，最后基本保持不变（图 2-29）。燕麦添加量为 0%、10%、30%的馒头水分含量在贮藏 5 天时达到最高，分别为 40.92%、41.01%、42.75%。在贮藏过程中燕麦添加量为30%的馒头水分含量始终保持最高。馒头的水分含量不仅与混合面团形成时加水量有关，而且与馒头蒸制和冷却过程中的水分散失有关。燕麦添加量为0%、10%、30%的面团加水量分别为 40%、42%、44%，加水量明显不同。研究表明，馒头在蒸制过程中水分损失仅为 2%左右，远低于面包焙烤过程中的水分损失（约为 11%）（Wang et al.，2017）。加入 β-葡聚糖对馒头在蒸制和冷却过程中水分散失几乎无影响，主要是因为加入 β-葡聚糖后面粉的吸水率不同，因此馒头水分含量升高。燕麦中有较高含量的 β-葡聚糖等膳食纤维，使混合粉的吸水率升高，且含量越高，吸水率越大，这是因为膳食纤维中含有大量的羟基，可以通过氢键与水分子快速结合。由混合粉制成的高水分含量面团不仅可以减少馒头在蒸制和冷却过程中的水分损失，还可以影响馒头淀粉老化（Ronda et al.，2014）。

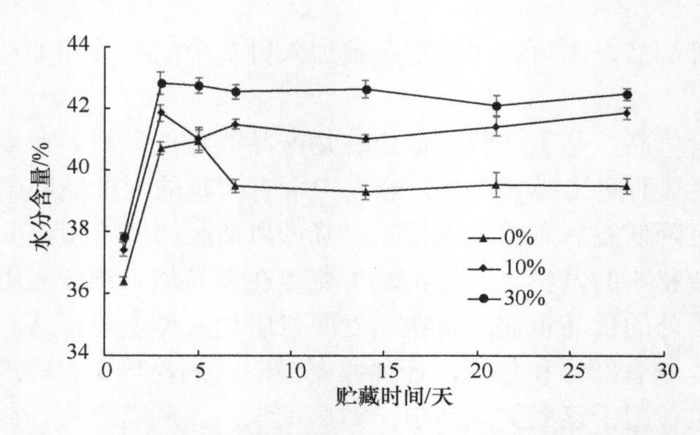

图 2-29　不同燕麦添加量馒头在贮藏过程中水分含量变化

燕麦的添加对馒头贮藏过程中强结合水的含量无明显影响；随着燕麦添加比例的增加，馒头的弱结合水含量减少；与之相反，馒头的自由水（S_{23}）含量随着燕麦添加比例的增加而增加（图 2-30）。燕麦添加量为 0%、10%、30%，新鲜馒头的 S_{22} 分别为 77.79%、77.0%、76.72%；S_{23} 分别为 0.34%、1.01%、1.07%。馒头中的强结合水一般指与蛋白质等的氨基、羧基以氢键结合紧密的单分子层结合水，弱结合水一般指与淀粉等结合强度较差的多分子层水，自由水具有很大的流动性，可与淀粉、蛋白质等互相交换。β-葡聚糖的高持水能力可以增加馒头体系中自由水的含量（Hager et al.，2011）。在馒头贮藏过程中，糊化淀粉部

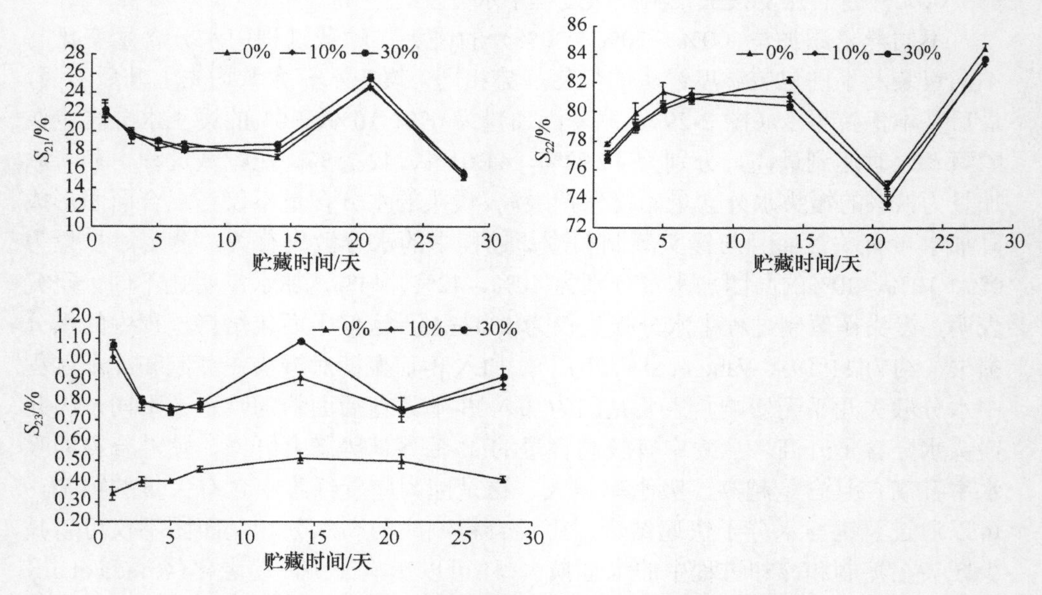

图 2-30　不同燕麦添加量馒头在贮藏过程中水分组成变化

分形成有序的结晶结构，水分子参与支链淀粉的再结晶，从而降低水分子的流动性（Gray and Bemiller，2003）。添加燕麦后馒头体系中 S_{22} 降低可能有两种原因：添加燕麦后，β-葡聚糖可与淀粉分子竞争水，导致馒头体系中 S_{22} 减少；添加燕麦后馒头体系的水分含量升高，这可以延缓支链淀粉结晶（Sheng et al.，2015），从而降低 S_{22}。

所有馒头样品的 S_{21} 在 14～28 天首先急剧升高然后下降，而 S_{22} 的变化与之相反。室温贮藏 28 天后，未添加燕麦馒头样品的 S_{21} 从 21.88%降至 15.15%，而 S_{22} 从 77.79%升至 84.44%，添加燕麦馒头样品的 S_{21} 和 S_{22} 变化趋势与之相同；燕麦添加量为 0%、10%、30%馒头样品的 S_{23} 分别变为 0.4%、0.8%和 0.9%。馒头贮藏过程中水分逐渐从蛋白质网络中释放出来，表明馒头淀粉老化与馒头贮藏期间的水分迁移有关。

（2）热包装燕麦馒头常温贮藏过程中热力学性质变化

馒头样品的起始糊化温度（T_O）、峰值糊化温度（T_P）、终止糊化温度（T_C）和熔化支链淀粉结晶的热焓值（ΔH，40～70℃的吸收峰）见表 2-22。馒头淀粉晶体含量的增加会使熔化晶体所需的热焓值增大。在贮藏 1 天时，未能检测到

表 2-22　不同燕麦添加量馒头在贮藏过程中热力学参数和相对结晶度变化

燕麦添加量/%	贮藏时间/天	T_O/℃	T_P/℃	T_C/℃	ΔH/（J/g）	相对结晶度/%
0	1	—	—	—	—	1.37±0.04
	7	55.89±1.41	59.72±1.49	63.08±1.72	1.95±0.04	2.52±0.12
	14	57.15±1.35	60.12±0.82	64.32±1.89	2.57±0.25	4.23±0.91
	21	58.86±1.62	61.28±1.67	65.38±0.82	3.10±0.03	5.45±0.65
	28	59.74±1.12	63.55±1.27	66.35±1.55	3.39±0.89	6.32±0.33
	42	62.79±1.70	65.91±1.28	69.84±1.21	4.23±0.46	7.94±0.09
10	1	—	—	—	—	1.35±0.04
	7	—	—	—	—	1.53±0.24
	14	52.48±1.25	56.17±1.28	59.15±1.18	1.69±0.28	3.01±0.61
	21	54.25±1.81	57.93±1.96	60.42±1.99	2.00±0.17	4.67±0.23
	28	56.53±1.83	61.04±1.78	66.60±1.85	2.12±0.25	5.28±0.39
	42	57.65±1.36	60.28±1.73	67.33±0.81	3.11±0.04	6.08±0.64
30	1	—	—	—	—	0.85±0.02
	7	—	—	—	—	1.21±0.56
	14	45.27±1.14	47.34±1.45	53.43±2.12	0.89±0.13	2.49±0.35
	21	46.85±1.24	49.27±2.26	55.68±1.92	1.53±0.10	3.98±0.30
	28	48.96±0.86	52.67±1.69	58.42±1.30	1.84±0.27	5.01±0.56
	42	50.83±1.39	55.52±1.32	61.26±1.78	2.21±0.15	5.57±0.83

注：“—”代表未检出

所有馒头样品的热焓值；添加燕麦的馒头样品在贮藏 7 天时也未能检测到热焓值。随着燕麦替代比例的增加，淀粉的糊化温度和ΔH均降低，这表明加入燕麦后可以延缓支链淀粉的结晶，且随着燕麦添加量的增多，抑制效果增强。所有馒头样品在贮藏过程中 T_O、T_P、T_C 向右偏移（即增大），ΔH 也增大，这表明馒头淀粉回生程度增大，且早期纯小麦粉馒头样品的 T_O、T_P、T_C 和ΔH 在贮藏过程中始终保持最高，燕麦添加量为30%的馒头样品 T_O、T_P、T_C 和ΔH 始终最低，这与它们的弱结合水含量变化正好相反。而馒头体系中弱结合水含量与淀粉老化程度相关，这表明燕麦可以通过其较高的持水能力抑制淀粉回生。但是还有研究表明，由于小麦淀粉和燕麦淀粉的链长存在差异，燕麦淀粉的 T_O、T_P、T_C 和ΔH 均低于小麦淀粉的 T_O、T_P、T_C 和ΔH（Wang et al.，2017）。

（3）热包装燕麦馒头常温贮藏过程中相对结晶度变化

所有馒头淀粉经老化后都为 B 型晶体，在 13.5°、15°、17°、20°、23°、34°有典型的衍射峰（图 2-31）。由于在贮藏过程中淀粉回生，17°衍射峰的强度随着

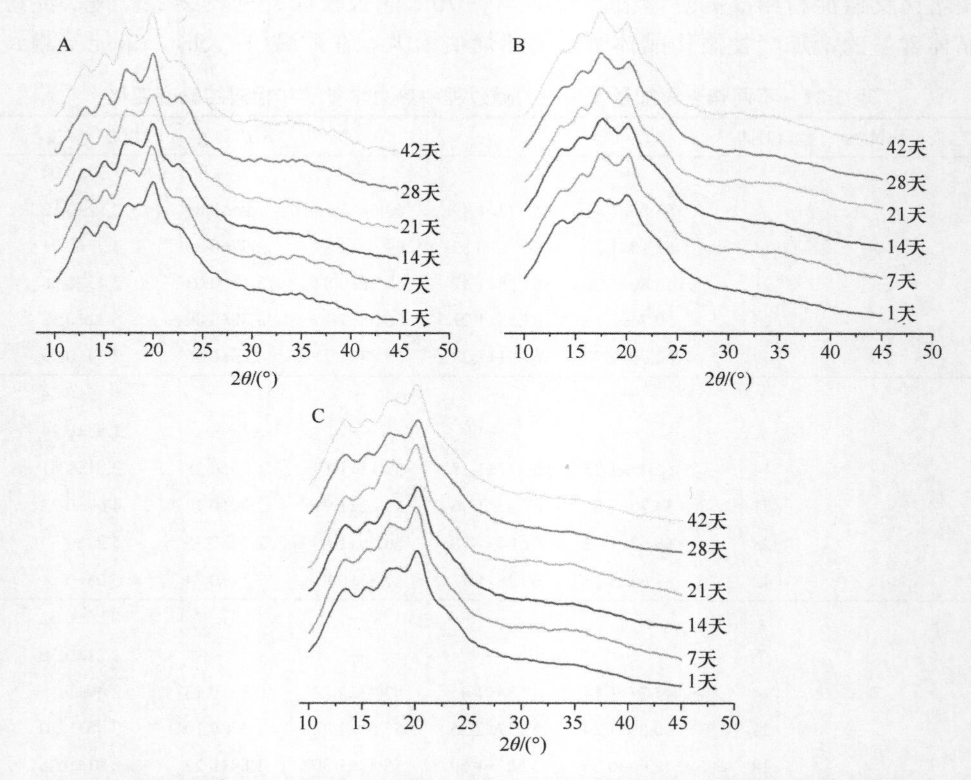

图 2-31 不同燕麦添加量馒头在贮藏过程中 X 射线衍射图谱（彩图请扫封底二维码）

A、B、C 分别代表燕麦添加量为 0%、10%、30%的馒头样品

贮藏时间的延长而增加，且随着燕麦替代比例的增加，衍射峰的强度减弱，这与利用差示扫描量热法研究支链淀粉热焓值的变化结果一致，表明燕麦的加入确实可以有效延缓支链淀粉的结晶，从而抑制淀粉回生。随着燕麦替代比例的增加，20°衍射峰的强度减弱，形成典型的由直链淀粉-脂质构成的 V 型晶体（Aguirre et al，2011），可能是由于燕麦中内源脂与直链淀粉结合形成复合物，阻碍直链淀粉结晶，从而降低 20°衍射峰的强度（Zhu，2016）。

燕麦添加量为 0%、10%、30%馒头样品的相对结晶度在室温下贮藏 42 天后分别从 1.37%、1.35%、0.85%增加至 7.94%、6.08%、5.57%（表 2-22）。同时，随着燕麦替代比例的增加，馒头淀粉的相对结晶度降低。30%燕麦添加量的样品相对结晶度最低，且在室温下晶核生长速度最慢。结合馒头的核磁共振结果来看，这可能是因为 β-葡聚糖与淀粉分子竞争水，从而降低了馒头淀粉的结晶速度。

（4）热包装燕麦馒头常温贮藏过程中淀粉有序结构变化

不同燕麦添加量（0%、10%、30%）馒头淀粉样品的 FTIR 图谱如图 2-32 所示。所有样品在 400～4000cm^{-1} 无特征峰的消失和新峰的出现，表明加入燕麦后淀粉未形成新的基团。随着燕麦替代比例的增加，—H（3000～3600cm^{-1}）和淀粉区（800～1250cm^{-1}）信号均增强。此外，随着燕麦替代比例的增加，馒头淀粉的 DO 值（1041/1022）降低，燕麦添加量为 0%、10%、30%的馒头 DO 值分别为 1.23、1.18、1.05。所以，添加燕麦后可明显降低馒头在回生过程中有序结构的生成，从而延缓馒头淀粉老化。

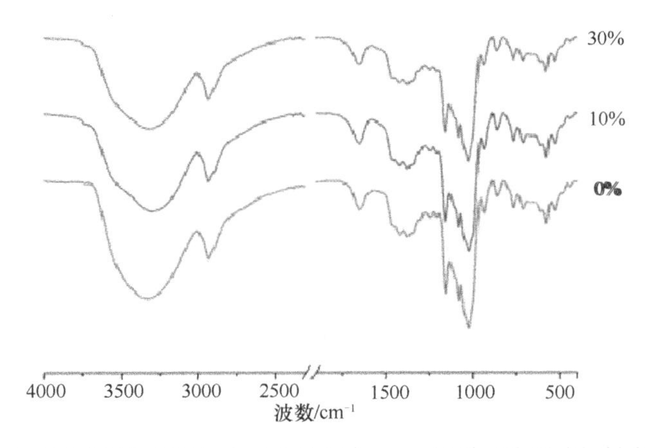

图 2-32　不同燕麦添加量馒头在贮藏过程中 FTIR 图谱（彩图请扫封底二维码）

Avrami 指数（n）取决于晶体成核方式和之后的生长方式；老化速率常数（k）取决于晶体成核速度和之后的生长速度（Sheng et al.，2016）。三种样品的决定系数（R^2）在 0.9859～0.9996，说明试验数据很好地符合方程。随着燕麦添加比例的增加，n 从 1.03 增加到 1.60，k 从 51.47×10^3 降至 10.10×10^3（表 2-23）。表明燕麦粉的加入确实可以有效延缓馒头淀粉老化，且随着燕麦添加比例的增加，抑制淀粉老化的作用增强。结合差示扫描量热法、X 射线衍射、FTIR 的结果可知，燕麦的加入可以有效延缓淀粉结晶，抑制馒头的老化。

表 2-23　室温贮藏馒头的动力学参数

燕麦添加量/%	n	k（×10^3）	R^2
0	1.03	51.47	0.9996
10	1.44	17.13	0.9922
30	1.60	10.10	0.9859

（5）热包装燕麦馒头常温贮藏过程中质构变化

不同燕麦添加量（0%、10%、30%）的馒头硬度差异较大，随着燕麦替代比例的增加，馒头的硬度也增大；燕麦添加量为 30%的馒头硬度最高，在室温贮藏 1 天时高达 1705.08g，未添加燕麦的馒头在贮藏 1 天时的硬度为 1188.98g（图 2-33A）。燕麦添加量为 0%、10%、30%的馒头在贮藏 1 天时咀嚼性分别为 623.91、905.55、1171.88（图 2-33B），与硬度的变化趋势相同。不同燕麦添加量馒头的回复性无明显差异（图 2-33C），燕麦添加量为 30%的馒头在贮藏 1 天时回复性最小（0.30）。咀嚼性代表食物被咀嚼到可以直接吞下时所需的能量；馒头的回复性与馒头品质呈正相关（Wang et al.，2017）。因此，较高的咀嚼性和硬度及较低的回复性代表馒头的品质较差（Wang et al.，2016）。馒头品质变差的原因可能是添加燕麦后面团中湿面筋含量较低，削弱了面筋网络，使面筋网络不能很好

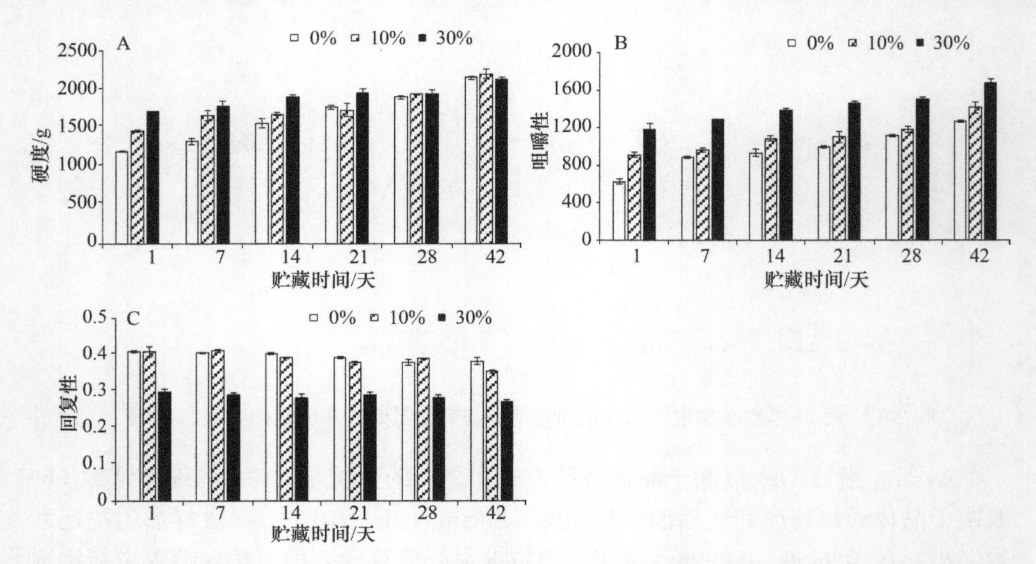

图 2-33　不同燕麦添加量馒头在贮藏过程中硬度（A）、咀嚼性（B）和回复性（C）变化

地包裹淀粉颗粒，并使面团的气体保持能力下降（Wang et al.，2017）。同时，燕麦中较高的β-葡聚糖阻碍了蛋白质网络的形成（Hager et al.，2011），因此馒头的硬度增大、咀嚼性变大。

馒头的老化通常与硬度和咀嚼性的增大以及回复性的降低有关（Koletta et al.，2014；He and Hoseney，1990）。燕麦添加量为 0%、10%、30%的馒头在室温下贮藏 42 天后，硬度分别从 1188.98g、1449.20g、1705.08g 增加至 2148.81g、2197.41g、2120.38g。添加燕麦馒头硬度的增长速率远低于未添加燕麦馒头，咀嚼性和弹性的变化速率与硬度相似。这表明添加燕麦后确实可以有效延缓馒头淀粉老化。

（6）热包装燕麦馒头常温贮藏过程中感官品质变化

添加燕麦对馒头的弹韧性、黏性和风味均无显著影响。30%燕麦添加量的馒头与对照相比，比容、外观、色泽和结构均有显著差异（表 2-24）。总体上，人们对燕麦添加量为 10%的馒头接受度更高。因此，少量燕麦可以作为新的食品添加剂用来提高馒头品质，延长常温保鲜馒头的货架期。

表 2-24　不同燕麦添加量馒头的感官评分

指标	评分		
	燕麦添加量 0%	燕麦添加量 10%	燕麦添加量 30%
比容（20）	17.8±0.3a	16.6±0.7ab	16.1±0.5b
外观（10）	9.2±0.1a	8.1±0.3a	6.5±0.6b
色泽（10）	9.2±0.2a	8.2±0.5ab	7.2±0.7b
结构（20）	17.6±0.7a	15.4±0.4b	14.7±0.4b
弹韧性（15）	13.3±0.4a	12.6±0.4a	12.2±0.6a
黏性（15）	13.6±0.3a	13.0±0.4a	12.8±0.6a
风味（10）	9.0±0.3a	8.9±0.1a	9.1±0.1a
总分（100）	89.7±1.2a	82.8±1.3b	78.7±2.7b

综上，燕麦的添加会影响馒头的水分流动性、淀粉回生特性和质地特性。不同燕麦添加量（0%、10%、30%）馒头在贮藏过程中水分含量先增大后减小，最后基本保持不变，强结合水含量减少，弱结合水含量增加，自由水含量基本保持不变；馒头在贮藏过程中硬度、咀嚼性增大，回复性变化不明显；馒头在贮藏过程中淀粉形成 B 型晶体，在 17°形成典型的衍射峰，热焓值、相对结晶度和有序结构都增加，起始糊化温度、峰值糊化温度、终止糊化温度均右移。随着燕麦替代比例的增加，馒头的硬度、咀嚼性明显增大，回复性减小，口感变差。在热包装馒头贮藏过程中，燕麦的加入减少了体系中弱结合水含量，增加了体系中自由水含量，有效地延缓了馒头在贮藏过程中的水分散失。随着燕麦添加量的增加，馒头淀粉的起始糊化温度、峰值糊化温度、终止糊化温度、热焓值以及相对结晶

度均减小，馒头淀粉的衍射峰强度减弱，同时有效延缓了馒头淀粉在贮藏过程中有序结构的增加，降低了馒头淀粉的老化速率常数（k）。

燕麦β-葡聚糖等可通过其持水能力延缓馒头淀粉老化；同时β-葡聚糖等可通过与淀粉竞争水分来影响淀粉结晶，从而延缓馒头淀粉老化。因此，少量燕麦可以作为新的食品添加剂用来提高馒头品质，延长常温保鲜馒头的货架期。除了β-葡聚糖，燕麦富含蛋白质（主要为球蛋白），含量约为15%，远高于小麦中蛋白质含量，但燕麦球蛋白对淀粉老化的影响需要深入探讨。

在推进主食工业化的道路上，我们曾一度把发展面包作为主食工业化的突破点，这显然不符合我国居民的饮食习惯，我国居民特别是北方居民，长期以来习惯以面条、馒头为主食，方便面之所以在我国发展很快，是因为它首先是人们习惯了的主食。因而当大量面包被推上市场时，人们只是将其当点心偶尔吃吃，而馒头仍然是中国人离不开的主食。所以，实现馒头的现代化和工业化生产才是满足我国居民主食需求的必然选择。

2.3 擀面皮的加工

全国各地利用不同工艺、不同原料制作的面皮有几十种。在我国西北地区，根据制作工艺以及地区的不同，面皮的叫法也不尽相同，有凉皮、酿皮、皮子等别名。根据加工方法和原料，面皮可以分为以下3种。

1. 蒸面皮

蒸面皮指将面粉和水混合搅拌除去面筋后得到的淀粉液体，放在专门器具蒸熟制成的面制食品。传统蒸面皮主要工艺：和面，洗面，蒸制。蒸面皮吃起来比擀面皮、烙面皮柔软，而比米皮有嚼劲。蒸面皮生产工艺：和面→洗面→淀粉沉淀→排水→搅拌→制作（熟化）→蒸面皮成品→包装（张雷等，2016）。

2. 蒸米皮

蒸米皮指将大米和水混合打浆得到的淀粉液体，放在专门器具蒸熟制成的米制品。蒸米皮以大米为原料，经过泡米、磨浆、蒸制而成，显著特点是“筋、软、薄、细”。陕西秦镇米皮、汉中热米皮等都是家喻户晓的地方特色小吃。从工艺上看，蒸米皮类似广东的河粉，但是口感完全不同。

3. 擀面皮

其制作工艺相对前两类面皮比较复杂，以小麦粉为主要原料，先和面，再把和好的面团在水中揉洗，直到面筋与淀粉完全分离，剩下的洗面水经过数天的发酵后调制，经加热或挤压熟化而制成擀面皮。擀面皮口感较硬，韧度高，有筋性，具有独特的发酵风味，是关中西府的重要名吃。擀面皮耐嚼、筋度好，很适合年轻人的口味，因而近年销量有上升趋势。

凉皮一般是指蒸面皮，在面粉中加水，然后洗面筋或者不洗面筋，沉淀，倒去上清液，再将沉淀倒进专用的箩里，放入蒸笼内，大火蒸透，在其表面涂抹一层油，摞成厚厚一叠。食用时切成指宽，加入醋、盐、辣椒油等调味料，色泽鲜艳，柔软筋光（冯玉珠，2015）。凉皮已不仅仅是一种风味小吃，更是中国面食长期发展积累下来的饮食文化，也是西北地区的一种美食地标。凉皮是从唐代冷淘面演变而来的，具有劲道、柔软、酸辣可口和四季皆宜的特点，适合各个年龄阶段的消费者。在陕西的风味小吃中，凉皮是最受欢迎的品种之一，不仅风靡大街小巷，而且在西北地区各大饭店、饭庄经营的陕西风味小吃宴中都是必不可少的。

2.3.1　面皮产业现状

面皮因味道鲜美、价格低廉和食用方便快捷而深受消费者的喜欢。目前市场上面皮消费量大、品牌众多，但总体自动化、智能化程度不高，以半机械化或半手工加工为主，产量较低，而且缺乏关于面皮加工销售的卫生管理法规和规范，产业仍存在较多问题。

目前传统蒸面皮加工工业化程度相对较低，仍然沿用传统的手工生产方法，大部分为作坊制作，存在劳动力转换低、污染严重、产量低、卫生不达标、产品品质不一、销售渠道狭窄等问题。蒸面皮的生产人员也希望能摆脱这种制作面皮的艰苦环境，减轻劳动强度，增加产量，提高质量。近年来，随着人们生活水平不断提高，对蒸面皮的需求不再是量，而是追求质。伴随着中式快餐行业的发展，传统蒸面皮、擀面皮、速冻饺子、速冻包子等快餐食品的销量呈显著上升趋势，这就对快餐食品的工业化、标准化生产提出了更高的要求，迫使中式快餐食品的加工由传统向工业化方向过渡以满足人们的需求，促进自制自销的传统加工销售方法向集散型加工销售模式过渡。

目前我国传统面皮生产以现制现售为主，食用品质佳，但货架期短，销售半径小，使蒸面皮等快餐食品只能在当地消费。以陕西为例，多数面皮销售门店的面皮均由小作坊前一天晚上开始制作，早晨派送到各店面，当天需要销售完毕，否则劣变比例大大提高，存在极大安全隐患。陕西目前已经出现魏家凉皮、小孟华擀面皮、老潼关肉夹馍、凉皮、樊记、袁记肉夹馍等连锁/直营店，以陕西特色凉皮、肉夹馍为主要产品，建立了具有陕西特色的新中式快餐店，并正在积极寻找更合适的产品经营模式，将产品逐步推广到全国各地。市场发展的同时也对面皮的工业化生产、供应、运输、贮藏提出了要求。

擀面皮的关键工艺有洗面、发酵、熟化等，几乎全部处于由人工经验控制，导致产品的品质稳定性不足。陕西省于 2016 年出台了《食品安全地方标准 凉皮、凉面》(DBS61/0011—2016)，将凉皮分为面皮、擀面皮、米面皮三类，并在安全卫生、感官、理化指标等方面提出了要求。该标准的实施将进一步推动凉皮产业的工业化进程。

江西米粉、广东河粉等与陕西面皮类似，但是前两者已经开始大规模的工业化生产，产品已经普及到全国各地，为产业带来了巨大经济效益，对其工艺、设备、原料等的研究已经非常细化。考虑实际生产中的可操作性并结合品种的聚类分析，选择蛋白质、直链淀粉含量作为大米品种品质评价的核心指标，当大米蛋白质质量分数在 6.0%～7.0%、直链淀粉质量分数在 21.0%～25.0%时，加工的鲜米粉柔软顺滑、口感较好，鲜米粉生产过程中可据此筛选大米品种（高晓旭等，2015）。

近年来在国家传统主食品工业化的政策指引下，很多行业人员已经开始专注于研发传统食品的生产设备，在凉皮制作中涌现出很多设备生产企业，在陕西、河南、山东等地出现了许多凉皮制作机械，凉皮的关键工艺正在逐步实现机械化。同时，陕西凉皮快餐逐渐在市场流行，陕西魏家凉皮已经在西安、北京、天津、兰州、太原等地拥有自己的凉皮生产线，直营及全国加盟连锁餐厅已有百余家，致力于打造中国地方特色快餐品牌，成为推动和引领中式快餐发展的新兴力量。发源于宝鸡地区的小孟华擀面皮近年也呈现出良好的发展状态。

2.3.2 擀面皮的加工工艺及品质

擀面皮的制作需要经过洗面、发酵，所以与其他面皮口感、色泽略不同。擀面皮色泽鲜亮，口感筋道、有弹性、耐咀嚼，这与其加工过程中的发酵工艺密切相关。发酵是微生物主导的代谢过程，可以将复杂的有机化合物代谢成比较简单的物质，从而对产品的营养、风味及结构等产生影响。发酵程度可直接影响面皮的品质，发酵时间较短或者未发酵的面浆在生产过程中难以成型、产品质量差，而发酵时间过长的面皮口味偏酸、容易断条，只有经过适时发酵的产品才具有风味好、质量高的特点。

工厂生产中采用自然发酵，冬天的发酵时间为 4～6 天，夏天的发酵时间为 2～4天。发酵淀粉浆需要调至何种程度，也主要依靠有经验的工人。陕西师范大学谷物食品科学与营养创新团队采用 pH 结合发酵液黏度调控来检测及确定发酵终点，初步解决了靠人工经验进行判断的不稳定性问题，推进了擀面皮的工业化生产（朱蕊贞，2016）。

小麦粉是适合发酵的较好原料，因为面团中含有少量的葡萄糖、氨基酸和麦芽糖等营养物质，在适宜的温度下，微生物会利用这些营养物质产生气体、酸、酶等代谢物，使产品味道芳香，稍带酸味且容易消化（董彬等，2005）。此外，在发酵中微生物分泌的特定酶能够使细胞壁破裂，从而提高营养成分的利用程度。发酵制品具有较低的能量，是减肥人群的首选健康食品之一，因为微生物的代谢会消耗糖类物质。

在面粉中加水揉成面团后，放入水中不断地洗面筋，直到面筋蛋白与淀粉完全分开，将液体静置沉淀，弃去上清液，再用小麦淀粉将液体调到适合机器生产的稠度，搅拌均匀，在室温下静置 4 天，所得产品即为传统擀面皮发酵液。检测发酵过程中发酵液的酸度、黏度，采用传统的微生物培养分离技术对发酵液中的菌群结构变化进行研究，探讨在发酵过程中起关键作用的菌种，为开发复合发酵剂提供理论基础，为擀面皮工业化生产提供相应参考。

2.3.2.1　擀面皮发酵液酸度变化

擀面皮发酵液经过不同发酵时间，酸度和黏度均有显著差异，随着发酵时间的延长，差异呈现出下降的趋势（表 2-25）。

表 2-25　发酵时间对擀面皮发酵液酸度、总可滴定酸及黏度的影响

样品	pH	总可滴定酸（TTA）/ml	黏度/（MPa·s）
F0	5.64±0.01a	0.20±0.00e	58.75±0.62a
F1	3.48±0.01b	0.81±0.01d	46.25±0.00b
F2	3.12±0.04c	1.76±0.04c	42.50±0.88c
F3	3.05±0.03d	2.94±0.04b	37.50±1.76d
F4	2.99±0.02e	3.95±0.03a	36.25±1.23e

注：F0、F1、F2、F3、F4 分别为发酵 0 天、1 天、2 天、3 天、4 天的发酵液，本章下同。各列不同小写字母表示不同样品间差异显著（$P<0.05$）

未经发酵的面浆 pH 为 5.64，发酵 1 天后酸度值下降至 3.48，而总可滴定酸（TTA）含量相应的从 0.20ml 增加到 0.81ml，变化幅度较大。样品的酸度主要受细菌代谢产酸的影响，如乳酸菌代谢会产生乳酸、乙酸等有机酸（阳盈盈，2014）。同时，从发酵第 1 天开始，发酵液的表面开始产生气泡，还伴随着淡淡的酸味产生。发酵第 3 天发酵液的表面被较厚的气泡层覆盖，酸味也变得很刺鼻。酸味和气泡膜的变化与微生物的发酵密切相关，发酵后期不良气味的产生可能与微生物代谢物的积累有关，也可能是其他杂菌、腐败菌大量生长繁殖的结果。此外，经过发酵后，发酵液的黏度也呈现出显著下降的趋势，从最初的 58.75MPa·s 下降至 36.25MPa·s，这有可能是因为微生物的酸解作用使淀粉部分水解而导致黏度下降（孙秀萍等，2004；Wang et al.，2003）。

2.3.2.2 发酵过程中微生物的变化

传统自然发酵体系一般是由酵母菌、细菌和霉菌等多菌群组成的混菌发酵体系，但因为霉菌一般在液体表层，不起实质性作用，所以发酵过程主要是酵母菌和乳酸菌在起作用。

酵母菌、乳酸菌数量和菌落总数随着发酵时间延长呈先升高后降低的趋势（图2-34）。微生物在发酵第1天数量达到了最大，此时菌落总数为8.38lg CFU/ml，乳酸菌为7.93lg CFU/ml，酵母菌为6.85lg CFU/ml，随后数量变化逐渐趋于平稳。在整个发酵过程中，乳酸菌的数量为6.00～7.93lg CFU/ml，平均值为6.66lg CFU/ml，而酵母菌的数量为5.00～6.85lg CFU/ml，平均值为5.24lg CFU/ml，比乳酸菌的数量普遍低一个数量级。在发酵后期，乳酸菌的数量接近于菌落总数，尤其是在发酵第3天，菌落总数为6.11lg CFU/ml，而乳酸菌数量达到了6.00lg CFU/ml，此时发酵液的pH为3.05，属于强酸性，酵母菌和其他不耐酸杂菌的生长受到了抑制。

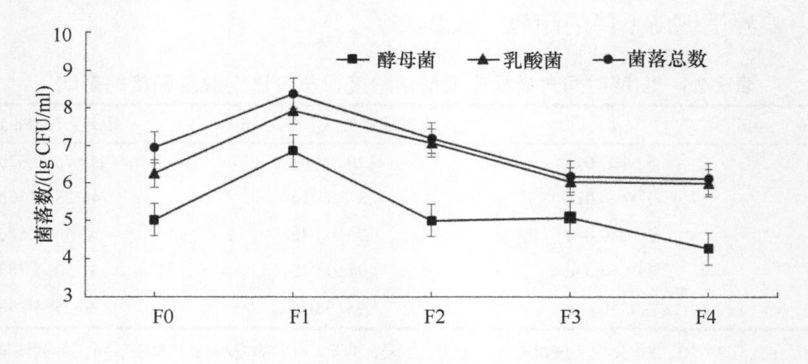

图2-34 不同发酵时间发酵液菌落数的变化

面皮发酵液与馒头制作中的酸面团很相似，都是营养丰富、适合微生物生长的营养基质。而在这样的基质中，微生物的菌群结构很复杂，一种菌群的生长有可能影响其他种群。例如，部分乳酸菌可以分解半乳糖，这就会促使不能利用半乳糖的酵母菌生长，同时，乳酸菌的一些代谢物（如苯基乳酸环肽等化合物）又会抑制酵母菌的生长。由于乳酸菌和酵母菌的相互作用与影响，两者的数量才会呈现如图2-34所示的关系（Vuyst and Neysens，2005）。

（1）酵母菌的分离鉴定

根据微生物的计数结果选择样品F1进行乳酸菌和酵母菌的分离。在本试验中，一共分离出了12株酵母菌，分别命名为Y1～Y12。其中，Y2的菌落形态呈不规则的圆形，表面不光滑，向上突起呈螺旋状，如图2-35A所示；并且在液体培养时容易贴壁生长，漂浮在培养基表面。而 Y1、Y3～Y12 的菌落形态均呈规则的圆形，乳白色，表面光滑，向上突起圆形，如图 2-35B 所示。

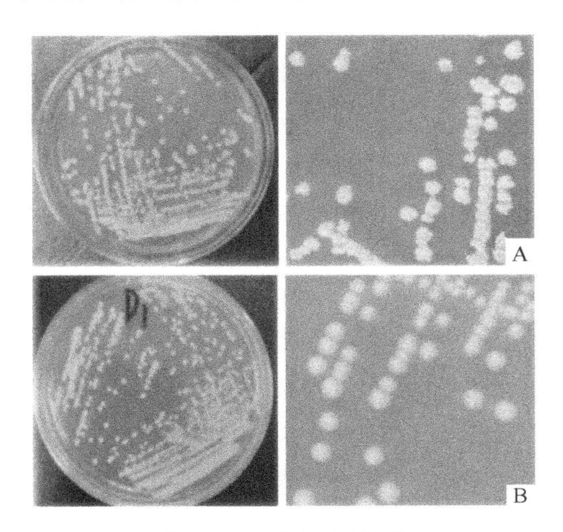

图 2-35　酵母菌菌落

对不同酵母菌株（Y1～Y12）进行 DNA 提取及基因鉴定，结果显示 Y2 与假丝酵母的基因序列有 99%的同源性，另外 11 株酵母菌的基因序列均与酿酒酵母有 99%的同源性，这充分说明了酿酒酵母是发酵过程中的优势酵母菌。用 MEGA 4.0 软件构建了酵母菌的系统发育树，如图 2-36 所示。

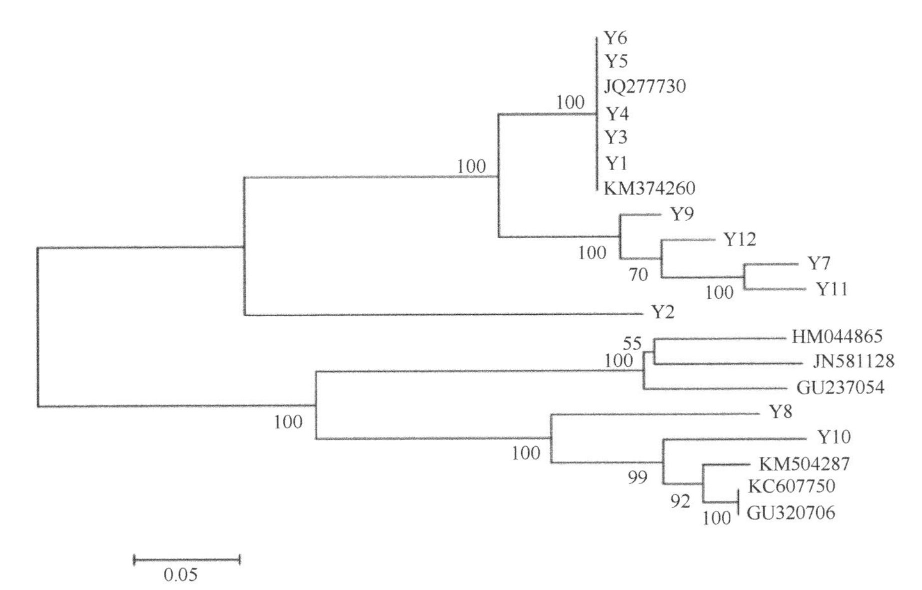

图 2-36　发酵液中酵母菌的系统发育树

从系统发育树上可以看出，Y1、Y3、Y4、Y5、Y6、Y7、Y9、Y11 和 Y12 各自的 16S rDNA 序列在进化关系上比较近，形成了第一类群，Y2 形成了第二类群，Y8、Y10 亲缘关系比较近，形成了第三类群。面皮发酵液中的优势酵母菌是酿酒酵母，与传统面食发酵食品中的微生物菌群研究结论一致。酵母菌是一种单细胞微生物，属真菌类。酵母菌的应用历史较早，与人类生活密切相关，不仅用在食品、酿造行业，还用在医药等方面，如从酵母菌中提取核苷酸、核黄素、辅酶 A 等药物。人类与酿酒酵母的关系最为密切，传统上将酿酒酵母用于制作馒头、面包，或者酿造米酒等，在现代分子和细胞生物学中，酿酒酵母被用作真核生物模式。

（2）乳酸菌的分离鉴定

经过 48h 的培养，乳酸菌呈现出边缘整齐、表面光滑、有突起点的乳白色菌落。共分离鉴定出 8 株乳酸菌，分别命名为 L1～L8。经过提取 DNA，对比基因序列，它们均与植物乳杆菌有 98%的同源性，说明植物乳杆菌是发酵过程中的优势乳酸菌。利用软件 MEGA 4.0 构建了乳酸菌的系统发育树（图 2-37），显示 L1～L8 属于同一类群。

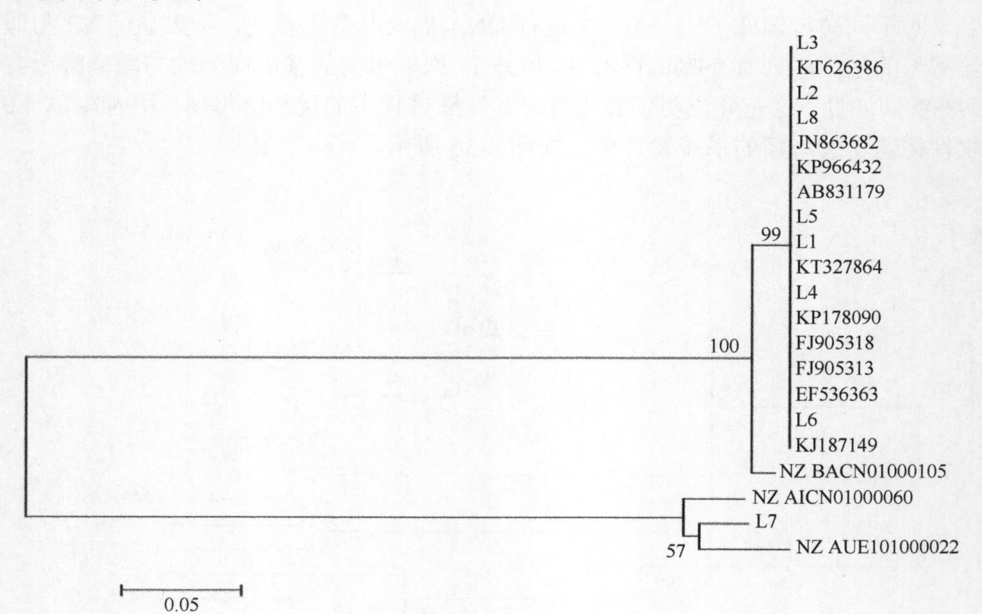

图 2-37　发酵液中乳酸菌的系统发育树

按照《食品安全国家标准　食品微生物学检验 乳酸菌检验》（GB 4789.35—2010）对发酵液 F1 中的乳酸菌，主要是乳杆菌属（*Lactobacillus*）、双歧杆菌属（*Bifidobacterium*）和链球菌属（*Streptococcus*）进行分类检验。这三个属在培养基上的菌落形态均是表面光滑、向上突起呈规则的圆形。大多数链球菌的菌落直径为 0.5～1.5mm，而乳杆菌的菌落稍大，直径为 1～1.5mm。乳酸菌总数为 7.93lg CFU/ml，其中乳杆菌属占优势，数量为 7.75lg CFU/ml，其次是链球菌属（7.20lg CFU/ml）和双歧杆菌属（7.02lg CFU/ml），充分证实了植物乳杆菌是发酵过程中的优势乳酸菌。

植物乳杆菌不仅可以改善产品的品质，而且被视为人体肠道的益生菌群，具有很多保健作用。近年来，很多学者采用人工接种技术，使乳酸菌在发酵初期产生大量乳酸，从而抑制不耐酸杂菌的生长，而且酸性环境有助于二氧化氮还原成一氧化氮，降低亚硝酸盐的残留量。在擀面皮制作过程中，乳酸菌产生的乳酸不但可以有效地改善面皮的风味，而且酸性的环境充分抑制了杂菌的生长。此外，这种酸性环境对淀粉的流变学等特性也会产生影响。

2.3.2.3　发酵对擀面皮品质的影响

小麦淀粉对馒头、面包等面制食品的食用品质和加工特性具有显著的影响。淀粉颗粒主要由直链淀粉和支链淀粉两种聚合物组成。有研究表明，小麦淀粉经过发酵后结构和特性会产生变化。熊柳等（2012）通过对面团发酵过程中小麦淀粉结构的研究发现，经发酵醒发处理后的小麦直链淀粉含量增加，质量分数最高比小麦原淀粉提高了 8.18%，这可能是因为发酵过程中酵母菌产生的淀粉酶会促使支链淀粉脱支或侧链部分水解，所以直链淀粉含量增加。此外，周显青（2010）、熊柳等（2012）的研究表明，大米的直链淀粉含量在发酵后有所增加，并且纯种乳酸菌发酵效果更为明显。这说明发酵会对淀粉颗粒的组成产生一定的影响，并且淀粉结构的变化与发酵菌种和发酵原料有关。

淀粉的功能特性依赖于直链淀粉和支链淀粉分子的大小、结构和分子量。淀粉在水中蒸煮时，其流变学特性很大程度上取决于支链淀粉和直链淀粉的比例及其在颗粒内部的排列顺序。不同分子量分布和不同分子结构的直链淀粉与支链淀粉表现出不同的性质，如流变学、老化和凝胶性质。因此，发酵在一定程度上可对面皮的品质产生影响。

（1）pH 及 TTA、水分含量

对擀面皮的酸度及水分含量进行测定，结果（表 2-26）表明，未经过发酵的擀面皮 pH 为 6.33，经过 1 天发酵后，pH 降低为 3.78，TTA 含量则从 0.31ml 上升至 1.65ml，面皮的酸度呈现增加的趋势，与发酵液的变化趋势是相同的。

无论是面皮的加工过程还是最终产品，酸度的变化都对面皮有较大的影响。未发酵的面浆在加工过程中很难成型，黏度较高，且无弹性，口感差。仅经过 1 天发酵，面皮品质就有所改善。此外，面皮的水分含量基本维持在 60%左右，与市售面皮保持一致，且 5 个样品没有显著差异（$P<0.05$）。

表 2-26　面皮的酸度、TTA 及水分含量

样品	pH	TTA/ml	水分含量/%
M0	6.33±0.01a	0.31±0.10e	60.26±1.93a
M1	3.78±0.01b	1.65±0.13d	59.21±1.87a
M2	3.48±0.02c	2.80±0.21c	60.80±2.01a
M3	3.44±0.02d	3.22±0.12b	57.00±0.98a
M4	3.36±0.00e	4.52±0.21a	61.82±1.06a

注：M0、M1、M2、M3、M4 分别为发酵 0 天、1 天、2 天、3 天、4 天的发酵液所制成的面皮。各列不同（或不含有相同）小写字母表示不同样品间差异显著（$P<0.05$）。本章下同

（2）微观结构

将分别发酵 0～4 天的发酵液制成面皮，对比它们的微观颗粒形态。如图 2-38 所示，未发酵的样品颗粒较大，最大可达到 70μm，而且表面很光滑，随着发酵时间的延长，淀粉颗粒逐渐变小，且颗粒大小趋于一致，表面出现了很多的孔，这与王峰（2003）研究的大米淀粉颗粒经过自然发酵后大小变得更加均匀的结果一致，淀粉颗粒大小均匀有利于提高淀粉糊化的均匀性。感官评价结果显示，M3 和 M4 发酵时间过长，在图 2-38 中表现为淀粉颗粒表面多孔，呈现出被侵蚀的痕迹。发酵过程中淀粉表面结构的变化表明发酵作用使淀粉结构的连续性和一致性遭到破坏，这可能是由微生物发酵所产生的酸和酶导致的。正是发酵后这种疏松多孔的结构，才使面皮柔软有弹性，并具有独特的质构和风味。

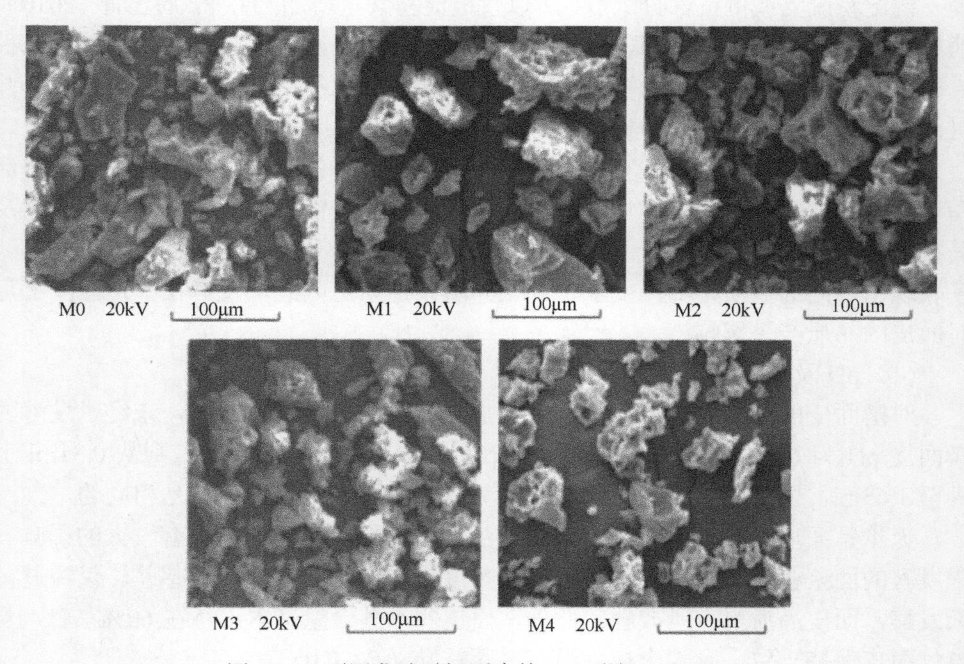

图 2-38　不同发酵时间面皮的 SEM 图（×1000）

（3）淀粉晶体结构

每个样品均在 2θ 为 18°和 22°出现两个明显的衍射峰，证明有晶体结构存在，并且属于微晶型结构（图 2-39）。2θ 为 10°～35°时，图谱显示弥散衍射特征，属于非结晶区。M0 和 M1 在 18°与 22°的衍射峰较尖锐，而 M4 的衍射峰强度较弱，说明晶体结构的信号减弱，由此可推测在发酵过程中淀粉的晶体结构被破坏，结晶区减少。研究发现，乳酸菌发酵使大米淀粉非结晶区增加、淀粉结晶度变小（Yang and Tao，2008；闵伟红，2003）。

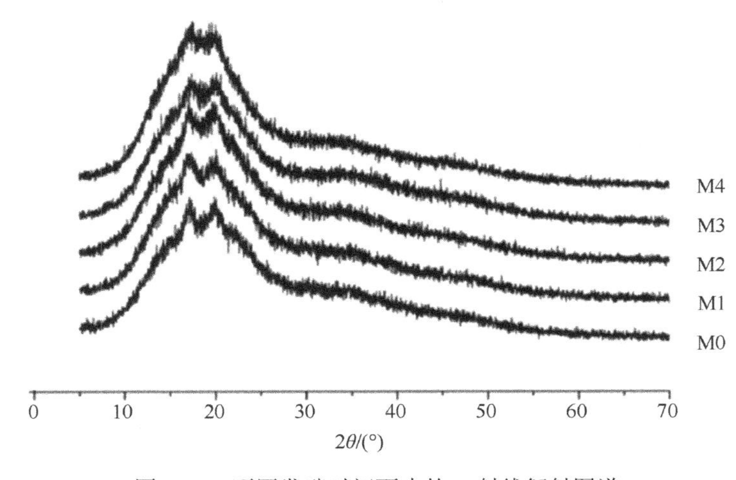

图 2-39　不同发酵时间面皮的 X 射线衍射图谱

（4）糊化特性

乳酸菌大量产酸有可能对淀粉的无晶型区产生作用，使支链淀粉断链产生新的直链，而使单个支链淀粉分子的分支化程度和相对结晶度降低。此外，微生物所产酶也会降解支链淀粉，增加直链淀粉的聚合度，有助于淀粉凝胶强度的增加，改善面皮品质。

未发酵时淀粉的黏度均较大，经过发酵后，样品的黏度有显著变化（表 2-27）。样品 M0 的峰值黏度为 2832cP，而经过 4 天的发酵后，黏度降至 2085cP，最终黏度从 2900cP 降至 2284cP。Olanipekun（2009）和熊柳等（2012）的研究分别显示发酵导致大豆淀粉和绿豆淀粉的峰值黏度下降，Yang 和 Tao（2008）、鲁战会（2002）、闵伟红（2003）研究发现擀面皮发酵液测定结果与上述相似。文献显示，这可能是因为在发酵过程中，乳酸菌水解支链淀粉的短链，所以支链淀粉的短链与长链比降低，从而使得支链淀粉的平均链长和聚合度下降，淀粉分子变小，空间位阻减小，导致黏度下降。

表 2-27　淀粉糊化特性　（单位：cP）

样品	峰值黏度	谷底黏度	稀懈值	最终黏度	回升值
M0	2832±172.3a	1813±98.21a	1019±85.4c	2900±149.2a	1087±76.5c
M1	2704±159.2b	1737±112.3b	976±45.7d	2868±193.3b	1131±81.7a
M2	2643±169.6c	1561±74.2c	1082±88.4a	2652±154.3c	1091±92.1b
M3	2390±182.1d	1316±91.6d	1074±79.2b	2332±189.2d	1061±74.3d
M4	2085±148.0e	1373±94.3e	712±38.3e	2284±138.2e	911±48.2e

稀懈值和回生值反映了在加热过程中淀粉颗粒结构的稳定性，稳定性与回生值呈负相关，回生值较大则说明淀粉颗粒在搅拌和加热的过程中容易破裂。从表 2-27 可知，淀粉经过发酵后稀懈值从 1019cP 降至 712cP，回生值从 1087cP 降至 911cP，这说明淀粉颗粒结构的稳定性增加，老化能力下降，对面皮的生产加工有利。

（5）质构变化

弹性、硬度和黏聚性对面皮的质构特性影响较大，而咀嚼性用于反映口腔嚼碎食物所需力的大小，对评价面皮的品质较为重要。结合面皮的特点，重点选取弹性、硬度、黏聚性和咀嚼性 4 个指标对面皮的品质进行评价。

未发酵样品的硬度、弹性和咀嚼性较大，黏聚性较小。M0 的硬度为 9411.64g，咀嚼性为 19 319.24g，经过 4 天发酵后硬度为 5627.11g，咀嚼性为 4792.53g，具有显著差异（表 2-28）。面皮越硬，口腔嚼碎面皮所需力越大，两者呈正相关。发酵使得面皮的硬度与弹性显著下降，使其口感比较柔软，主要是由于淀粉的微结构发生了变化。发酵后淀粉颗粒大小更加均匀，有利于提高淀粉糊化的均匀性，可形成均匀致密的凝胶。

表 2-28　擀面皮的质构特性

样品	硬度/g	黏着性/（g·s）	弹性	黏聚性	咀嚼性/g	回复性
M0	9 411.64±713.02a	594.21±58.51a	3.73±0.12a	0.83±0.01b	19 319.24±698.05a	0.25±0.04ab
M1	8 668.73±37.72a	564.16±72.34a	1.50±0.01b	0.82±0.01b	10 654.74±142.05b	0.24±0.05b
M2	6 361.87±58.32bc	115.69±18.52c	1.41±0.08b	0.91±0.03a	8 256.37±69.98c	0.27±0.00ab
M3	6 724.72±79.59b	297.23±48.55b	0.95±0.02c	0.89±0.03a	7 925.80±57.86c	0.24±0.03b
M4	5 627.11±67.77c	259.29±3.48b	0.95±0.05c	0.90±0.02a	4 792.53±87.64d	0.31±0.01a

（6）感官评价

将 5 个擀面皮样品编号，随机摆放，按照表 2-29 中的评分准则来对面皮进行感官评价，评价内容包括色泽、表面光滑度、拉伸性、柔软性、咀嚼性和风味 6 个方面。

表 2-29　擀面皮感官评价标准

指标	感官评价标准	评分
色泽（10 分）	a. 米白色或者淡黄色，色泽光亮均匀，较透亮	7～10
	b. 淡黄色，有光泽但不均匀，较透亮	4～6
	c. 色泽暗淡，无光泽，不透亮	1～3
表面光滑度（10 分）	a. 表面湿润饱满，气孔小且均匀，光滑	7～10
	b. 表面较湿润，品质均匀，较光滑	4～6
	c. 表面较干燥，品质不均	1～3
拉伸性（25 分）	a. 拉伸性较好，容易回复	19～25
	b. 拉伸性一般，能回复	9～18
	c. 拉伸性较差，易断	1～8
柔软性（15 分）	a. 柔软易按压，容易回复	12～15
	b. 较柔软易按压，较难回复	6～11
	c. 较硬难按压，不易回复	1～5
咀嚼性（25 分）	a. 咀嚼性适中，口感劲道，不易碎	19～25
	b. 嚼性较强，较费劲，不易碎	9～18
	c. 咀嚼性差，易嚼碎，有碎渣	1～8
风味（10 分）	a. 入口香，略带酸味，具有面皮特有的风味，回味悠长	7～10
	b. 入口较香，中等酸味，有回味	4～6
	c. 入口无香，酸味较强，回味差	1～3

从表 2-30 可知，发酵 2 天的样品为 91.42 分，得分最高，质量较佳。而样品 M0 得分最低，为 76.43 分，这充分说明发酵有利于提高擀面皮品质。5 个样品间的色泽、表面光滑度均无显著差异，拉伸性、柔软性和咀嚼性均是在未发酵时得分最低，发酵 2 天时达到了最高分，分别为 23.00 分、14.57 分和 28.14 分，说明发酵有利于擀面皮拉伸性、柔软性和咀嚼性的增加。但是随着发酵时间的继续延长，样品 M3 和 M4 的各项感官评分降低，说明发酵程度对面皮的品质至关重要。

表 2-30　擀面皮感官评价结果

样品	色泽	表面光滑度	拉伸性	柔软性	咀嚼性	风味	总分
M0	8.71±0.95a	8.29±0.49a	19.43±1.57b	11.71±1.11b	22.43±1.36a	5.86±0.21c	76.43±5.69b
M1	8.57±0.53a	9.00±0.58a	21.57±1.37ab	13.27±1.27ab	25.43±1.23b	8.14±0.90a	85.98±5.88ab
M2	8.71±0.95a	9.14±0.69a	23.00±1.91a	14.57±1.20a	28.14±1.35b	7.86±0.07ab	91.42±6.17a
M3	9.00±0.58a	9.00±0.82a	22.00±0.29ab	13.43±0.53ab	27.86±1.46b	7.29±0.23ab	88.58±3.91ab
M4	8.86±0.90a	8.86±0.90a	21.57±1.90ab	13.71±0.95ab	25.43±0.34b	6.86±0.13bc	85.29±5.12ab

通过对发酵液中的微生物分离鉴定，发现植物乳杆菌和酿酒酵母是发酵过程中的优势菌。在发酵的过程中，酵母菌的数量为 5.00～6.85lg CFU/ml，平均值为 5.24lg CFU/ml，而乳酸菌的变化范围为 6.00～7.93lg CFU/ml，平均值为

6.66lg CFU/ml，酵母菌的数量比乳酸菌的数量普遍低一个数量级。根据感官评价结果，发酵 2 天时面皮的风味最好，此时发酵液中的酵母菌和乳酸菌数量分别为 5.00lg CFU/ml 和 7.07lg CFU/ml，比例为 1∶100。说明两者的比例在 1∶100 时面皮具有较佳的品质，为日后开发复合添加剂提供了理论依据。

在擀面皮生产过程中，发酵对产品营养品质、感官品质有显著影响。整个发酵过程中，酵母菌的数量比乳酸菌普遍低一个数量级，乳酸菌是发酵过程中的优势菌。小麦淀粉经过发酵后，颗粒变小，大小趋于一致，表面出现均匀的孔隙，晶体信号减弱，并且淀粉的峰值黏度、最终黏度、谷底黏度等显著下降，可能是发酵中微生物的产气及酸解作用等使淀粉的微观结构发生变化。根据感官评价结果，发酵 2 天的样品（M2）品质最好，此时酵母菌与乳酸菌数量比例为 1∶100，说明酵母菌与乳酸菌的数量比例为 1∶100 时制品具有较优的品质，可为开发复合发酵剂提供参考。推荐擀面皮发酵液终点指标为 pH 3.12、TTA 1.76ml、黏度 42.5MPa·s，可作为企业生产擀面皮时发酵质量控制的理论依据。

常温贮藏的面皮，加上调味包，即是一种新型的传统方便主食。这种传统食品的发展进程，适应了家庭饮食社会化和食品构成营养化的发展趋势。国家正在实施主食加工业提升行动，积极推进传统主食品工业化、规模化生产，大力发展主食产品，传统与现代的结合成了当下的迫切需求，已有企业推出方便调味鲜湿面。面皮产业虽已有一些技术创新，但是产品品质跟不上消费者对方便、快捷、美味的需求。常温保鲜面皮的推出能够充分利用电商渠道，满足消费者对食品方便性的需求。

食品安全是饮食的最基本要求，目前面皮产业中防腐剂超标、微生物含量超标等事件层出不穷。2018 年 4 月国家食品药品监督管理总局抽检样品，网络平台销售的 3 个批次的凉皮、擀面皮的菌落总数超标，为产业敲响了警钟，可靠、可行的工业化凉皮加工技术成为安全饮食的重要需求。收入增长对居民营养需求有明显正向影响，人们对健康的重视度不断提升，对营养均衡目标的追求正不断地改变着消费者的消费行为，市场上对营养健康产品的需求不断上升。面皮作为传统食品，需要面皮生产者关注如何让产品更营养健康。根据《中国食品工业年鉴（2017）》可知，随着国家的创新与创业导向，加之“一带一路”的带动，全国方便食品制造业将呈现向西部扩张，并与地方特色相结合的态势，将可能出现围绕某一特色农产品打造的产业经济。传统面皮产品符合这些发展特征，能够常温贮藏的产品走出国门，可弘扬我国传统饮食文化。

2.3.3 当前面皮产业存在的问题

1. 机械自动化程度不高

早在 1998 年，鲁选名教授就提出了面皮工业化自动生产的理念，以蒸面皮为主要生产产品，建设完整的面皮生产线。经过数年发展，目前市场在售的多种面皮生产设备以面皮机为主，面皮产业尚未达到较高的自动化水平，较难实现连续化的生产。市面上销售的全自动蒸汽多功能凉皮机，大部分是通过隧道蒸制，但它还需要人工喂料、整理及包装，并且机器控温随时需要人工调节，不能实现全自动。根据调查，因加热功率的不同，市售面皮机的加工能力（50～150kg/h）差异较大，而且，一台机器的生产需要 2～3 名工人的配合。

目前市场上比较通用的擀面皮熟化工艺是通过简易的单螺杆挤压发酵后的面浆，能够形成和手工擀面皮相似的口感和风味，经过挤压，在出料口形成整片的面皮，再经过切割、包装后送往各销售地点。该工艺和大部分凉皮所采用的蒸制有所不同。大部分工厂的进料、出料、切割、包装都需要人工辅助。随着面皮消费量的增大，面皮机的自动化系统还需要进一步改进，以降低人工成本，提高生产效率。对擀面皮机的操作，面浆稠度、温度设定都能显著影响擀面皮的品质。在工厂生产中前后工艺合理衔接才能够保证连续生产，减少浪费，机器不堵塞。而目前针对这一领域的研究尚不深入。

2. 工艺不稳定

近年来风味小吃的销售量呈现出上升的趋势，面皮更是因为独特的口感而越发地受到消费者的青睐。在面皮的生产中，原料对产品品质影响显著，原料以小麦淀粉为主，由于去除了小麦面粉中的面筋蛋白，蛋白质对产品品质的影响降低，但淀粉结构、面浆浓稠度等对产品品质都有显著影响。

为了提高面皮的品质，将马铃薯淀粉、魔芋粉、乙酸酯淀粉、橡子淀粉、糯米淀粉等添加入原料中，结果发现，马铃薯淀粉添加量 3%、魔芋粉添加量 0.2%为最佳组合，通过对面皮新配方验证，货架期延长至 5 天（张雷等，2016）。发酵是至关重要的步骤。目前工厂中多采用自然发酵的方式，通过多种微生物糖化、酯化等的协同作用，使得面皮制品质地细致、风味独特（朱蕊贞，2016）。但是自然发酵容易受外界环境的影响，较难控制，发酵程度会对面皮的品质产生较大的影响。另外，发酵工艺及面皮品质的控制没有科学的评价指标体系，全凭工人的生产经验。所以，发酵程度、有无洗去面筋等因素对面皮的品质有较大影响。

3. 保鲜期短

目前市售面皮主要有即食面皮和方便面皮两种。即食面皮美观可口、有嚼劲、适口性好，且风味独特，但保质期不超过 3 天，不易保存和携带；而方便面皮一般采用真空包装或者充氮包装，便于携带，食用时需要复热。经过试验发现方便面皮复热性差，容易产生断条等现象，并且口感不佳。首先，面粉的主要成分是淀粉，长时间放置发生淀粉老化，是面皮口感变差的一个重要因素。其次，面皮本身水分含量的差异是影响面皮贮藏的重要因素，水分含量高，易发生淀粉老化和微生物繁殖；水分含量低，贮藏过程中口感变差。最后，微生物代谢是食物变质的主导因素，即食面皮没有密封的包装方式，烹调时也没有任何的杀菌处理措施，容易滋长微生物，因此保鲜期较短（鲁选民和刘继兴，1998）。

4. 卫生问题及添加剂的不规范使用

随机抽查郑州市中原区的36家凉皮和米皮店面，对其卫生设施、从业人员体检情况和卫生管理状况等方面进行了调研，结果显示从业人员的有效健康证持有率为89.9%，有效卫生许可证持有率为88.9%，样品检测合格率为75%，卫生管理工作较差。其中微生物污染是凉皮、米皮的主要卫生问题（梁青等，2008）。

苯甲酸和明矾是面皮中常用的添加剂。苯甲酸是常用的防腐剂，具有防止食品变质和延长货架期的作用，但苯甲酸用量过多时会对肝脏产生危害，严重时甚至致癌。明矾会使面皮的口感劲道，但食用后基本不能排出体外，大量摄入会造成脑细胞死亡，影响人的智力。通过对市面上多个销售点的面皮产品进行明矾和苯甲酸含量测定，发现明矾的合格率仅为50%，而苯甲酸的不合格率达到83.3%，存在着严重的食品安全隐患（张玉等，2013）。

传统面皮是我国西北地区特别流行、口碑很佳的小吃之一，民间小吃食品评价中，面皮在西安小吃排行榜位列第一。随着面皮工厂化、标准化的发展和完善，食用品质高的蒸面皮，定会受到消费者的青睐。因此，面皮工业化生产市场前景广阔，能够满足电子商务市场发展的需要，销售半径急剧增大。研究传统面皮工业化生产中存在的科学问题和应用问题，延长面皮的常温贮藏保质期，能够降低能耗，扩大市场，满足消费者的不同需求。

2.4 锅盔的加工

锅盔又名锅魁、锅盔馍、干馍，面团水分含量较低，营养丰富，食用方便，常温下可保存7～10天。大部分为手工作坊式加工，自然发酵，腐败微生物极易生长繁殖，质量不稳定，其腐败微生物是细菌，主要有3种，一株为白色短小杆菌，另两株为球杆菌属（*Sphaerobacter demharter*）细菌（袁先玲和黄丹，2012）。难以控制质量和卫生指数是限制锅盔进一步发展的原因。目前，有关锅盔保鲜方面的研究鲜见报道，利用保鲜技术延长其货架期的研究势在必行。

我国南北地区均有食用锅盔的习惯，均是面团经烤制而成。千百年来，全国各地锅盔的制作方法、口味口感以及个头大小等均有所不同。

2.4.1 锅盔的加工工艺

锅盔水分含量变化范围较大，在 25%～40%。南方锅盔大部分添加多种馅料，制作锅盔的面团也比较柔软，面团水分含量高，大部分面粉与加水量比例都超过了 1.5∶1，如四川军屯锅盔制作面剂时，面粉∶水为 1.7∶1，水分含量约为 36%。北方锅盔大部分水分含量较低，如陕西地区白吉饼在 26%～30%，河南南阳的博望锅盔面团约为 28%，在盘揉面团时还会添加干面粉进行多次挤压，经过烤制后水分含量会进一步降低。

根据和面用水的温度，可将锅盔分为 3 种。第一，采用冷温水和面。和面原料主要为常温的水（习惯称冷水）和小麦面粉，需要发酵的面团制作时会添加酵母、酵面和小苏打。第二，采用高温水和成面团，也称作烫面团。水温越低，加水量越小，面粉吸水速度越快，面粉中的蛋白质和淀粉与水结合越多，面团自由水含量越低，因而和面过程中面团水分损失小；水温越高，加水量越大，面粉吸水速度越慢，但面粉中的蛋白质和淀粉可以充分吸水，形成的面团自由水含量较大，使得和面损失的自由水增多，面团水分损失增加。与冷水面团相比，烫面团湿面筋含量少（1.6%～2.6%），且面筋硬度显著降低，弹性下降，面团黏性增大。陕西地区流行的白吉饼就是由半发酵面及烫面按照一定比例添加制成，水分含量在 31.5%～37.2%。第三，采用水油和面，即由水、油脂和面粉调制而成的面团，广东、江苏的部分锅盔会用到水油面团，做成酥皮锅盔。河南南阳一带、陕西岐山等地的油酥锅盔在面团中加入了植物油，并使用烫面团和冷面团混合揉制，质感硬，食之酥，口味香醇，存放持久。

锅盔制作一般都要进行发酵，根据发酵方式和程度，可分为 3 类。第一，以小麦粉为主要原料，添加盐、小苏打或者其他调味料，不经发酵的锅盔称作硬面锅盔，只需要醒面整形即可进行熟制。第二，大部分锅盔会采用发酵工艺，添加酵母或者酵面，发酵后再整形，做好的锅盔外酥内软。第三，以半发面为面剂，由发酵面团与未发酵面团混合而成，其中未发酵面团可以是冷水面团，也可以是烫面团。半发面是相对发酵面团而言的，半发面的制作没有统一的方法。理论上，半发面是尚未发酵完全时的面团，但实际操作中比较难以控制发酵程度。

锅盔的形状差异很大。四川、湖北等地的锅盔一般为圆形，直径 10～20cm，厚 2～4cm，将发酵好的面团作为面剂，擀成薄长条，涂上油，撒上五香粉、葱花、肉末等各种辅料，再卷成卷，用擀面杖压平整形，层层起酥，香脆味美。也有在面剂中包裹馅料进行烤制而成的锅盔，如湖北仙桃等地的墩子锅盔、公安锅盔，四川的军屯锅盔等。河南、江苏等地将醒好的面团拉宽拉长，呈海棠叶状或鞋底样，然后撒上芝麻，迅速贴进炉膛内，这样的锅盔在当地也称为烧饼。北方锅盔尤其是陕西地区的锅盔多为淡味型，不中空，非馅饼，熟制时锅内不着油，并且只使用焙烤的方法，绝不用煎、炸、蒸等。

白吉饼是陕西一带最为畅销的锅盔之一，也称作白吉馍，是肉夹馍的主要原料，面团中一半是发酵面团，另一半是烫面团，和面时加些清油，面团比馒头面团硬，比面条面团软，醒足半小时。烙馍时碗状面坯的碗底朝下进行烙制，烙制好的白吉饼表面像一个汉朝的瓦当，形似“铁圈虎背菊花心”，皮薄松脆，内心软绵。

2.4.2 锅盔常温贮藏过程中的品质变化

采用传统工艺制作陕西最流行的一种锅盔——白吉饼，分别进行真空包装和普通包装，经过常温贮藏，研究锅盔（白吉饼）的贮藏特性及感官品质。

1. 感官品质的变化

不同包装锅盔经常温贮藏后进行感官评价，评价标准及结果见表 2-31 和表 2-32。由表 2-32 可知，真空包装和普通包装的白吉饼在第 1 天均有明显的麦香味。普通包装的白吉饼在第 3 天开始有霉菌长出，真空包装无发霉现象；两种

表 2-31 白吉饼感官评价标准

指标	感官评分标准	评分区间
外观形状（10 分）	a. 表面规则、光滑	8.5～10.0
	b. 圆形，表面较光滑	6.0～8.4
	c. 圆形，表面鼓起，表面不光滑	1～5.9
色泽（10 分）	a. 呈黄亮色，色泽均匀	8.5～10.0
	b. 色泽均匀，亮度一般	6.0～8.4
	c. 呈焦黄色	1～5.9
气味（15 分）	a. 具有较浓的麦香	11.5～15.0
	b. 寡淡无味	8.0～11.4
	c. 有酸败味或霉味	1～7.9
酥脆度（30 分）	a. 表皮酥脆	25.5～30.0
	b. 表皮较酥脆	18.0～25.4
	c. 表皮不酥脆	1～17.9
硬度（10 分）	a. 硬度适中	8.5～10.0
	b. 较硬或较软	6.0～8.4
	c. 特别硬或者特别软	1～5.9
咀嚼性（10 分）	a. 嚼劲适中，不黏牙	8.5～10.0
	b. 嚼劲一般，不黏牙	6.0～8.4
	c. 嚼劲差或黏牙	1～5.9
内部结构（15 分）	a. 内部结构均匀	10.5～15.0
	b. 内部结构较均匀	6.5～10.4
	c. 内部结构不均匀	1～6.4

表 2-32　白吉饼感官评价结果

感官指标	评分					
	贮藏 1 天		贮藏 2 天		贮藏 3 天	
	真空包装	普通包装	真空包装	普通包装	真空包装	普通包装
外观形状	8.8	8.4	8.5	7.7	7.0	8.2
色泽	9.3	9.2	8.8	7.8	7.5	7.0
气味	11.8	11.7	10.9	10.3	8.1	8.1
酥脆度	19.7	17.7	19	18.3		
硬度	8.6	7.8	7.0	6.3	样品酸败	
咀嚼性	8.4	8.0	5.7	5.0		
内部结构	11.9	10.7	11.0	11.0	11.0	7.5
总分	78.5	73.4	70.8	66.4		

包装都有酸败味，且普通包装比真空包装酸败更严重。第 5 天，普通包装的皮开裂，表面蓬松，有较浓的酸败味，长有黄色和黑色两种菌落，切开后饼皮和瓤连在一起，饼中间是空的；真空包装有酸败味，但无菌落，切开后，内部结构均匀。第 7 天，真空包装的白吉饼有浓的酸败味。真空包装比普通包装贮藏期长，能够延长白吉饼保质期。

2. 微生物的变化

微生物不但会影响白吉饼的品质还会影响保质期，而且会危害人体健康。为了保证白吉饼的卫生安全，必须检测白吉饼中的微生物。由表 2-33 可知，随着贮藏期的延长，白吉饼中的微生物数量不断增加。《糕点、面包卫生标准》(GB 7099—2003）规定白吉饼中菌落总数不得超过 1500CFU/g。同一时间，普通包装白吉饼的皮部微生物比瓤部多，普通包装白吉饼皮和瓤的微生物数量后期都比真空包装多。真空包装第 7 天菌落总数超过标准，而普通包装第 5 天菌落总数就超过了标准，说明包装会影响白吉饼的贮藏，且真空包装有利于白吉饼的贮藏。与表 2-32 感官评价结合，受微生物的影响，白吉饼第 3 天就不能食用，说明微生物是影响白吉饼品质的因素。

表 2-33　白吉饼的菌落总数

样品	菌落总数/（CFU/g）		
	贮藏 1 天	贮藏 2 天	贮藏 3 天
真空包装-皮	142	600	1000
真空包装-瓤	170	800	900
普通包装-皮	110	980	3000
普通包装-瓤	24	890	1200

3. 水分含量及组成的变化

白吉饼在贮藏期间，皮和瓤的水分含量变化趋势不同（表 2-34），并直接影响产品感官品质。贮藏初期白吉饼皮水分含量在 25%～28%，瓤水分含量在 20%～33%，随着贮藏时间延长，水分逐渐进行迁移，在第 7 天，同一包装内，皮和瓤的水分含量已无显著差异。说明水分从瓤部往皮部迁移，这和热包装常温保鲜馒头的水分迁移方向相反，同面包内水分迁移趋势相似。真空包装能够阻止白吉饼水分散失，一定程度上保持了白吉饼的感官品质。

表 2-34　不同贮藏时间白吉饼各部位水分含量

样品	水分含量/%		
	贮藏 1 天	贮藏 2 天	贮藏 3 天
真空包装-皮	27.83±1.58ab	24.82±1.49c	26.69±0.09bc
真空包装-瓤	32.46±1.01a	26.44±0.62d	29.60±0.16c
普通包装-皮	25.27±0.01c	28.55±0.08a	26.77±0.02b
普通包装-瓤	30.92±0.70a	30.49±0.58a	27.46±0.02bc

常温贮藏过程中，饼中的水分以动态形式存在，并随着贮藏时间的延长而不断变化。普通包装白吉饼皮和瓤的水分主要以弱结合水的形式存在，自由水含量较低。普通包装白吉饼的皮，随着贮藏期的延长强结合水含量先减少后增加，弱结合水含量先增加后减少，自由水含量基本不变；普通包装白吉饼的瓤，随着贮藏期的延长强结合水含量先增加后减少，弱结合水含量先减少后增加，自由水含量在减少；同时饼皮和瓤的横向弛豫时间均随着贮藏时间的延长而增加。而面包在贮藏过程中，结合水越来越多，且面包瓤部和皮部水组分之间重新分配，加速老化。

4. 质构的变化

将贮藏过程中白吉饼的皮和瓤分开，分别切成 3 片边长 25mm 的四边形，用 P/36R 探头进行测定，基本参数设置：测试前速度为 1.0mm/s，测试速度为 1.0mm/s，测试后速度为 1.0mm/s，测试距离为 5.0mm。

随着贮藏时间的延长，硬度、咀嚼性、胶着性逐渐增加，弹性变小，其中普通包装白吉饼皮的硬度、咀嚼性、胶着性和弹性比真空包装变化大。相同时间内，真空包装瓤的硬度、咀嚼性、胶着性比皮大，普通包装相反；两种包装皮的弹性比瓤大。随着贮藏期的延长，白吉饼的硬度、咀嚼性、胶着性变大，白吉饼质构变化导致白吉饼品质下降。在贮藏期间，普通包装品质下降的速度比真空包装快。

2.4.3 锅盔保鲜方法

锅盔和其他焙烤食品如面包、蛋糕、烤饼类似，其腐败多数是由产气菌和霉菌繁殖引起的。采用真空或气调包装、降低贮藏温度、添加山梨酸盐等方法，可以延长制品的保质期。常温贮藏条件下白吉饼表面易发生霉变，保质期短，不耐贮藏。锅盔中使用的添加剂主要指防腐剂，包括化学和生物方面的食品级防腐剂，可以在加工过程中添加，也可以在加工后采用喷洒工艺进行防腐处理。

耐热细菌如蜡状芽孢杆菌在焙烤食品中生长而引起食物中毒的事故屡见不鲜。若在焙烤食品加工过程中添加乳酸链球菌素，可以防止这类事故的发生（孙来华和张志强，2008）。用不同浓度的纳他霉素、乳酸链球菌素、双乙酸钠和脱氢乙酸钠（处理油酥锅盔，研究保质期的结果表明，不同浓度的防腐剂可不同程度地抑制油酥锅盔表面菌落的生长。在 4 种不同防腐剂中，双乙酸钠和乳酸链球菌素抑制细菌的效果比较显著，而对霉菌没有明显的抑制作用；纳他霉素抑制霉菌的效果最为显著，明显高于其他 3 种防腐剂；脱氢乙酸钠对细菌和霉菌均没有明显的抑制效果。最优组合为纳他霉素：乳酸链球菌素=8：2（0.24g/kg：0.06g/kg，保质期为 33 天）和纳他霉素：双乙酸钠=7：3（0.21g/kg：0.09g/kg，保质期为 33 天），与对照组（保质期为 20 天）相比，大大延长了保质期。0.1g/kg 的山梨酸钾就能抑制大部分菌的生长，在山梨酸钾浓度为 0.25g/kg 时能基本完全抑制菌的生长，实际生产过程中建议采用防腐剂山梨酸钾浓度为 0.25g/kg 来抑制腐败细菌的生长，可达到山梨酸钾国标使用量不能超过 0.5g/kg 的要求（袁先玲等，2012）。

利用脉冲强光对煎饼表面霉菌灭杀为锅盔灭菌提供了一定的参考。脉冲强光可有效杀死煎饼表面的霉菌，脉冲能量 500J、脉冲 27 次、脉冲距离 10.9cm 的优化条件下，煎饼表面霉菌数量降低可达 1.65 个对数值，将近 97.7%的菌体失活，适用于对煎饼的杀菌（唐明礼等，2015）。

目前市售的各种锅盔均以小作坊现场加工限时销售为主，尤其像乾县锅盔的加工工艺需要加工者有丰富的经验和进行精确的把控，很难实现大规模工业化生产。而白吉饼类锅盔由于消费群体广泛、消费量大而受到更高的关注，促进了白吉饼加工工艺提升和设备创新。而现在工业化生产白吉饼的设备已经能够达到 200kg/h 的产能。

2016 年 5 月 25 日，西安市质量技术监督局发布《西安传统小吃制作技术规程 牛、羊肉泡馍》等 5 项地方标准，并于 6 月 15 日实施。标准规定：馍通过“掰、撕、掐、抖”最终形成“黄豆粒大小的碎粒”。《西安传统小吃制作技术规程 肉夹馍》规定：白吉饼质量（110±5）g，直径（10±0.5）cm，厚度约（1±0.2）cm；色泽黄亮，外皮略酥脆，内心软绵；质地筋、韧，回味香甜，有烤饼固有的麦香味；外观有金圈、虎背、菊花心或者企业标识。相关标准的实施有效推进了白吉饼产业的工业化进程和标准化管理。

2.5 馕的加工

馕是中国、中亚地区、阿拉伯人民都喜欢吃的主要面食之一，在阿拉伯也称作阿拉伯大饼。最早流行于中亚、西亚，随后传入我国新疆。据《唐书》记录，早在唐朝之前生活在俄罗斯叶尼塞河流域的柯尔克孜人就已经开始制作和食用这种面食饼（孙含等，2018）。馕的制作已有 3000 多年的历史，1985 年，新疆维吾尔自治区博物馆考古队在鄯善县咱古鲁克古墓中找到了烤肉和馕残留，这是在新疆找到的最古老的残馕。考古学家通过 ^{14}C 断代年代法推测这些馕属于 2800～3000 年前（阿布拉江，1999）。

古今制馕的主要原料和基本方法没有发生太大变化，主要原料是面粉（小麦粉或玉米粉）、芝麻、洋葱、鸡蛋、清油、牛奶、糖、盐，将麦面或玉米面发酵，揉成面坯，再在馕坑中烤制。烤馕主要由发面、揉面、成型（馕坯）、调节馕坑温度、贴馕、扒馕（出坑）等步骤组成（阿布都艾则孜・阿布来提等，2015）。

馕的品种很多，有 50 多种，主要有肉馕、窝窝馕、片馕和芝麻馕等。烤馕设备称馕坑。馕是在面粉（或精粉）中加少许盐水和酵面，和匀，经揉透、饧发后，在特制的馕坑里烤制而成。其中，添加羊油的为油馕；用羊肉丁、孜然粉、胡椒粉、洋葱末等佐料拌馅烤制的称为肉馕；用添加芝麻与葡萄汁烤制的称作芝麻馕。馕的挥发性物质主要包括烯类 12 种（19.97%）、烷烃类 12 种（18.15%）、醛类 8 种（18.44%）、酯类 3 种（5.48%）、苯环类 4 种（7.4%）、杂环及其他化合物 7 种（25.45%）（毛红艳，2018）。

馕原料丰富，成分众多，选择适合馕的包装方式才既能保持馕适当的水分含量，又能避免其氧化霉变，这是馕保鲜包装的关键点。通常可以使用聚乙烯复合膜、铝箔等材料，采用充气包装、普通包装或真空包装储存馕制品（艾麦提•巴热提和热合满•艾拉，2016）。

2.6 大宗面制食品的发展趋势

与欧美、日本等国家和地区相比，我国大宗面制食品在加工关键技术装备研发方面的差距越来越小。采用自动化、智能化的手段取代手工调节可提高加工工序可控性，降低人为因素的影响。和面环节面絮水分含量差异较大，压面过程中面带均匀度低，烘干过程中烘房温湿度自动控制程度低，难以实现低损耗切断自动化包装，这是制约我国挂面产业化发展的关键技术难题。

2.6.1　自动化

在我国，半干面产业正处于起步阶段，所占市场份额不大，但发展势头良好，生产模式普遍采用人工辅助的半自动化形式。目前，半干面产业在北京、上海等一些大城市已形成一定的规模，其售价要远高于普通挂面。未来的发展趋势有两个方面，一是产品营养、保鲜和安全品质的提升与创新，二是半干面工业化生产、自动化包装。半干面包装机目前在日本有所应用，在国内有应用的面制食品企业并不多，大部分企业还是采用手工包装的方式。手工包装存在用工人数多、产品质量不稳定、面条易被污染等问题，为了克服人工包装的问题，近几年部分厂家通过与挂面制面成型、烘干类似的挂杆烘干、缓苏、脱杆技术，实现半干面的自动收面、自动包装。但是，半干面的卷曲成型在这些厂家的设备中尚未实现，只是利用机械模仿了人工收面的动作，而未模仿人工卷曲成型的动作；同时该类成套设备对生产工艺要求严格，需配备大量的高科技烘干、缓苏设备，且设备结构复杂，普适性比较差。

中国挂面产业发展存在的问题主要包括：行业集中度低，全国性知名品牌尚未形成；原料专业化程度低，缺乏面条生产专用小麦和面粉；生产全过程自动化程度不足，干燥过程智能化与上料包装自动化亟待完善；缺乏对挂面生产全过程理论和关键技术的系统研究；缺乏对挂面内在质量特性的研究，质量标准不完善；产业链之间协同性不够，小麦原料收储、专用粉生产、自动化设备开发、质量管理、产品研发、市场分析等环节没有有效对接与联动（刘锐等，2015）。

挂面产业经过几十年的发展，工艺和装备基本成熟，产品质量基本能保持稳定，已经发展为最有潜力、年产量为 600 万 t 的主食工业，但需要提高产品的安全、营养品质，优化加工制造环节，降低生产过程中损耗，开发自动化程度高、生产效率高的挂面切断、包装机械，制定相关标准及技术规范。国内目前的主要切面机为滚刀式切面机和垂直切面机，前者存在整齐率低、碎面头多、效率不高、机械设备易于出现故障等问题，因此垂直切面机正在逐渐取代滚刀式切面机在挂面生产中的地位。垂直切面机主要是多杆式垂直切面机，该切面机可实现挂面长度的任意设置和精准切断，保证挂面整齐度的同时也较滚刀式切面机降低了碎面头量和提高了生产效率。但是，其生产效率的提高依托的是多杆挂面同时成一列以切断，这就可能存在因各个挂面杆排列不够整齐而最终造成碎面头量增加的问题，并且其不能精确地根据每杆挂面的长度适时地调整挂面的切断长度，从而进一步降低碎面头的产生量。因此可以看出，未来的切面机应该是向着提升切刀速度以迅速切断单杆挂面来提高挂面切断的生产效率，同时实现智能化调节长度的方向发展。

国内挂面包装的形式比较多，有纸包、普通塑包、捆扎塑包、手提袋等多种样式，对应的包装机也有多种。早餐谷物的包装形式主要是塑包，采用的是枕式包装机，目前国内能够独立研发和生产包装机的厂家并不多，具有一定规模的厂家就更少，只有两三家，其余的生产厂家基本还处于仿制阶段，并不具有独立的研发能力。因纸质包装与塑料包装的工艺存在区别，故对于纸质包装，要考虑的是成套纸质包装设备。纸质包装设备具有纸包装机（卷筒成型）、折角机（尾端成型）方能完成挂面的纸质包装。目前国内的成套纸质包装机多采用以复杂的机械组成模拟人工卷面、人工折角的方式，仅仅实现了机械代替人工的工作。因此，挂面纸质包装机从 2009 年进入市场以来，虽然经历过几次技术改进，但从包装原理及结构上都没有太大的改变，其自动化程度并不能满足生产需求，并且因包装材料的特殊性，易出现包材损坏和机器故障，降低了成品率和生产效率。

国内目前采用的大多数还是滚刀切式塑包机。虽然这几年出现了一些往复式直刀切式包装机，但是性能还不太稳定，尤其随着包装速度的提高，稳定性大幅度下降，成品率很低且噪声大，与国外的包装机相比还有很大的差距。所以塑包机在切断方式和自动化程度上（如自动接膜、立体成型、自动齐面等方面）还有待提高。近几年有厂家推出了意大利式高速输送线与日本往复式下走膜包装机，这些包装机的包装速度可达 80 包/min（规格为 500g/包），但是自动化程度还不高，为了适应 1.5m 挂面生产线的产量，包装机的速度还需提高，特别是智能化包装技术方面还需进一步完善。

经过 40 多年的发展，中国的挂面产业实现了生产过程自动化、规模化，开始规划智能化发展计划。挂面生产线配套技术、工艺和设备均由中国科研院所、企业研发，具有自主知识产权，已成为中国传统食品工业成功转型和升级的样板，开始迈向现代制造行业。中国挂面产业发展的强大动力和良好氛围来源于挂面产业从业人员的开放、交流、探索和创新精神，来自产、学、研的紧密结合。但是在半干面、早餐谷物切断及包装方面，我国自动化程度均较低，需要予以攻关。

2.6.2 工业化

为了实现主食馒头的工业化生产，我国研究人员已经进行了大量研究，经过不懈努力，主食馒头基本可以实现机械化、规模化生产，但是忽视了发酵、“老化”控制、风味和营养增强等加工工艺方面的深入开发，因此还不能说完成了工业化开发，在方便性、安全性、流通性、营养性和嗜好性等方面还远不能满足人们的需求。

随着包装技术的不断发展，生产厂家对与之配套的自动化定量设备的要求越来越高，过去通常使用的量杯、机械秤、机电秤等定量方式存在着许多缺陷，如精度低、重复性能差、定值复杂、无实时显示等，尤其用于特殊形状的物料，如挂面类（细长条状）物料的特殊供料与称量，局限性更加明显，严重制约了相关企业的发展和劳动效率的提高。新型挂面供料及称量装置，采用了高精度传感器、数据处理和程序控制技术，集键盘设定、自动去皮、自动计量、重量显示、零点跟踪等功能于一身，并采用模块化设计，控制技术先进、抗干扰性能强、可靠性高、操作维护简单，同时配以分层带导向整理的供料机构，现场使用效果明显。因此，该装置可广泛应用于挂面类物料的自动供料与称量，配以不同的供料机构，保证系统具有较高的精度、较快的速度和极高的可靠性，充分满足了挂面及相关生产厂家的要求，提高了劳动效率和卫生水平，降低了劳动强度和生产成本，同时由于价格较低，具有较高的推广使用价值（陈士祥等，2000）。

为适应面制主食工业化生产，保证主食在流通过程中的质量，依据面制主食贮藏特性及流通过程中变质的影响因素，结合食品保鲜包装的技术与方法，确定面制主食杀菌包装生产线由主食干燥、复合杀菌和包装三大功能装置组成。在设计方案时采用层次分析法，选择主食杀菌包装生产线所用的食品干燥、杀菌保鲜技术方案，并设计生产线的物料流程。优选的结果为，干燥方式为红外线干燥，复合杀菌方式为低温、紫外和臭氧相结合，包装方式为接缝式裹包，且整条生产线可程序化控制，实现杀菌时间、紫外照度、臭氧浓度和温度的实时调节，为主食工业化生产提供杀菌包装装备。利用该设备对馒头进行复合杀菌试验，结果表明馒头的色泽和质构均优于自然放置的馒头，经杀菌包装后的馒头在温度为 4℃、相对湿度为 50%～70%的环境中贮存 20 天时，其菌落总数为 3.5lg CFU/g，达到预定 20 天 的保质期（徐雪萌等，2016）。

将气体射流技术应用于白吉馍烘烤，原理是用加热的气体高速冲击面坯以确保面坯在短时间内获得足够的热量，最终达到省时和降低能耗的目的，使用二次通用旋转和频率分析法进行烘烤工艺的优化，以比容和弹性作为评价指标，最优烘烤工艺的结果如下：以比容为优化指标，烘烤时间 7.95min，烘烤温度 177.6℃，距离 45mm；以弹性为优化指标，烘烤时间 6.95min，烘烤温度 174.4℃，距离 48mm。结果表明，气体射流技术可以应用于烘制白吉馍，这种新方法不但降低了能耗，也将传统方法的烘烤时间缩短了近一半（魏振东等，2012）。

2.6.3　智能化

传统工艺生产的馒头接受度高，但传统的手工操作工艺大多不能直接改造为工业化加工工艺，需要进行工业化的适应性改造研究。由于馒头加工工艺独特，国外设备很难直接用于工业化生产，需要研制适合我国主食生产的加工装备。设备研制需要在吃透传统主食品加工工艺的基础上，整合国内外前沿学科技术（张泓，2014）。馒头工业化加工进程中和面、醒发、整形、蒸制、包装等关键工艺尚未完成全程自动化、智能化。目前大部分馒头产业化开发只是对传统馒头加工工艺进行简单机械化，未体现出科技对产业的积极作用。全国面制主食领域的工艺、装备科技创新成果不断涌现，但仍无法满足产业发展需求，科技贡献率需要持续提升。

馒头的生产已经从小麦粉馒头扩展到全麦粉、杂粮、杂豆、蔬菜、水果馒头等，口味与营养变得丰富。目前，馒头和面不均、压延厚度不能精确控制、缺乏仿生学的传统整形，没有实现自动蒸制、摆盘包装等，都需要应用创新科技进行优化提升。

2.6.4 营养化

全谷物食品富含膳食纤维，但因膳食纤维含量高其口感粗糙、面团成型较为困难、产品售价较高等。因此，可以通过多谷物（小麦、燕麦、荞麦、玉米、谷子、高粱、大麦等）混合搭配，生产多谷物面条、多谷物馒头、多谷物早餐，这样既解决了单一原料加工特性不好、营养均衡性差等制约产业发展的难题，又有效引入了其他谷物的多肽、多酚、多糖等营养素，既可体现产品的功能特性，又可丰富产品的多样性。

近年来，燕麦、荞麦等多谷物食品的研究逐渐成为国内外研究者关注的焦点。但由于东、西方消费习惯的差异，相关研究及产品开发主要集中在谷物挤压和焙烤食品上。目前，制约多谷物产品的难题是原料添加量无法定性检测、加工前原料需分别处理，因此，需要从产品标准体系建立、生产工艺配套方面进行攻关。在原料选择、产品品质控制方面，均依照挤压食品、焙烤食品的要求制定，需在多谷物的加工适宜性评价、原料添加量检测、生产工艺规范、品质评价标准等方面展开研究。

多谷物混合粉在面粉市场中份额少，整体效益不高，而且多谷物面粉生产时常存在纯净度较低、粉质差、颗粒粗、出品率低、保质期短等问题。因此，要生产优质的多谷物混合粉，前期物料需要经过充分清杂、谷粒脱壳、籽仁粉碎及杀菌等处理，用于生产多谷物混合粉的杂粮，大多和小麦具备类似的生长环境，同样需要进行前期处理，另外需进一步加强研究杂粮的清理、分级、脱壳、磨粉、灭菌工艺以及包装技术等。

与全谷物面制食品加工的技术制约一样，多谷物也面临相同的问题。可以考虑通过挤压膨化改性、纤维素酶解改性、挤压-酶法改性、感应电场处理、超微粉碎、高压微通道超细微粉碎、动态超高压均质等技术来解决。根据中国营养学会推荐的每日膳食中营养素供给量和营养均衡原则，充分利用我国丰富的五谷杂粮资源，针对我国现有主食种类少、口味单调、营养不全面的特点，开发出营养更均衡的多谷物面制食品。

主要参考文献

阿布都艾则孜·阿布来提, 买买提热夏提·买买提, 艾力·如苏力, 等. 2015. 馕的加工工艺与烤馕机的工作原理[J]. 安徽农业科学, (18): 286-288.

阿布拉江·伊斯拉姆. 1999. 关于维吾尔族的馕和馕坑[J]. 新疆文化遗产, 1(2): 69-73.

艾麦提·巴热提, 热合满·艾拉. 2016. 新疆馕储藏保鲜研究[J]. 现代食品, (2): 48-52.

白建民, 刘长虹, 徐婧婷. 2010. 醒发时间对馒头品质的影响[J]. 粮食科技与经济, 35(2): 54-56.

鲍宇茹, 李辉. 2007. 低温 α-淀粉酶对馒头储存特性影响研究[J]. 粮食工程技术, (12): 91-93.

卜宇, 陈秋桂, 牛倩文, 等. 2017. 淀粉老化调控对燕麦全粉挤压面条蒸煮品质的影响[J]. 麦类作物学报, (10): 1327-1333.

Burg S P, 郑先章. 2007. 中西方减压贮藏研究概述[J]. 制冷学报, 28(2): 1-7.

曹汝鸽, 林钦, 任长忠, 等. 2010. 不同灭酶处理对燕麦气味和品质的影响[J]. 农业工程学报, 26(12): 378-382.

柴向华, 林雅慧, 吴克刚. 2011. 香辛料精油对馒头气相防霉保鲜的研究[J]. 食品与机械, 27(4): 126-128.

苌艳花, 刘长虹, 张新奎. 2011. 磷酸盐对馒头品质的影响[J]. 粮食加工, 36(2): 31-32.

陈海华, 董海洲. 2002. 大麦的营养价值及其在食品工业中的开发利用[J]. 山东食品发酵, (1): 28-30.

陈洁, 石林凡, 汪礼洋, 等. 2015. 食盐对拉面面团延伸性影响的研究[J]. 粮食与饲料工业, (2): 35-38.

陈士祥, 吴高程, 赵扬胜. 2000. 新型挂面供料及称量装置研制[J]. 包装与食品机械, 18(4): 3-6.

陈霞, 王文琪, 朱在勤, 等. 2015. 食盐对面粉糊化特性及面条品质的影响[J]. 食品工业科技, 36(2): 98-101.

程晶晶, 王军, 金茜雅, 等. 2017. 燕麦超微全粉对馒头品质的影响[J]. 食品工业科技, (1): 116-120.

董彬, 郑学玲, 王凤成. 2005. 小麦粉组分特点和馒头品质关系[J]. 粮食与油脂, 30(2): 12-14.

董玉琛, 曹永生. 2003. 粮食作物种质资源的品质特性及其利用[J]. 中国农业科学, (1): 111-114.

董育红, 吴冰. 1997. 碳酸钾对面条品质改良作用的研究[J]. 西部粮油科技, (1): 9-11.

杜双奎, 李志西, 于修烛, 等. 2003. 荞麦粉小麦粉混粉流变学特性研究. 农业工程学报, 19(3): 50-53.

杜洋, 赵阳, 陈海华, 等. 2014. 脂肪酶对馒头外观品质的影响[J]. 青岛农业大学学报(自然科学版), (1): 31-35.

段兰萍, 梁瑞. 2010. 新收获小麦在贮藏期间品质指标变化规律的分析[J]. 粮食加工, 35(6): 22-24.

段佐萍. 2005. 绿豆的营养价值及综合开发利用[J]. 农产品加工, (2): 58-60.

范会平, 李瑞, 郑学玲, 等. 2016. 酵母对冷冻面团发酵特性及馒头品质的影响[J]. 农业工程学报, 32(20): 298-305.

范玲, 马森, 王晓曦, 等. 2016. 麦麸添加量和粒度对发酵面团特性的影响[J]. 中国粮油学报, 31(6): 29-34.
冯玉珠. 2015. 丝绸之路饮食文化旅游资源开发研究[J]. 美食研究, 32(1): 25-29.
付奎, 王晓曦, 马森, 等. 2014. 损伤淀粉对面团水分迁移及面筋网络结构影响[J]. 粮食与油脂, 27(6): 17-22.
高维, 刘刚. 2016. 纯荞麦面条制作工艺研究[J]. 粮食科技与经济, (3): 64-66.
高晓旭, 佟立涛, 钟葵, 等. 2015. 鲜米粉加工专用原料的选择[J]. 中国粮油学报, 30(2): 1-5.
宫风秋, 张莉, 李志西, 等. 2007. 加工方式对传统荞麦制品芦丁含量及功能特性的影响[J]. 西北农林科技大学学报(自然科学版), 35(9): 179-183.
郭文华. 2012. 主食工业化看山西[J]. 农产品加工, (8): 12-16.
韩志慧, 汪姣. 2013. 馒头保鲜杀菌工艺研究[J]. 食品与机械, (3): 209-211.
胡瑞波, 田纪春. 2005. 鲜切面条色泽影响因素的研究[J]. 中国粮油学报, 19(6): 18-22.
胡新中. 2005. 燕麦食品加工及功能特性研究进展[J]. 麦类作物学报, 25(5): 122-124.
胡新中, 任长忠. 2016. 燕麦加工与功能[M]. 北京: 科学出版社.
胡新中, 杨元丽, 杜双奎, 等. 2006. 沙蒿籽粉和谷朊粉对燕麦全粉食品加工品质的影响[J]. 农业工程学报, 22(10): 230-232.
纪花, 陈锦屏, 卢大新, 等. 2006. 绿豆的营养价值及综合利用[J]. 现代生物医学进展, 6(10): 143-144.
姜海燕, 章绍兵, 陆启玉. 2015. 食品改良剂对速冻熟制拉面质构特性的影响[J]. 粮食与油脂, (5): 63-67.
金鑫. 2013. 贮藏温度对不同α化度米淀粉理化特性的影响[D]. 合肥: 安徽农业大学硕士学位论文.
寇兴凯, 宗爱珍, 杜方岭, 等. 2016. 低蛋白高粱面条的品质改良研究[J]. 粮食与饲料工业, 12(6): 39-45.
黎金鑫, 朱运平, 滕超, 等. 2018. 十二种常见亲水胶体对馒头品质影响的研究[J]. 食品工业科技, 39(11): 248-252.
李昌文, 欧阳韶晖, 张国权, 等. 2003. 面粉中的脂类物质对面团特性和主要食品品质的影响[J]. 粮食与饲料工业, (10): 4-5.
李丹, 李晓磊, 丁霄霖. 2007a. 苦荞小麦混合粉面团的微观结构和黏弹性. 食品工业科技, 28(6): 85-87.
李丹, 李晓磊, 丁霄霖. 2007b. 苦荞小麦混合粉面团的粉质和拉伸特性. 食品研究与开发, 28(5): 36-39.
李国新. 2004. 谈营养素在加热中的变化[J]. 石河子科技, (5): 32-33.
李辉, 王丽多. 2010. 浅谈国外食品冷杀菌技术[J]. 世界农业, (2): 58-60.
李洁, 孙姝, 朱科学, 等. 2012. 半干面腐败菌的分离与鉴定[J]. 食品科学, 33(5): 183-187.
李里特. 2006. 馒头生产的沿革和工业化[J]. 粮食加工, 31(6): 13-15.
李曼. 2014. 生鲜面制品的品质劣变机制及调控研究[D]. 无锡: 江南大学博士学位论文.
李瑞雪. 2009. 兰州牛肉拉面品牌战略思考[J]. 甘肃科技纵横, (6): 125-127.
李廷生, 王平诸, 鲍宇茹. 2001. 果胶酶高产菌株 *Aspergillus niger* 3502 的选育[J]. 郑州工程学院学报, 22(4): 13-14.
李兴军. 2011. 脂氧合酶及相关酶在面包加工中的作用[J]. 粮食科技与经济, (5): 36-40.

李秀娟. 2013. 馒头的流通保鲜技术研究[D]. 天津: 天津科技大学硕士学位论文.
李颖. 2006. 高粱营养价值及资源的开发利用[J]. 食品研究与开发, 27(2): 91-93.
李运通, 陈野, 李书红, 等. 2017. 生鲜面常温贮藏过程中的品质变化规律[J]. 食品科学, 38(1): 258-262.
李真. 2014. 大麦粉对面团特性与面包焙烤品质的影响及其改良剂研究[D]. 镇江: 江苏大学博士学位论文.
李志建, 苌艳花, 刘长虹, 等. 2011. 真空度对馒头储存品质影响研究[J]. 粮食科技与经济, 36(4): 45-47.
李卓, 王凤成, 张平平, 等. 2011. 小麦粉品质与南方馒头品质关系的研究[J]. 现代面粉工业, (5): 32-39.
梁青, 李森芳, 周见阳, 等. 2008. 郑州市中原区凉皮和米皮的卫生现状与对策[J]. 职业与健康, (19): 2033-2034.
林汝法, 周小理, 任贵兴, 等. 2005. 中国荞麦的生产与贸易、营养与食品[J]. 食品科学, 26(1): 259-263.
刘长虹. 2009. 蒸制面食生产技术[M]. 北京: 化学工业出版社.
刘国锋, 徐雪萌, 王德东. 2004. 生湿鲜面条的规模化生产及其包装技术初探[J]. 包装工程, 25(4): 144-146.
刘锐, 魏益民, 张波, 等. 2013. 面条制作过程中蛋白质组成的变化[J]. 中国食品学报, 13(11): 198-204.
刘锐, 魏益民, 张影全. 2015. 中国挂面产业与市场研究[M]. 北京: 中国轻工业出版社.
刘晓莉. 2009. 土豆皮抑菌活性的研究[J]. 西昌学院学报(自然科学版), (4): 35-37.
刘晓真. 2014. 我国面制主食产业化的现状及趋势分析[J]. 粮食加工, (6): 1-5.
刘嫣红, 唐炬明, 毛志怀. 2009. 射频-热风与热风处理保鲜白面包的比较[J]. 农业工程学报, 25(9): 333-338.
刘增贵, 徐学明, 金征宇. 2008. 二氧化氯与双氧水对湿生面条保鲜效果的研究[J]. 食品工业科技, (3): 90-92, 96.
刘钟栋, 陈肇锬, 欧军辉, 等. 2007. 微波紫外线协同生物学作用及紫外线微波炉杀菌研究[J]. 食品科技, (12): 140-143.
鲁选民, 刘继兴. 1998. 面皮快餐食品工业化生产的调查及工艺研究[J]. 郑州粮食学院学报, (3): 65-69.
鲁战会. 2002. 生物发酵米粉的淀粉改性及凝胶机理研究[D]. 北京: 中国农业大学博士学位论文.
鲁战会, 李里特, 闵伟红, 等. 2002. 自然发酵工艺对米粉流变学性质的影响[J]. 中国食品学报, (2): 8-12.
陆启玉, 王显伦, 卢艳杰, 等. 1998. 食品工艺学[M]. 郑州: 河南科学技术出版社.
马先红, 刘景圣, 张文露, 等. 2015. 中国杂粮面条主食化的研究[J]. 食品研究与开发, (20): 181-184.
毛红艳, 徐鑫, 于明. 2018. 固相微萃取-气质联用分析新疆馕挥发性成分[J]. 食品工业, 39(6): 287-290.
孟宪刚. 2005. 兰州拉面专用粉对小麦品质的要求 I. 拉面食用评价与小麦粉常规品质的关系[J]. 作物学报, 31(4): 481-486.
孟宪刚, 尚勋武, 张改生. 2004. 兰州拉面对淀粉糊化特性的要求[J]. 中国粮油学报, (2): 50-53.

孟宪刚, 谢放, 尚勋武. 2007. 兰州拉面专用粉对春小麦品质的要求-Ⅱ小麦籽粒面筋蛋白组成含量与品质的关系[J]. 中国粮油学报, (3): 27-31, 60.
闵伟红. 2003. 乳酸菌发酵改善米粉食用品质机理的研究[D]. 北京: 中国农业大学博士学位论文.
牛巧娟, 陆启玉, 章绍兵, 等. 2014. 鲜湿燕麦面条的品质改良研究[J]. 食品科技, (2): 156-161.
潘丽军, 方坤, 马道荣, 等. 2010. 复合改良剂对馒头低温储藏抗老化效果的影响[J]. 食品科学, (12): 291-294.
彭飞. 2016. 谷氨酰胺转氨酶(TGase)对燕麦面团流变学特性的影响[D]. 杨凌: 西北农林科技大学硕士学位论文.
彭辉. 2012. 杂粮馒头的感官品质研究[J]. 中国粮油学报, 27(8): 16.
秦振平, 曹庆生, 樊世科. 2001. 食用沙蒿胶的提取研究[J]. 食品科学, 22(8): 54-56.
任顺成, 马瑞萍, 韩素云. 2013. 木聚糖酶对冷冻面团和馒头品质的影响[J]. 中国粮油学报, (12): 25-30.
申倩, 陆启玉. 2017. 盐、碱的添加对面条品质的影响[J]. 粮食与油脂, 30(3): 31-32.
盛琪, 郭晓娜, 彭伟, 等. 2016. 气调包装对馒头品质及保鲜效果的影响[J]. 中国粮油学报, 31(9): 126-130.
盛夏璐. 2016. 常温保鲜馒头淀粉老化研究[D]. 西安: 陕西师范大学硕士学位论文.
石林凡, 陈洁, 吕莹果, 等. 2015. 复合碳酸盐对拉面面团延伸性影响研究[J]. 粮食与油脂, 28(3): 59-62.
宋宏新, 陈合. 2002. 食用沙蒿籽胶流变学特性研究[J]. 食品科学, 23(9): 53-55.
宋显良. 2013. 生鲜湿面防霉保鲜技术的研究[D]. 长沙: 中南林业科技大学硕士学位论文.
苏东民. 2005. 中国馒头分类及主食馒头品质评价研究[D]. 北京: 中国农业大学博士学位论文.
苏东明. 2005. 话说馒头的由来与分类[J]. 农产品加工, (11): 37-38.
苏东民, 李里特. 2007. 面粉蛋白质含量与主食馒头品质关系的研究[J]. 粮食加工, 32(2): 15-19.
孙含, 王晶, 赵晓燕, 等. 2018. 新疆特色面制品馕的研究进展[J]. 粮油食品科技, 26(6): 25-30.
孙来华, 张志强. 2008. 乳酸链球菌素的特性及其在食品中的应用[J]. 食品研究与开发, 29(10): 119-123.
孙敏. 2012. 快餐面条的现状及发展前景[J]. 经营管理者, (4): 239.
孙秀萍, 于九皋, 刘延奇. 2004. 不同淀粉的酸解历程及性质研究[J]. 精细化工, 21(3): 202-205.
谭斌, 翟小童, 田晓红. 2016. 我国杂粮挂面标准探讨[J]. 粮油食品科技, 24(4): 12-14.
唐明礼, 王勃, 刘贺, 等. 2015. 脉冲强光对煎饼表面霉菌杀菌效果及风味品质的影响[J]. 食品科学, 36(6): 220-225.
田灏, 陆丽霞, 熊晓辉. 2010. 改善食品质构的直接交联酶[J]. 食品工业科技, (5): 399-401.
田鸣华, 刘志坚, 许永红. 2000. 复合磷酸盐对面团流变学性质的影响[C]//未来五十年北京农业与食品业的发展研讨会论文集. 北京: 未来五十年北京农业与食品业的发展研讨会, 112-114.
田晓会. 2017. 酵母发酵及老面发酵馒头品质及营养特性比较研究[D]. 郑州: 河南工业大学硕士学位论文.
田志芳, 石磊, 孟婷婷, 等. 2014. 活性小麦面筋对燕麦全粉面条品质的影响[J]. 核农学报, 28(7): 1214-1218.
王锋. 2003. 自然发酵对大米理化性质的影响及其米粉凝胶机理研究[D]. 杨凌: 西北农林科技

大学硕士学位论文.
王凤. 2009. 燕麦面团的物性改善及其在燕麦面条中的应用[D]. 无锡: 江南大学硕士学位论文.
王冠岳, 陈洁, 王春, 等. 2008a. 氯化钠对面条品质影响的研究[J]. 中国粮油学报, 23(6): 184-187.
王冠岳, 陈洁, 王春, 等. 2008b. 碳酸钠和碳酸钾对面条品质改良效应的比较[J]. 粮油加工, (2): 80-82.
王海平, 黄和升. 2009. 保鲜剂对鲜湿面保鲜效果的影响[J]. 食品与生物, (8): 10-11.
王杰琼. 2016. 燕麦和荞麦全粉对面团特性及馒头品质影响的研究[D]. 无锡: 江南大学硕士学位论文.
王杰琼, 钱海峰, 王立, 等. 2016. 燕麦全粉对面团特性及馒头品质的影响[J]. 食品与发酵工业, 42(3): 42-49.
王立, 陈敏, 赵俊丰, 等. 2017. 复合磷酸盐在面制品中的应用现状及发展趋势[J]. 食品与机械, 33(1): 195-200.
王录通, 刘长虹, 薛雪莲. 2017. 和面工艺对馒头品质的影响研究[J]. 食品工业, 38(11): 53-56.
王荣成. 2005. 荞麦营养品质及流变学特性[D]. 杨凌: 西北农林科技大学硕士学位论文.
王瑞, 张憨, 范柳萍, 等. 2009. 麦苗粉的微波杀菌[J]. 食品与生物技术学报, 28(2): 150-155.
王睿. 2009. 面条品质的影响因素研究进展[J]. 重庆第二师范学院学报, 22(6): 19-22.
王世霞, 李笑蕊, 贠婷婷, 等. 2016. 不同品种苦荞麦营养及功能成分对比分析[J]. 食品与机械, (7): 5-9.
王显伦, 任顺成, 潘思轶, 等. 2015. 木聚糖酶对面团流变性和热力学特性的影响[J]. 食品科学, 36(7): 26-29.
王晓英, 王宇光, 刘颖, 等. 2013. 新型防霉保鲜剂-双乙酸钠的生产与应用研究进展[J]. 乙醛醋酸化工, (2): 9-13.
王艺静. 2017. 不同等级荞麦粉品质特性研究[D]. 杨凌: 西北农林科技大学硕士学位论文.
王银瑞, 樊明涛, 蔡静. 1995. 沙蒿籽胶的应用研究[J]. 西北林学院学报, 10(4): 80-83.
王远辉, 赵丹丹, 陈洁, 等. 2015. 拉面改良剂对拉面面团的影响研究[J]. 中国食品添加剂, (1): 134-137.
魏巍. 2009. 不同干燥技术对绿茶品质影响的研究[D]. 福州: 福建农林大学硕士学位论文.
魏晓明, 郭晓娜, 彭伟, 等. 2016. 谷氨酰胺转氨酶对荞麦面条品质的影响[J]. 食品与机械, (3): 188-192.
魏晓明, 郭晓娜, 朱科学, 等. 2016. 谷氨酰胺转氨酶对荞麦面条品质的影响[J]. 食品与机械, 32(3): 188-192.
魏益民. 1995. 小麦品质与加工[M]. 西安: 世界图书出版公司.
魏振东, 肖旭霖, 曹佳. 2012. “白吉馍”气体射流烘烤工艺的优化[J]. 中国粮油学报, 27(8): 93-97.
温纪平, 郭祯祥, 赵仁勇, 等. 2003. 大麦面条的研制[J]. 河南工业大学学报(自然科学版), 24(1): 4-57.
邬大江, 杨艳虹, 王凤成, 等. 2011. 拉面专用粉的研究[J]. 现代面粉工业, (2): 49-50.
吴立根, 王岸娜, 屈凌波. 2015. 真空包装馒头常温储藏品质变化研究[J]. 郑州轻工业学院学报(自然科学版), (3): 11-14.
肖付刚, 孙军涛, 王德国, 等. 2016. 生湿面中腐败菌分析[J]. 粮食与油脂, 29(5): 76-78.
熊柳. 2009. 低变性脱脂花生蛋白在面条中应用研究[J]. 粮食与油脂, 154(2): 24-25.

熊柳, 邢燕, 孙庆杰. 2012. 面团发酵过程中小麦淀粉理化性质的变化[J]. 中国粮油学报, 27(6): 9-13.
徐俐, 何文光, 王文菊, 等. 2006. 不同保鲜剂对湿玉米面条保鲜技术的研究[J]. 农产品加工学刊, 70(7): 44-46.
徐雪萌, 屈凌波, 徐芸. 2016. 基于层次分析法的面制主食杀菌及包装生产线设计与试验[J]. 农业工程学报, 32(9): 227-232.
徐亚峰, 黄强. 2013. 小角 X 散射在淀粉结构研究中的应用[J]. 粮食与饲料工业, (8): 27-30.
阳盈盈. 2014. 自然发酵米发糕微生物分析及其优势菌的应用[D]. 长沙: 湖南农业大学硕士学位论文.
杨金枝, 王金永, 李世岩. 2015. 半干面工业化生产现状及发展趋势[J]. 粮油加工, (6): 47-50.
杨敬雨, 刘长虹. 2007. 中国传统酵子的工业化[J]. 食品研究与开发, 28(2): 164-166.
杨莎, 晋日亚, 陕方, 等. 2013. 二氧化氯气体对荞麦挤压预熟面条保鲜技术研究[J]. 粮食与油脂, (2): 23-25.
姚晓玲, 曾莹, 宋卫江. 2006. 荸荠皮提取物在保鲜面团中抗菌效果的研究[J]. 食品工业, (6): 18-20.
于小磊. 2011. 发酵荞麦面条制备工艺研究[J]. 食品科技, (12): 144-146.
袁先铃, 黄丹. 2012. 腐败锅盔中细菌的分离鉴定与抑制[J]. 中国酿造, 31(7): 120-123.
张泓. 2014. 我国主食加工产品及加工技术装备综述[J]. 农业工程技术・农产品加工业, (3): 15-22.
张嘉, 李小平, 胡新中, 等. 2018. 氢氧化钙对陕西传统饸饹品质及荞麦粉糊化特性的影响[J]. 食品科学, 39(6): 13-19.
张剑, 张杰, 李梦琴, 等. 2015. 绿豆配粉对面团特性及面条品质的影响[J]. 河南工业大学学报(自然科学版), 36(6): 10-15.
张健. 2012. 荞麦挂面的制作及其品质的研究[D]. 合肥: 安徽农业大学硕士学位论文.
张雷, 张建新, 李赛杰, 等. 2016. 传统蒸面皮抗老化配方优化研究[J]. 农产品加工, (11): 28-32.
张慜, 张鹏. 2006. 食品干燥新技术的研究进展[J]. 食品与生物技术学报, 25(3): 115-119.
张艳. 2015. 不同品种小麦粉理化性质分析及对面制品褐变影响规律的研究[D]. 郑州: 河南农业大学硕士学位论文.
张燕, 胡新中, 师俊玲, 等. 2013. 熟化工艺对燕麦传统食品营养及加工品质的影响[J]. 中国粮油学报, 28(10): 86-91.
张影全, 孔雁, 邢亚楠, 等. 2017. 兰州拉面对小麦籽粒质量性状的要求分析[J]. 中国粮油学报, (8): 22-28.
张玉, 孙孝娟, 戴韡健, 等. 2013. 面皮中细菌菌群和食品添加剂的检测分析[J]. 济南大学学报(自然科学版), 27(4): 390-393.
赵爱萍. 2016. 速冻燕麦面条半成品的研制[J]. 农业开发与装备, (11): 51-51.
赵九永. 2010. 小麦脂类对面团理化特性及食用品质影响的研究[D]. 郑州: 河南工业大学硕士学位论文.
赵阳, 王雨生, 陈海华, 等. 2015. 海藻酸钠对小麦淀粉性质及馒头品质的影响[J]. 中国粮油学报, 30(1): 44-50.
甄红敏, 栾广中, 胡新中, 等. 2011. 灭酶方法对燕麦淀粉和蛋白质体外消化特性的影响[J]. 麦类作物学报, 3(3): 475-479.

郑先章, 郑郃. 2009. 减压贮藏保鲜技术的研究与应用进展[C]//中国制冷学会 2009 年学术年会论文集. 北京: 中国制冷学会: 400-407.

周传林. 2007. 粗粮细吃更健康[M]. 北京: 中医古籍出版社.

周惠明, 李曼, 朱科学, 等. 2011. 面粉品质与面条品质的关系探讨[J]. 粮食与食品工业, 18(6): 19-22.

周素梅, 申瑞玲. 2009. 燕麦的营养及其加工利用[M]. 北京: 化学工业出版社.

周文化, 郑仕宏, 唐冰. 2010. 生鲜湿面菌相分析及腐败菌分离[J]. 粮食与油脂, (4): 45-47.

周文化, 郑仕宏, 张建春, 等. 2007. 生鲜湿面的保鲜与品质变化关系研究[J]. 中国粮油学报, 22(1): 19-22.

周显青, 李亚军, 张玉荣. 2010. 不同微生物发酵对大米理化特性及米粉食味品质的影响[J]. 河南工业大学学报(自然科学版), (1): 4-8.

周展明. 2012. 小麦淀粉对馒头品质的影响[J]. 农产品加工, (3): 7.

周占富. 2016. 面条品质改良剂的种类和作用探析[J]. 江苏调味副食品, (1): 3-6.

朱科学, 张淼, 彭晶, 等. 2016. 微波处理对全麦粉及其生鲜面制品中多酚氧化酶和微生物的抑制研究[C]//2016 年粮食食品与营养健康产业发展论坛暨行业发展峰会论文集. 呼和浩特: 粮食食品与营养健康产业发展科技论坛暨行业发展峰会.

朱蕊贞. 2016. 自然复合菌种发酵对面皮品质的影响[D]. 西安: 陕西师范大学硕士学位论文.

Aguirre J F, Osella C A, Carrara C R, et al. 2011. Effect of storage temperature on starch retrogradation of bread staling[J]. Starch - Staerke, 63(9): 587-593.

Åman P, Hesselman K. 1984. Analysis of starch and other main constituents of cereal grains[J]. Swedish Journal of Agricultural Research, 14(2): 135-139.

Beer M U, Wood P J, Weisz J. 1997. Effect of cooking and storage on the amount and molecular weight of (1-3)(1-4)-beta-D-glucan extracted from oat products by an *in vitro* digestion system[J]. Cereal Chemistry, 74(6): 705-709.

Bellido G G, Hatcher D W. 2009. Stress relaxation behaviour of yellow alkaline noodles: effect of deformation history[J]. Journal of Food Engineering, 93(4): 460-467.

Belton P S. 1999. On the elasticity of wheat gluten[J]. Journal of Cereal Science, 29(2): 103-107.

Berghofer L K, Hocking A D, Miskelly D, et al. 2003. Microbiology of wheat and flour milling in Australia[J]. International Journal of Food Microbiology, 85(1-2): 137-149.

Bourne M C. Texture profile of ripening pears[J]. Journal of Food Science, 33(2): 223-226.

Breaden P W, Willhofr E M A. 1971. Bread staling: Part Ⅲ. - measurement of the re-distribution of moisture in bread by gravimetry[J]. Journal of the Science of Food & Agriculture, 22: 647-649.

Byrne C M, Dankert J. 1979. Volatile fatty acids and aerobic flora in the gastrointestinal tract of mice under various conditions[J]. Infection and Immunity, 23(3): 559-563.

Cai J M. 1998. Preservation of fresh noodles by irradiation[J]. Radiation Physics and Chemistry, 52(1-6): 35-38.

Chen H H, Wang Y S, Leng Y, et al. 2014. Effect of NaCl and sugar on physicochemical properties of flaxseed polysaccharide-potato starch complexes[J]. Scienceasia, 40(1): 60-68.

Choy A L, Mayb K, Smalld M. 2012. Effects of acetylated potato starch and sodium carboxymethyl cellulose on the quality of instant fried noodles[J]. Food Hydrocolloids, 26(1): 2-8.

Chrastil J, Zarins Z M. 1992. Influence of storage on peptide subunit composition of rice oryzenin[J]. Journal of Agricultural and Food Chemistry, 40(6): 927-930.

Chuan H Z, Zhao C, Guo Y Y, et al. 2012. Fungal mechanism of chlorine dioxide on *Scharomyces cerevisiae*[J]. Annals of Microbiology, 494: 8.

Crosbie G B. 1991. The relationship between starch swelling properties, paste viscosity and boiled noodle quality in wheat flours[J]. Journal of Cereal Science, 13(2): 145-150.

Dengling J, Bowen C, Guowei N, et al. 2012. Application of chlorine dioxide in drinking water disinfection[J]. Advanced Materials Research, 461: 497-500.

Fan H, Ai Z, Chen Y, et al. 2018. Effect of alkaline salts on the quality characteristics of yellow alkaline noodles[J]. Journal of Cereal Science, (84): 159-167.

Fu B X. 2008. Asian noodles: history, classification, raw materials, and processing[J]. Food Research International, 41(9): 888-902.

Fuerst E P, Anderson J V, Morris C F. 2006. Delineating the role of polyphenol oxidase in the darkening of alkaline wheat noodles[J]. Journal of Agricultural and Food Chemistry, 54(6): 2378-2384.

Galić K, Curić D, Gabrić D. 2009. Shelf life of packaged bakery goods-a review[J]. Critical Reviews in Food Science and Nutrition, 49(5): 405-426.

Ghaffar S, Abdulamir A S, Bakar F A, et al. 2009. Microbial growth, sensory characteristic and pH as potential spoilage indicators of chinese yellow wet noodles from commercial processing plants[J]. American Journal of Applied Sciences, 6(6): 1059-1066.

Ghoshal G, Shivhare U S, Banerjee U C. 2016. Thermo-mechanical and micro-structural properties of xylanase containing whole wheat bread[J]. Food Science and Human Wellness, 5: 219-229.

Gray J A, Bemiller J N. 2003. Bread staling: molecular basis and control[J]. Comprehensive Reviews in Food Science and Food Safety, 2(1): 1-21.

Guo X N, Wei X M, Zhu K X. 2017. The impact of protein cross-linking induced by alkali on the quality of buckwheat noodles[J]. Food Chemistry, 221: 1178-1185.

Gupta R B, Batey I L, Macritchie F. 1992. Relationships between protein composition and functional properties of wheat flours[J]. Cereal Chemistry, 69(2): 125-131.

Hager A S, Ryan L A M, Schwab C, et al. 2011. Influence of the soluble fibres inulin and oat β-glucan on quality of dough and bread[J]. European Food Research and Technology, 232(3): 405-413.

Hatcher D W, Anderson M J. 2007. Influence of alkaline formulation on oriental noodle color and texture[J]. Cereal Chemistry, 84(3): 253-259.

Hatcher D W, Bellido G G, Anderson M J, et al. 2011. Investigation of empirical and fundamental soba noodle texture parameters prepared with tartary, green testa and common buckwheat[J]. Journal of Texture Studies, 42(6): 490-502.

He H, Hoseney R C. 1990. Changes in bread firmness and moisture during long-term storage[J]. Cereal Chemistry, 67(6): 603-605.

Hu X Z, Sheng X L, Liu L, et al. 2015. Food system advances towards more nutritious and sustainable mantou production in China[J]. Asia Pacific Journal of Clinical Nutrition, 24(2): 199-205.

Huang J R, Huang C Y, Huang Y W, et al. 2007. Shelf-life of fresh noodles as affected by chitosan and its Maillard reaction products[J]. Swiss Society of Food Science and Technology, 40: 1287-1291.

Hyland G J. 1998. Non-thermal bioeffects induced by low-in-tensity microwave irradiation of living systems[J]. Engi-Neering Science and Education Journal, 7(6): 261-269.

Ibrahim S A, Mutamba O Z, Yang H, et al. 2012. Use of ozone and chlorine dioxide to improve the microbiological quality of turnip greens[J]. Food and Agriculture, 24(3): 185-190.

Karim A A, Norziah M H, Seow C C. 2009. Methods for the study of starch retrogradation[J]. Food Chemistry, 71(1): 9-36.

Kerckhoffs D A J M, Hornstra G, Mensink R P. 2003. Cholesterol-lowering effect of β-glucan from oat bran in mildly hypercholesterolemic subjects may decrease when β-glucan is incorporated into bread and cookies[J]. The American Journal of Clinical Nutrition, 78(2): 221-227.

Koletta P, Irakli M, Papageorgiou M, et al. 2014. Physicochemical and technological properties of highly enriched wheat breads with wholegrain non wheat flours[J]. Journal of Cereal Science, 60(3): 561-568.

Lai L N, Karim M H, Norziah C C, et al. 2004. Effects of Na_2CO_3 and NaOH on pasting properties of selected native cereal starches[J]. Journal of Food Science, 69(4): FCT249-FCT256.

Li M, Sun Q J, Han C W, et al. 2018. Comparative study of the quality characteristics of fresh noodles with regular salt and alkali and the underlying mechanisms[J]. Food Chemistry, 246: 335-342.

Li W, Hou G G, Hsu Y H, et al. 2011. Effect of phosphate salts on the Korean non-fried instant noodle quality[J]. Journal of Cereal Science, 54(3): 506-512.

Li X H, Yang H J. 2010. Enhanced cellulose production of the trichoderma viride mutated by microwave and ultraviolet[J]. Microbiological Research, 165: 190-198.

Lian X, Wang C, Zhang K, et al. 2014. The retrogradation properties of glutinous rice and buckwheat starches as observed with FT-IR, ^{13}C NMR and DSC[J]. International Journal of Biological Macromolecules, 64: 288-293.

Licciardello F, Cipri L, Muratore G. 2014. Influence of packaging on the quality maintenance of industrial bread by comparative shelf life testing[J]. Food Packaging and Shelf Life, 1(1): 19-24.

Lu H Y, Yang X Y, Ye M L, et al. 2005. Culinary archaeology: millet noodles in late neolithic China[J]. Nature, 437(7061): 967-968.

Luo L J, Guo X N, Zhu K X. 2015. Effect of steaming on the quality characteristics of frozen cooked noodles[J]. LWT-Food Science and Technology, 62(2): 1134-1140.

Masci S, D'Ovidio R, Lafiandra D, et al. 1998. Characterization of a low-molecular-weight glutenin subunit gene from bread wheat and the corresponding protein that represents a major subunit of the glutenin polymer[J]. Plant Physiology, 118(4): 1147-1158.

Miskelly D. 1993. Noodles: a new look at an old food[J]. Food Australia, 45(10): 496-500 .

Ngamnikom P, Songsermpong S. 2011. The effects of freeze, dry, and wet grinding processes on rice flour properties and their energy consumption[J]. Journal of Food Engineering, 104(4): 632-638.

Nobile M A D, Benedetto N A D, Suriano N, et al. 2009. Use of natural compounds to improve the microbiological stability of amaranth-based home-made fresh pasta[J]. Food Microbiology, 26(2): 151-156.

Olanipekun B F, Otunola E T, Adelakun O E, et al. 2009. Effect of fermentation with *Rhizopus oligosporus* on some physico-chemical properties of starch extracts from soybean flour[J]. Food and Chemical Toxicology An International Journal Published for the British Industrial Biological Research Association, 47(47): 1401-1405.

Ozkan I A, Akbudak B, Akbudak N. 2007. Microwave dryingcharacteristics of spinach[J]. Journal of Food Engineering, 78(2): 577-583.

Peng B, Li Y, Ding S, et al. 2017. Characterization of textural, rheological, thermal, microstructural, and water mobility in wheat flour dough and bread affected by trehalose[J]. Food Chemistry, 233: 369-377.

Perumalla A V S, Hettiarachchy N S. 2011. Green tea and grape seed extracts-potential applications in food safety and quality[J]. Food Research International, 44(4): 827-839.

Pomeranz Y, Robbins G S. 1972. Amino acid composition of buckwheat[J]. Journal of Agricultural & Food Chemistry, 20(20): 270-274.

Ray B, Bhunia A. 2013. Fundamental Food Microbiology[M]. Boca Raton: CRC Press LLC: 41-49.
Rayasduarte P, Majewska K, Doetkott C. 1998. Effect of extrusion process parameters on the quality of buckwheat flour mixes[J]. Cereal Chemistry, 75(3): 338-345.
Robert W W. 1995. The Oat Crop: Production and Utilization[M]. London: Chapman & Hall.
Rombouts I, Jansens K J A, Lagrain B, et al. 2014. The impact of salt and alkali on gluten polymerization and quality of fresh wheat noodles[J]. Journal of Cereal Science, 60(3): 507-513.
Ronda F, Quilez J, Pando V, et al. 2014. Fermentation time and fiber effects on recrystallization of starch components and staling of bread from frozen part-baked bread[J]. Journal of Food Engineering, 131(2): 116-123.
Schieber A, Stintzing F C, Carle R. 2001. By-products of plant food processing as a source of functional compounds-recent developments[J]. Trends in Food Science & Technology, 12(11): 401-413.
Shen R L, Dang X Y, Dong J L, et al. 2012. Effects of oat β-glucan and barley β-glucan on fecal characteristics, intestinal microflora, and intestinal bacterial metabolites in rats[J]. Journal of Agricultural and Food Chemistry, 60(45): 11 301-11 308.
Sheng Q, Guo X N, Zhu K X. 2015. The effect of active packaging on microbial stability and quality of Chinese steamed bread[J]. Packaging Technology and Science, 28(9): 775-787.
Sheng X, Ma Z, Li X, et al. 2016. Effect of water migration on the thermal-vacuum packaged steamed buns under room temperature storage[J]. Journal of Cereal Science, 72: 117-123.
Shiau S Y, Yeh A I. 2001. Effects of alkali and acid on dough rheological properties and characteristics of extruded noodles[J]. Journal of Cereal Science, 33(1): 27-37.
Sissons M J, Bekes F, Skerritt J H. 1998. Isolation and functionality testing of low molecular weight gluten in subunits[J]. Cereal Chemistry, 75: 31-36.
Toyokawa H, Rubenthaler G L, Powers J R, et al. 1989. Japanese noodle qualities. Ⅰ. Flour components[J]. Cereal Chemistry, 66(5): 382-386.
Trinetta V, Vaild R, Xu Q. 2012. Inactivation of listeria monocytogens on ready-to-eat food processing equipment by chlorine dioxide gas[J]. Food Control, 26(2): 357-362.
Vuyst L D, Neysens P. 2005. The sourdough microflora: biodiversity and metabolic interactions[J]. Trends in Food Science & Technology, 16(s1-3): 43-56.
Wang S, Khamchanxana P, Zhu F, et al. 2017. Textural and sensory attributes of steamed bread fortified with high-amylose maize starch[J]. Journal of Texture Studies, 48(1): 3-8.
Wang X, Ma Z, Li X, et al. 2018. Food additives and technologies used in Chinese traditional staple foods[J]. Chemical & Biological Technologies in Agriculture, 5(1): 1.
Wang Y J, Truong V D, Wang L. 2003. Structures and rheological properties of corn starch as affected by acid hydrolysis[J]. Carbohydrate Polymers, 52(3): 327-333.
Wu J, Beta T, Corke H. 2006. Effects of salt and alkaline reagents on dynamic rheological properties of raw Oriental wheat noodles[J]. Cereal Chemistry, 83(2): 211-217.
Xia L S, Zhen M, Xiao P L, et al. 2016. Effect of water migration on the thermal-vacuum packaged steamed buns under room temperature storage[J]. Journal of Cereal Science, 2(11): 117-123.
Xin Z H, Xiao H X, Chang Z R. 2010. The effects of steaming and roasting treatments on β-glucan, lipid and starch in the kernels of naked oat (Avena nuda)[J]. Journal of the Science of Food and Agriculture, 90(4): 690-695.
Xu Y Y, Hall III C, Wolf-Hall C, et al. 2008. Fungistatic activity of flaxseed in potato dextrose agar and a fresh noodle system[J]. International Journal of Food Microbiology, 121(3): 262-267.
Yang Y, Tao W Y. 2008. Effects of lactic acid fermentation on FT-IR and pasting properties of rice flour[J]. Food Research International, 41(9): 937-940.

Zhang D, Moore W R, Doehlert D C. 1998. Effects of oat grain hydrothermal treatments on wheat-oat flour dough proper ties and bread baking quality[J]. Cereal Chemistry, 75(5): 602-605.
Zhou Y, Hou G G. 2012. Effects of phosphate salts on the pH values and rapid visco analyzer (RVA) pasting parameters of wheat flour suspensions[J]. Cereal Chemistry, 89(1): 38-43.
Zhu F. 2016. Staling of Chinese steamed bread: quantification and control[J]. Trends in Food Science & Technology, 55: 118-127.

第 3 章　新兴面制食品的加工

3.1　方便面制食品的加工

方便面制食品，指以小麦为主要原料的方便化面制食品。现代方便面制食品是传统食品工业化的产物。随着人们生活节奏的加快，方便面制食品加工新型设备的开发研制，如冷藏车、冷库、自动深层油炸机、挤压机、膨化机等设备相继出现，实现了方便食品高效生产，满足了人们快节奏的生活需求以及在家庭饮食上花费时间越来越少的需求。方便面制食品生产过程中原料选择、生产工艺、包装、贮藏等实现科学化和标准化是提高产品质量的重要因素，常见的方便面制食品有油炸方便面、非油炸方便面（包括挤压、蒸制）和速冻面制食品等。由于方便面制食品的生产工业化程度高，因此安全、营养、高品质的方便面制食品是未来发展的主要方向。

3.1.1　油炸方便面

方便面又称速食面、即食面，是以面粉为主要原料，经和面、熟化、复合压延、切条折花得生面条，经 90℃左右隧道蒸煮充分糊化后，油炸、热风干燥、冷却，搭配调味酱、脱水蔬菜等包装而成。食用时经开水冲泡 3～5min，加入调味料即可成为风味食品。按生产工艺分为附带汤料的油炸面、调味油炸面等；按包装方式可分为袋装、杯装和碗装；按产品风味可分为若干种，如红烧牛肉面、大骨面、酸菜面、炸酱面等。1958 年日本人安藤百福发明了现代意义的方便面，随之在日本实现工业化，并迅速传遍东南亚，方便面以其制作简单、烹调快捷、食用方便、经济实惠成为中国及亚洲其他一些国家和地区最常见的传统面食（李书国，2003）。

方便面在我国的发展历程可分为以下 5 个阶段：第一阶段（1970～1992 年），油炸方便面作为新生事物，但生产中存在产量低、面条弹性差、易断条等问题；第二阶段（品牌化时代，1992 年），台湾顶新集团在大陆推出价格适中、包装精美的“康师傅”牌方便面，运用先进的营销运营模式，一度成为方便面代名词；第三阶段（品牌集中时代，1993～2007 年），康师傅控股有限公司、统一企业（中国）投资有限公司、今麦郎面品有限公司、白象食品股份有限公司等民营企业进入快速发展期，今麦郎面品有限公司与日清食品（中国）投资有限公司合作逐步转移进入城市，白象食品股份有限公司经过 10 年的发展成为深受消费者喜爱的品牌；第四阶段（2008～2010 年），方便面行业进入内涵发展时代，由于缺乏产品和技术创新，出现资源整合转型趋势，2008 年方便面产量下跌 10%；第五阶段（油炸型方便面向非油炸型转型阶段，2010 年后），由于人们食品安全、营养意识的提高，油炸面会产生致癌物质的问题不断为民众所关注，油炸方便面发展出现滞缓，非油炸型方便面应运而生（周波，2016）。我国方便面的主要消费人群为大学生、城市白领、长途旅行者和外出务工人员，集中在 18～35 岁。因东部及中部地区人口数量大，经济发展程度高，生活节奏快，而西部地区有传统的面食消费习惯及多样化的面食消费选择，所以中东部地区方便面销量明显高于西部地区（吴琼，2018）。2011 年以前，方便面在我国营业额保持持续增长，2013～2016 年销量呈下降趋势，2017 年销量有所上升，收入 102.72 亿元，净利润增长 33.54%，但增幅仅有 1.17%。同时，方便面行业在加速向健康食品行业转型，2017 年报送的创新产品中，60%以上为非油炸型，降油趋势鲜明；调味包中增加了对天然配料和脱水蔬菜的应用，大幅降低了“工业味”和食盐的使用量；燕麦面、荞麦面、马铃薯面、刀削面等多种面条产品走向市场。产品创新、消费升级、价格调整三大因素促进了方便面行业的回暖（孟素荷，2018）。

油炸方便面品质的影响因素（如面粉、添加剂、加工工艺）有多种。

1. 面粉

小麦粉的质量对油炸方便面的品质有重要影响。糊化温度低、易膨胀、黏度高及颗粒大的面粉制成的方便面口感较好；直链淀粉含量高的小麦粉制得的方便面复水后硬度、嚼劲和光滑度差（Li et al.，2016）。淀粉对方便面品质的影响主要表现在，随着总淀粉含量增加，方便面煮制时干物质损失率增加、煮后黏合性降低（师俊玲，2001）。添加木薯淀粉、马铃薯淀粉、马铃薯淀粉乙酸酯和木薯淀粉乙酸酯均可不同程度地提高方便面的光泽度、透明度、弹性、滑爽性和咀嚼性，淀粉乙酸酯效果较原淀粉好，马铃薯淀粉乙酸酯在提高方便面品质方面的效果优于木薯淀粉乙酸酯，但添加玉米淀粉会降低面条的弹性和咀嚼性。方便面制作时，较好的面粉的特性为：灰分＜0.5%（以 14%湿基计），L^*值＞90.5，a^*值＜−1.60，蛋白质含量＜11.8%（以 14%湿基计）；Zeleny 沉降体积＞42ml（以 14%湿基计）；糊化峰值黏度＞650BU（以 14%湿基计）（王善荣等，2004）。

蛋白质对方便面品质的影响大于淀粉，一定范围（9%～12%）内，蛋白质质量对方便面品质的影响大于含量。随着蛋白质含量增加，蒸面时间延长、方便面煮制过程中的吸水率减小、煮后方便面的筋力增强。蛋白质和淀粉对方便面品质的影响机制在于麦谷蛋白和醇溶蛋白通过形成面筋网络结构，赋予面团以成形性，通过受热发生凝聚变性，赋予面条以筋力、硬度和部分弹性，蛋白质对方便面品质的影响为正效应；淀粉通过填充和稀释作用，赋予面团以可塑性，通过糊化和老化作用，赋予面条以黏附性、软度和部分弹性，淀粉对方便面品质的影响为负效应（师俊玲，2011）。面筋强度越高，方便面的断条率越低、韧性越大，煮面外观评分也越高；面粉总淀粉和总蛋白质含量对方便面的黏附性、弹性、断条率等指标均有显著影响，只有当两者的比例适宜时，方便面质地才能达到最佳状态（周波，2016；陆启玉等，2007）。因此，小麦粉中淀粉、蛋白质的组成以及含量比是选择方便面原料的重要指标。

2. 添加剂

面条制作中使用的添加剂有食用碱、强面筋复合剂（主要成分是聚磷酸钠、焦磷酸钠和六偏磷酸钠）、乳化剂、复合增稠剂、谷朊粉等。食用碱可以改善面团的可塑性、加速淀粉的α化，制得的方便面口感爽滑、无黏牙感。磷酸盐能使面筋蛋白与淀粉之间发生酯化反应及架桥结合，形成稳定复合体，提高淀粉与面筋蛋白的结合力、吸水能力，从而增强面粉筋力，使面团具有良好的黏弹性，磷酸盐还与面粉和水中的Ca^{2+}、Mg^{2+}等离子形成可溶性复合物，避免金属离子产生沉淀现象，使面质呈色更佳、乳化性能更好（张守文和吴冰，1997）。复合增稠剂中的凝胶多糖可以通过加强主链间氢键等非共价作用力，在面团中形成具有一定黏弹性的连续的三维凝胶网络结构，类似面筋网络，从而改善面团的流变学特性，提高方便面复水后的口感（李里特和江正强，1994）。谷朊粉能直接提高面团中的蛋白质含量，促进面团网络结构的形成，提高面团的筋力，改善产品复水后的口感（竹田良三，1993）。乳化剂可以与淀粉形成复合物，调节面团中蛋白质网络结构和淀粉之间的分布，降低面条的黏结性，防止面条淀粉老化，减少产品复水后在汤中漂浮的油星（周惠明，1995）。添加0.4%复合增黏剂、0.2%复合无机盐、1.5%谷朊粉和1.0%乳化剂可以大大提高油炸方便面的品质（李里特和江正强，1998）。

3. 加工工艺

油炸方便面的加工工艺也是影响面条品质的重要因素。面条在油炸过程中干燥速度快、糊化度高，且内部多孔，因此复水性良好。油炸方便面制作过程中，面饼的含油率主要取决于油的表面吸附量和内部渗入量，油炸温度一定时，油渗入的速度梯度不变，时间越长，渗入的油越多，剩下的水分越少；油炸时间一定时，油温越高，油渗入的速度梯度越大，渗入的油越多，剩下的水分越少。产品含油率低，水分含量低时的油炸温度为140℃，时间为60s，为最佳油炸条件（李里特和江正强，1994）。水分含量对面条压延效果和糊化度有较大影响，水分较充足时，加热的淀粉中支链淀粉颗粒微晶束容易打开，水分进入颗粒内部，黏度增加，淀粉发生糊化。水分含量高，油炸时同样条件下脱水时间长，渗入面条内的油多，不经济。水分含量低，面絮中的蛋白质、淀粉、增黏剂等不能充分吸水膨润，压面难，面带组织发脆、粗糙、不均匀，切条后断条率高。水分含量过高时，面絮中蛋白质、淀粉、增黏剂等吸水多，容易粘连，压面容易，但面带韧性小、弹性差，且蒸后粘连严重；水分含量过低时，淀粉糊化不充分，产品复水后会夹生。

因此，合适的加水量可以保证更好的产品品质。由于油炸方便面含有 20%～24%的油脂，贮藏期短，且高温油炸过程中面块营养损失，容易产生丙烯酰胺等对人体有害的物质（陆启玉等，2007）。油炸过程中方便面的油炸温度每降低 5℃，丙烯酰胺生成量可减少 10%～15%，油温在 150℃以下可以显著减少丙烯酰胺的生成，但该条件也避免不了油炸方便面中丙烯酰胺含量仍然在 15～80μg/kg，且油脂中的反式脂肪酸会对人体健康产生不利影响（中国食品科学技术学会面制品分会，2008）。

近年来，随着人们生活水平的提高和健康饮食的普及，以及各种外卖平台的迅速发展，方便面行业的竞争逐渐加剧，方便面企业数目逐年减少，市场集中度越来越高，企业呈现规模化发展趋势。目前，康师傅控股有限公司和统一企业（中国）投资有限公司两家企业为行业巨头，2017 年“康师傅”市场份额为 50.6%，“统一”为 21.1%，两家企业共占据了 70%以上的市场。同时，从韩国、日本、泰国等地进口的方便面因风味独特，颇受年轻消费者喜爱，一些进口品牌的方便面尽管价格较高，但口感好，而且利用网络渠道大力推广，成为网红产品，其销售呈明显增长态势。2017 年，我国线上方便面的销售量相对于 2016 年同期有了快速的增长，增长率达到 157%。说明如果我国方便面行业能够成功转型升级，充分利用网络平台进行宣传和销售，还是有很大的发展空间的（吴琼，2018）。

3.1.2　非油炸方便面

与油炸方便面相比，非油炸方便面更符合绿色、健康的消费趋势，随着技术的革新以及智能工业化的完善，方便面的开发必然朝着更加安全卫生、更加智能化、更加符合互联网+的特征方向发展。

非油炸方便面制作流程：面粉→面团→熟化→复合压延→连续压延→切丝成型→蒸煮→定量切断→热风干燥→风冷→包装（李培玗，1994）。

非油炸方便面最大限度地保持了原粮营养成分不被破坏，具有低脂肪、低热量、富含膳食纤维等显著优点，有较高的产品优势，目前日本的非油炸方便面有 1000 多种，而中国只有 200 多种。国外非油炸方便面市场份额已占到 50%，而国内只占到 3%左右。无论是产品种类还是产品份额，非油炸方便面在我国都有巨大的增长空间。

3.1.2.1 热风干非油炸方便面

热风干非油炸方便面是最常见的非油炸方便面，是将蒸煮糊化的湿面条在70～90℃下进行脱水干燥，由于不使用油脂，因此不易氧化酸败，延长了面条保质期；同时面条自身的营养成分损失较小，面条耐煮、耐泡、口感光滑。非油炸方便面在制作过程中，由于热风干燥时间较长，对面条的质构产生了不利的影响，因此方便面的口感较差，复水性能也差。所以，如何提高面条的复水性能，是目前非油炸方便面需要解决的关键技术难题。

面粉中面筋蛋白含量和品质改良剂对非油炸方便面品质有影响。当小麦粉中蛋白质含量为 14%，醇溶蛋白与麦谷蛋白含量的比值为 0.557 时，制得的面制食品品质较好（杨铭铎等，2013a）。当面粉中面筋蛋白含量为 26%～35%，添加马铃薯淀粉 20%，海藻酸钠 0.3%和瓜尔豆胶 0.4%时，生产出的非油炸方便面品质最佳（张钟等，2006）。小麦粉中添加 5%的大豆蛋白、0.1%的大豆多糖和 0.5%的壳聚糖制得的非油炸方便面品质较好，面条微观结构表面无大颗粒裸露，蛋白质网络结构呈较均匀的蜂窝状，内部颗粒均匀地分散在蛋白质网络结构中（杨铭铎等，2013b）。在小麦粉中添加变性淀粉、复合磷酸盐、单甘酯和瓜尔豆胶，能够有效地改善非油炸方便面的复水性，缩短复水时间（陆启玉等，2007）。卡拉胶可明显降低原料粉的糊化温度，缩短面条的复水时间，减少断条率，改善其硬度、胶黏性、咀嚼性等质构特性，提高其感官可接受性。魔芋胶可明显缩短面条的复水时间，提高其内聚性和回复性，降低其表面黏附性；聚丙烯酸钠在延缓淀粉老化、降低面汤浑浊度方面效果最佳，羧甲基纤维素钠的作用则不明显（马浩然等，2015）。因此，选用含优质蛋白质的小麦粉，添加适量的大豆蛋白、淀粉、天然多糖等均可不同程度地改善非油炸方便面的加工和食用品质。

3.1.2.2 挤压非油炸方便面

挤压膨化技术指在螺杆的螺旋推动作用下，物料向前呈轴向移动，同时螺杆与物料、物料与机筒以及物料与物料之间发生摩擦作用，在强烈的挤压、搅拌、剪切作用下，物料进一步细化、均匀，在高温、高压、高剪切力作用下，物料发生变化（如淀粉糊化和裂解、蛋白质变性、纤维素降解、灭菌灭酶活等）的技术。当物料从模孔出来的瞬间，水分气化，物料膨化，形成疏松多孔的产品。

由于杂粮一般不含面筋蛋白，直接加工制得的面制食品品质较差，因此，在杂粮面制食品加工过程中，通常以杂粮与小麦的混粉为原料，通过改变加工工艺或添加适量的辅料制作优质的杂粮面条。挤压是淀粉在一个低水分状态下发生糊化与降解的过程，挤压膨化物的糊化度随着挤压机模头温度和喂料水分的提高而增大，随着挤压机螺杆转速的提高而下降；相同条件下，糯性玉米粉的糊化度高于普通玉米粉（徐颖等，2009）。在挤压过程中，物料吸收大量热，受强剪切作用，淀粉组织中排列紧密的胶束被破坏，淀粉分子降解，降解位置位于分子内部，分子间重新发生相互交联，形成网状空间结构（王宁等，1995；汤坚和丁霄霖，1994）。

挤压过程中对产品品质的影响由大到小的因素依次是挤压温度、加水量、螺杆转速。挤压温度是影响面条糊化度的关键因素，挤压过程中螺杆转速与淀粉糊化度呈线性关系，随着螺杆转速增加，物料在挤压腔中停留的时间变短，物料未能充分混合、相互摩擦，且受热时间短，从而吸收的热量减少，糊化度降低。在挤压过程中，原料中的脂肪能够与淀粉形成复合物，影响产品的膨化效果以及淀粉的溶解性和消化率。原料中大约有 2/3 的游离脂肪在挤压过程中变成了复合体；在较低的温度下（100℃以下），随着挤压温度的升高，复合体的生成量略有增多，但在高温（100℃以上）条件下，随着温度的升高，复合体的生成量反而有明显的下降。在挤压过程中，挤压温度由 55℃增至 171℃，不饱和脂肪酸中反式脂肪酸的量会由 1%增至 1.5%（亓伟华等，2017；孙于庆等，2011）。

荞麦中醇溶蛋白含量很低（0.8%），难以形成面筋网络，单纯使用荞麦粉通过压延法制作鲜面时，难以形成具有良好弹性和延伸性的面团。而商品荞麦面条荞麦粉添加量低（挂面一般不超过 20%，大部分低于 5%），食用品质差，严重制约荞麦面条产业发展（张海芳等，2015）。荞麦中淀粉和蛋白质是影响荞麦面条质量的重要因素，淀粉的组成、直支链淀粉比例、多层级结构以及破损淀粉含量等都显著影响荞麦面条的烹调和食用品质（Heo et al.，2012；Zhang et al.，2011），因此传统工艺采用蒸煮的方式使荞麦淀粉预糊化，改善产品品质。粒径对荞麦粉的品质也有重要影响，粒径过大，面粉不能与水分充分接触，吸水率降低；粒径过小，可能会导致蛋白质、淀粉破损，吸水率减小（张杏丽，2011）。挤压过程中蛋白质也会发生变性、重组，失去原有结构，魏益民等（1998）研究发现提高食盐含量会增加挤压阻力，增加面条的蒸煮吸水率和蒸煮损失率。

青稞中 β-葡聚糖、粗纤维含量高（16%），其中可溶性膳食纤维（9.68%）具有很好的生理调节功能，但在加工制作面条过程中，青稞面团难成型、易断条，而采用真空和面能明显提升青稞杂粮方便面的复水率、糊化度及感官评分，缩短复水时间，降低冲泡损失率及断条率（杨健等，2018）；青稞混合粉（青稞挤压粉：青稞粉=1∶1）与小麦粉在 3∶2 比例混合下做出的青稞面条产品口感好，有嚼劲，且无断条，熟化时间短。在不同温度和水分含量条件下进行挤压蒸煮处理后的大麦，其总膳食纤维与可溶性膳食纤维含量均有所增加，不溶性膳食纤维含量的变化因品种而异（Vasanthan et al.，2002）。在燕麦方便面加工过程中，添加适量的玉米淀粉、沙蒿胶、谷朊粉和羧甲基纤维素钠可以显著改善面条品质（马萨日娜等，2011）。在玉米挤压面条制作过程中发现，面条的蒸煮损失率随玉米粉添加量增加而上升，添加量为 15%时，挤压面条的糊化度最大，吸水率最大；当添加量为 20%时，开始出现断条。添加玉米粉的挤压面条切面相对均匀，颗粒物质较少，没有螺旋状纹路，制得的玉米面条透明度好，弹性好，口感爽滑，不黏牙，具有玉米特有的香味（徐颖等，2009）。

常见的方便面制食品的加工方式有油炸、非油炸热风干燥、非油炸蒸制。根据原料的不同分为小麦面、燕麦面、荞麦面、豌豆面、紫薯面等；根据口味不同分为老坛酸菜面、藤椒牛肉面、老坛酸豆角面、卤肉面、海带排骨面、花旗参味煲鸡面、番茄牛腩面、红烧牛肉面、酸汤老鸭面、海鲜面、五香牛肉面、叉烧面、虾仁面、香菇鸡肉面、咖喱海鲜面、黑胡椒蟹味面以及网红无辣不欢的火鸡面等；常见的大型方便面企业有康师傅控股有限公司、今麦郎面品有限公司、统一企业（中国）控股有限公司、克明面业股份有限公司、白象食品股份公司等。非油炸方便面面饼紧实，口感爽滑，满足了消费者对健康生活方式的需求，具有很好的发展前景。

3.2 全谷物面制食品的加工

1999 年，美国谷物化学师协会将全谷物定义为由完整的、碾磨的、压碎的或碎片状谷物籽实组成的颖果，其基本组成为：淀粉质胚乳、胚芽和糠麸，各组分以它们在完整颖果中相同的相对比例存在。20 世纪 80 年代以来，发达国家对小麦等全谷物食品的营养与健康作用进行深入研究的结果表明，小麦等全谷物食品不仅营养丰富，还富含具抗氧化等作用的功能成分，由其构成的“营养素包”产生的协同增效作用，比单一营养素更有利于人体健康。全谷物食品是当今世界公认的能够有效预防心血管疾病、癌症、慢性呼吸道疾病和糖尿病等“富贵病”的健康食品，已成为全球粮食加工业发展的方向。但在全谷物食品加工过程中，仍然存在较多问题，如在全麦面条和馒头加工中，需要解决全麦粉流变学问题、全麦粉面筋弱化问题、全麦粉产品贮藏问题、淀粉老化问题以及水分保持与微生物控制问题等。因此，全谷物食品的营养与健康及其加工技术逐渐引起了学术界、食品工业界与政府的高度关注。

国外对全麦粉生产工艺、稳定化及品质改良方面的研究较早。在小麦原料的品种选择上，小麦麸皮的颜色、理化指标、脂肪酶与脂氧合酶活性及阿魏酸含量、植酸含量等生化指标是需要考虑的主要因素。目前国外生产燕麦全粉主要有两种方法：一种是将整粒小麦直接研磨制成全麦粉；另一种是将麸皮和胚芽按比例回填与面粉混合制备成全麦粉。整粒研磨法的优点在于出粉率高和生产工艺简单，在石磨或撞击磨粉过程中产生的瞬间高温可部分灭酶，但高温易造成面筋和淀粉损伤。回填法加工过程中，麸皮和面粉容易受静电的作用而相互聚集，从而使筛分及后续粉碎难度增大，品质控制的难度也随之增加。

2015 年 7 月，我国初次提出了关于全麦粉的行业标准（LS/T 3244—2015）：以整粒小麦作为原材料，经制粉工艺制成的，且小麦胚乳、胚芽与麸皮的相对比例与天然完整的颖果是基本一致的小麦全粉。两项关键指标分别是：膳食纤维含量≥9.0%和烷基间苯二酚含量≥200μg/g。膳食纤维含量是反映全麦粉中麸皮含量的一个重要指标，而烷基间苯二酚仅存于小麦的外层麸皮。

3.2.1　全麦粉食品的加工方式

在全麦粉加工过程中，制粉工艺是影响全麦粉品质的重要因素（Doblado-Maldonado et al.，2012）。常见的制粉设备有石磨、锤式磨碎机和滚筒碾粉机。石磨是一种最早用来加工全麦粉的设备，能够同时以剪切、摩擦和挤压的方式碾碎小麦籽粒，但由于与物料发生剧烈摩擦，石磨碾磨过程中会产生一定的热量，从而对蛋白质、淀粉和不饱和脂肪酸产生不良影响，影响全麦粉的加工特性和营养价值（Prabhasankar and Rao，2001）。锤式磨碎机是一种常见的用来制作全麦粉的金属碾磨机，它是将锤头安装在转动磨盘上，物料从上方喂入后经过锤头和磨碎机内壁的作用后被粉碎，这种碾磨方式处理量较大，更适用于大型的碾磨工厂。相较石磨，锤式磨碎机碾磨时产生的热量较小，有利于全麦面粉中营养物质的保留（Posner et al.，2009）。滚筒碾粉机在碾磨过程中先将麸皮、胚芽与胚乳分离，麸皮和胚芽经过继续碾磨后按比例回添到芯粉中，组成全麦粉。这种碾磨技术的优势在于辊与辊之间的距离是可以根据物料的特性进行调节的，另外分离后的麸皮与胚芽可以进行再次碾磨或者热处理等以提高全麦面粉的贮藏性能和加工性能（Doblado-Maldonado et al.，2012）。

由于全麦粉中含有麸皮，脂肪含量多，贮藏过程中各种酶类活性增加（如多酚氧化酶、脂肪酶等），易发生脂肪酸败和氧化变质，面筋和淀粉品质劣变，降低全麦粉的储藏稳定性和加工性。全麦粉是用全麦籽粒直接加工而成，种皮表面的残留（微生物、农药、重金属）很难去除，存在食品安全隐患（见 2017 年中科院推糊粉层产品助力功能面粉产业升级）。同时，在全麦粉加工过程中，麸皮的存在造成面团的筋力和持气能力下降，导致产品质构坚硬、口感粗糙、体积小，影响产品品质稳定性（鞠兴荣等，2011）。将粗麸、细麸、胚芽和次粉进行挤压膨化处理，再粉碎生产全麦粉，经膨化处理后的全麦粉，贮藏过程中脂肪酶活性显著降低，而未处理的全麦粉在贮藏过程中，脂肪酸值迅速上升（牛猛，2014）。全谷物膳食纤维含量比精致谷物高 80%（Okarter and Liu，2010），采用挤压爆破加工可以显著增加小麦水溶性膳食纤维含量、持水性和溶胀性。主要的水溶性膳食纤维有阿拉伯糖、木糖、葡萄糖和半乳糖，具有很好的抗氧化能力（Yan and Ye，2015）。采用高压蒸汽处理麦胚，脂氧合酶失活 90%，挤压处理后的麦胚常温下贮藏 100

天后，游离脂肪酸含量仅为1.06g/kg。采用充氮包装，可以抑制脂肪的氧化反应，改善全麦面包的风味，延长全麦面包的保质期（Jensen et al.，2011）。

淀粉老化是全麦粉产品口感差的重要原因。在国内外常见的全麦食品有面包、馒头、饼干、意大利面、薄烙饼等。馒头加工过程中，相同质构特性和感官品质条件下，全麦馒头吸收的水分更多，且增加和面时间会降低全麦馒头的适口性，加快其老化的速度。添加真菌α-淀粉酶后，面团的持气性和膨胀效果变好，弹性也有所增加，蒸制出的馒头变得松软；添加葡萄糖氧化酶后面粉的拉伸特性和面团的耐搅拌性得到提高（谢洁等，2012）；添加谷氨酰胺转氨酶可以延长全麦面团的形成时间，降低弱化度和淀粉凝胶的回生程度，提高鲜湿面的质构特性、感官品质和微观结构；添加适量糯质全麦粉能够增强面团对水分的结合能力，提高鲜湿面的弹性、凝聚性和回复性等质构品质；磷酸盐的添加可提高全麦粉的热焓值、峰值黏度、最终黏度，抑制面条褐变，降低蒸煮损失率，其中三聚磷酸对全麦鲜湿面的改良效果最佳。采用麦麸回添法加工面条，提高了全麦鲜湿面在贮藏期间的亮度值，增加了面条的弹性和凝聚性，但麦麸粒径的减小会增加多酚氧化酶（PPO）活性和面条的褐变程度，两者增长呈显著正相关（r=0.92）（牛猛，2014）。

褐变是影响全麦产品的重要因素。全麦鲜湿面在35～40℃褐变程度最高；褐变程度随面团加水量增加而增加；当pH＜5时，面条非酶褐变程度显著降低，pH=6时全麦鲜湿面褐变程度最高。游离酚类占总酚比例也是影响面条褐变程度的因素之一。在25℃下保存时，全麦鲜湿面中可检测出两种美拉德反应中间产物——糠氨酸和羟甲基糠醛，说明常温贮藏过程中，全麦鲜湿面的非酶褐变中存在低温美拉德反应。同时，研究发现酪氨酸与PPO或活性氧簇作用所发生的氧化反应也可能是面条褐变的机制之一。利用超声波和抗氧化剂相结合的方法能显著降低麦麸中PPO的活性，使酶活残留率降低到7.25%，褐变程度降低48%，经处理后，麦麸中的部分游离酚类物质被萃取到溶液中，但对全麦粉抗氧化的效果影响较小。当面团pH=2时，全麦鲜湿面中非酶褐变抑制率达到42%，当面团中的亚硫酸根浓度为0.125mol/L时，非酶褐变抑制率可达到50%。对比全麦意式细面与普通面条的抗氧化特性可知，全麦意式细面中总酚含量和阿魏酸含量比普通面条高，但经过蒸煮后，两种面条的总酚含量和抗氧化能力都会降低（牛猛，2014；Hirawan et al.，2010）。

3.2.2 全谷物食品的营养功效

天然谷物中的营养素主要分布在胚乳、胚芽和皮层中。胚乳在全谷物中占种子体的80%以上，主要含蛋白质和淀粉；胚芽中主要含有脂质、矿物质、抗氧化成分、维生素E、酶类等营养素；皮层中富含纤维素、蛋白质、抗氧化成分、维生素、烷基间苯二酚、酚酸等营养因子。维生素 B 主要存在于皮层中，主要有烟酸、核黄素、叶酸等（张强，2018）。全球有 35%的人口以小麦为食（徐同成等，2009），谷物食品作为人们饮食结构的重要组成部分，对人类营养和体质改善具有至关重要的作用，因此全谷物饮食必将成为全球的消费趋势。

全谷物的摄入量与常见慢性病发生率有一定的相关性。全谷物摄入量较高的人群结肠癌发病相对风险可降低 21%；全谷物摄入量每天增加 25g 或 50g，结肠癌发病率降低 6.0%（Kyrø et al.，2013）；摄入 48～80g 全谷类食物会降低心血管疾病和 2 型糖尿病的发病风险（Ye et al.，2012）；每天摄入 85g 以上全谷物，可以不同程度地降低空腹血糖或餐后血糖（韩淑芬等，2014；Harris et al.，2014），全谷物摄入达到 3 份/天（相当于 90g /天）后，心血管疾病高风险人群的血脂、血压明显下降，冠心病、中风等危险因素可有所缓解（Tighe et al.，2010）。

全谷物中的膳食纤维主要有多糖、抗性淀粉和功能性低聚糖类物质，膳食纤维可被肠道微生物中特定菌分泌的酶水解，产物可为特定的肠道菌提供充足的碳源，最终产生能量和乙酸、丙酸、丁酸等短链脂肪酸（Tremaroli and Bckhed，2012）。乙酸是肝脏、大脑、肌肉和心脏等器官和外周组织的能量来源，同时是脂肪生成途径的分子信号；丙酸可以抑制由高浓度葡萄糖诱导的胰岛素分泌和抑制脂肪合成酶的活性；相比而言，丁酸能够维持结肠上皮细胞的功能以及肠道健康，同时具有抗炎和抗致癌物质的特性（Russell et al.，2013）。另外，这些短链脂肪酸既能被宿主快速吸收利用，也能被肠道双歧杆菌和乳酸杆菌等有益菌利用，一方面促进有益菌增殖，另一方面通过降低肠道 pH 抑制大肠杆菌和沙门氏菌等病原菌的生长，减少有毒发酵产物的形成，进而改善肠道菌群结构（Cani et al.，2009；Hughes et al.，2007）。

对比同时饲喂 5 种全谷物（燕麦、大麦、全麦、糙米、黑米）和一种精致谷物的效果，摄入全谷物的小鼠肠道双歧杆菌和乳杆菌数量显著上升，摄入精米和基础饲料的则没有变化，说明全谷物对改善肠道环境、控制体重有一定作用（赵兰涛等，2013）。与单独饲喂高脂饲料的小鼠相比，食用添加 7.5%小麦麸皮阿拉伯木聚糖（AXOS）的高脂饲料小鼠，其粪便中双歧杆菌数量显著增加，与双歧杆菌密切相关的抗炎因子（IL-10）的表达上调，而脂肪组织中的炎症因子 IL-6 和 F4/80 的表达受抑制，小鼠血液中抑制食欲的肠胃激素肽和胰高血糖素样肽-1 含量显著增加，体重和脂肪质量显著减少（Neyrinck et al.，2012）。对比 5 种谷物（小麦、黑麦、玉米、稻米和燕麦）体外消化特性可知，将用消化液透析后的膳食纤维分别在肥胖成人和正常体重成人的粪便中进行体外接种发酵，燕麦发酵后产生的丙酸盐含量最低，产生的丁酸盐含量最高，这与燕麦中水溶性 β-葡聚糖含量比其他谷物高相关，表明燕麦具有较好的减肥效果（Yang et al.，2013）。谷物中的酚类物质以游离态、可溶性结合态和不溶性结合态三种形式存在，80%以上存在于麸皮和胚乳中（Adom and Liu，2002），阿魏酸作为谷物酚类物质的主要成分，具有增殖双歧杆菌、改善肠道微生物菌群的作用，其效果优于低聚木糖（Yuan et al.，2005）。健康成人连续 8 周食用全麦产品后，血清中二氢阿魏酸和粪便中阿魏酸含量分别增加了 4 倍和 2 倍，血浆中炎症因子 TNF-α 减少，IL-10 增加，使粪便中类杆菌和厚壁菌门数量增加，而梭菌属数量减少。粪便阿魏酸含量与类杆菌数量之间呈明显正相关，而 TNF-α 含量与类杆菌和乳酸杆菌数量呈负相关，说明肠道菌群中的厚壁菌和拟杆菌共同作用使全麦中结合阿魏酸释放，从而通过增加阿魏酸的生物利用率来改善宿主的炎症水平（Vitaglione et al.，2015）。

综上所述，全谷物食品营养丰富、全面，可以有效改善人体肠道益生菌的菌群结构，抑制病原菌的生长和有毒发酵产物的形成，有利于降低 2 型糖尿病、结直肠癌、心血管疾病等慢性疾病的发病风险。

3.2.3 全谷物食品的消费现状

近年来，我国居民的膳食结构正在悄然发生着变化，谷类食物消费量逐年下降，中国居民营养与健康状况调查及中国居民营养与慢性病状况报告表明，1982～2012 年的 30 年间，谷类食物消费量平均下降 177g/（标准人·天），动物性食物消费量却增加了 67.6g/（标准人·天）。从食物的能量供给来看，2012 年谷类食物所提供能量占 53.10%，其中城市和农村地区分别为 47.10%和 58.80%，城市地区明显低于 55%～65%（国家卫生计生委疾病预防控制局，2015）。动物和油脂类食品摄入量增多，以及谷类食品过度加工导致的 B 族维生素、矿物质和膳食纤维含量大量流失，造成人体营养摄入不足，促使慢性病发生的风险不断增加。

随着市场需求的不断增加，目前在我国常见的全麦食品有全麦面包、全麦糊（油茶）、谷物棒、全麦片、全麦饼干、全谷物饮品、燕麦全粉挤压面条、燕麦全粉挤压系列休闲食品、荞麦饸饹、荞麦挤压系列休闲食品等，深受消费者喜爱。全麦糊指全麦粉经炒制，加上坚果、果肉等辅料加工而成，或全麦粉采用挤压膨化工艺处理后，经磨粉、调制而成的营养丰富的固体饮料。谷物棒（cereals bar）是能量棒中的一种，通常以燕麦、膨化大米（米花）为主要原料，或根据当地的原料特点和饮食习惯加入小麦、大麦、玉米、荞麦、青稞等，在谷物经自然焙烤或挤压膨化后加入，或以小麦胚芽为主要配料，辅以大豆蛋白和低聚果糖制作能量棒，目前主要用于满足运动员、健身和登山爱好者、野外探险人员，以及生活节奏较快的白领人群的能量需求。全麦片富含膳食纤维、蛋白质、矿物质和维生素，籽粒切碎或不切碎，经灭酶、压片、烘干、包装而制成全麦片，常见的有燕麦片、大麦片、黑麦片和小麦片。在全麦食品加工中仍存在一些问题需要继续完善，如原料品质差异大、利用率低，产品加工精度和深度低，产品种类少、口感欠佳、货架期短、缺乏相关评价标准等。随着全谷物加工技术的不断提高，在工业化、智能化等高新技术的推动下，未来的全谷物食品加工将充分利用谷物中的有效组分，并朝着大众化、绿色方便、营养化的方向发展。

2006 年，国际食品信息委员会调查发现，73%的调查者表示他们愿意增加对全谷物的摄入。尼尔森食品公司调查数据显示，2001～2005 年，全谷物面包及其他焙烤产品的销售额比 1997～2001 年增长了 23%，全谷物意大利面销量则上升了 27%。在全谷物食品发展最快的美国，政府一直在进行营养指导，推广全谷物，全谷物产品消费量占所有谷物食品的 40%以上（冯炳洪等，2014）。据统计，2013 年我国糙米产量为 71 万 t，全麦粉产量为 112 万 t，杂粮制品产量为 235 万 t，合计产量为 418 万 t，与 5 年前的 243 万 t 相比，有大幅度增加。但我国是人口大国，人均占有量少，还需加大全谷物的产量，推进全谷物饮食快速发展。2014 年，美国通过医疗网站宣传全谷物，让消费者能够充分认识到全谷物对健康的好处，提倡全谷物摄入量达到 50%；2015 年美国全谷物委员会的市场调查显示有 86%的消费者选择全谷物食品（谭珊珊，2017）。

中国营养学会理事长杨月欣教授认为，我国居民生活方式的变化导致全谷物摄入严重不足、营养不均。因此，2012 年初我国发布的《粮食加工业发展规划（2011～2020 年）》中明确提出：推进全谷物健康食品的开发，鼓励增加全谷物营养健康食品的摄入，促进粮食科学健康消费，积极推进全谷物产业发展。2015 年发布实施首个全谷物标准，并启动了“中国全谷物行动”。2016 年全谷物成为《中国居民膳食指南（2016）》的重要亮点，被列入国家粮食局粮食行业关键急需重大科研项目。2017 年国家食品药品监督管理总局发布全谷物食品消费提示，提醒消费者如何选购、储存全谷物食品，以及选用合适的食用方法；“全民营养周”宣传教育活动在全国各地陆续举行，中国营养学会发布“谷物营养健康宣言”，倡导“食物多样、谷类为主”的饮食结构，并且强调应该增加全谷物在居民膳食中的摄入，宣传口号是“全谷物，营养+开创谷物营养健康新时代”（谭珊珊，2017）。

目前，我国消费者已经初步意识到全谷物食品对身体的益处，为满足人体健康和消费市场的需求，各科研院校、粮食加工企业等正在不懈努力，不断完善全麦食品加工工艺和产品质量，针对不同地区和人群开发特色全麦食品。目前，全麦食品已经受到老年人和高端消费人群的认可，还需继续加大全谷物食品的营养健康科普，引导消费者建立科学的饮食理念和营养均衡的消费观，如通过知识讲座、媒体和网络宣传等途径。应不断研发优化产品口感，让全谷物产品更易被大众消费者所接受，让全谷物食品利国利民。

3.2.4 推进我国全谷物发展的措施建议

全谷物食品含有丰富的B族维生素、维生素E、镁、铁，以及果蔬中没有的高营养价值的抗氧化物质，属于高膳食纤维、低脂肪、低饱和脂肪、低胆固醇和低热量食品，具有一定的保健功能。改革开放以来，人们生活水平不断提高，但不均衡的饮食引起多种疾病，严重影响人体健康。因此，近年来，平衡膳食、合理营养以及提高食品的功能性，已经成为人们新的追求目标。全谷物食品以其特有的功能性和不可替代性受到越来越多的人的关注。我国全谷物食品发展措施建议如下。

1. 深入开展全谷物食品的基础理论研究

加强全谷物食品营养与健康的关系和作用机制研究，尤其要开展全谷物中生理活性组分鉴定、特性与生物有效性的研究，全谷物食品合理摄入量方面的研究，全谷物食品营养基础数据库的研究，加工对全谷物食品营养素生物有效性影响的研究，多种产品“复合”营养功能的研究，全谷物食品营养与代谢的研究等，为全谷物食品的发展推广提供基础理论依据。

2. 积极研发全谷物食品生产新技术和专用设备

研究提高杂粮加工工业化、规模化水平，重点研究主食荞麦粉、荞麦面条、燕麦米、燕麦片、燕麦主食面粉、小米主食面粉、杂豆粉类主食面粉、方便和休闲食品、高粱米和高粱主食面粉的生产新技术。由于全谷物食品，特别是杂粮食品加工工艺有其特殊性，需要研发适应不同品种、条件各异、性能可靠的专用设备，以满足全谷物食品的生产要求。解决全谷物食品口感不适的难题，探索新工艺新设备，做好粗粮细作，为消费者提供口感好、色泽优良和货架稳定性高的传统与非传统全谷物食品。

3. 开展全谷物食品市场消费的研究

全谷物食品是新兴的消费市场，功能、绿色是其市场热点和亮点。全谷物食品的理论研究和产品开发要紧紧围绕市场的需求来进行，根据我国国情，针对特定人群、不同年龄段、不同地区人群的新需求，随时调整研发方向，不断开发新的全谷物食品。

4. 高度重视建立全谷物食品产业链

从原料抓起，对优良品种的选育、食用品质的改善、加工与储藏新技术的研究、质量与安全的控制等都需要统筹考虑，需要相关学科的联合攻关，这样才能促进全谷物食品快速发展。

5. 进一步加强政策支持和消费引导

加大对全谷物食品研究开发的支持，对具有发展潜力的大中型全谷物加工企业在税收和技术改造等方面给予资金支持。组织专家开展科学饮食、平衡膳食等科普宣传，对新研发的全谷物食品进行广泛宣传，提倡适合我国国情的有利于人民身体健康的膳食结构模式，引导人们营养、健康、安全地消费粮食（王瑞元，2016）。

3.3　冷冻面制食品的加工

冷冻面团是 20 世纪 50 年代发展起来的新工艺，利用冷冻技术处理成品或半成品，已成为我国食品行业结构调整和发展的必然趋势。近年来，随着冷冻面团技术的迅速发展，与传统面团相比，冷冻面团便于保藏、运输，能够标准化、规模化生产，便于企业根据消费需求有效控制库存，减少人力和能源的损耗，降低成本，同时能让消费者吃上新鲜的产品。因此，冷冻面团技术受到越来越多生产厂家的青睐（李书国等，2002；张守文，1996）。

冷冻面制食品也就是广义上的冷冻面团，其生产包括两个独立的环节，以面粉、水为主要原料，由中心工厂进行面团搅拌、切块、成型、冷冻，由烘焙房、超市、快餐店在需要时进行解冻、醒发和烤制等生产出成品，如速冻饺子、汤圆、包子、馒头等。根据 2016～2017 年我国方便食品产业发展报告可知，在 2016 年食品工业中利润增长超过 10%的行业中，速冻食品位列第六，486 家规模以上速冻食品企业累计完成 566.05 万 t 的产量和 981.4 亿元的产值，分别同比增长 6.96%和 15.2%，其中，中国三全食品股份有限公司、郑州思念食品有限公司和美国通用磨坊食品公司的市场总销售额占 64.4%。饺子是冷冻食品行业中主要产品，占 37%份额，年增速 3.4%，市场相对固化，2016 年速冻饺子市场占有率，“三全”为 31%、“思念”为 19%、“湾仔维邦”为 27%、其他为 23%。2016 年速冻汤圆市场占有率，“三全”为 37%、“思念”为 25%、“湾仔维邦”为 12%、其他为 23%。冷冻食品 2017 年市场有小幅回升，行业利润回暖（孟素荷，2018）。随着人们对产品品质要求的不断提高，速冻产品不断向高端化创新，产量与价值均在缓慢提升。

3.3.1　冷冻面团

与传统的面团加工工艺相比，冷冻面团技术可以有效缓解加工面制食品容易老化和贮藏期短的问题，可以实现制品规模化生产（Ribotta et al.，2001）。但冷冻面制食品在贮藏过程中仍然存在一些问题，如冻藏过程中生饺子和生馄饨开裂，春卷表皮出现长短不一的裂纹，面包体积减小等问题，容易导致产品品质降低，货架期缩短（叶晓枫等，2013；张秋叶和熊卫东，2011）。冷冻贮藏也容易引起面筋蛋白变性，出现表皮脆化、易掉渣、失去弹性、内部组织结构变差、质地变粗、失去原有蓬松感、风味减退等问题（Simmons et al.，2011）。出现这些问题主要是由于在面团冷冻过程中冰晶的形成、迁移和重结晶等破坏了面筋网络结构，面团强度减弱；酵母存活率和产气能力降低，导致冷冻面团醒发时间延长，比容变小。反复冻融对冷冻面制食品的破坏更严重，会导致面团流变学特性、网络结构和酵母活性发生变化，品质下降，从而影响冷冻面团的冷藏稳定性和加工特性，产品质构特性发生劣变，冰晶的大小对冷冻产品质量起关键的作用（刘海燕，2014；王璇等，2014；Kontogiorgos and Goff，2007）。

影响冷冻面团品质的主要因素有小麦粉的品质、蛋白质含量、酵母种类和发酵方式、水分含量、食品添加剂等。冷冻面团加工和贮藏过程中，面团中的水分会形成冰晶破坏面团网络结构，降低面团的筋力和持气能力；同时冻藏过程中面团易出现失水现象；随着冷冻面团贮藏时间的延长，面团的硬度变大，色泽变深，品质下降，影响面制食品的感官品质（卢曼曼等，2016）。

1. 小麦粉的品质

小麦粉的灰分含量、湿面筋含量、稳定时间、弱化度、拉伸面积、最大拉伸阻力、吹泡能量、吹泡涨力、L^*值、淀粉支直比是影响冷冻面团品质的主要因素，相关性达到了显著（$P<0.05$）或极显著（$P<0.01$）水平。优质冷冻面团专用小麦粉的关键指标：灰分<0.55%（*w/w*）、湿面筋 30.6%～34.2%（*w/w*），稳定时间 7.8～9.7min，弱化度 41.9～49.2Fu，拉伸面积 122.0～153.4cm^2，拉伸阻力 450.6～579.0Eu，吹泡涨力 101.5～128.3mm H_2O，吹泡能量 261.8～316.0ergs，L^*值 93.2～94.5，淀粉支直比 2.6～3.3（张剑等，2016）。

糯小麦粉的糊化温度低，回生值小，具有极强的持水能力和膨胀能力，冻融稳定性好（Abdel-Aal et al.，2002），凝沉阻力较大，具有较好的抗老化性能（孙链和孙辉，2008），无论面团冷冻与否，随着糯小麦比例增加，面团发酵的最大高度（H_m）和持气率（R）逐渐下降，而气体释放曲线最大高度（H'_m）和 CO_2 产量（V_{CO_2}）在一定程度上增加。随着冻藏时间的延长，面团各种参数（H_m、H'_m、R 等）逐渐降低，但是下降的幅度随糯小麦添加量的增加而减小，如与冻藏 7 天相比，添加质量分数 0%、10%、20%和 30% 的糯小麦面团冻藏 60 天后发酵最大高度（H_m）分别下降了 12.9%、9.6%、7.7%和 7.5%，而持气率（R）则分别下降了 2.8%、2.1%、1.6%和 1.7%。添加糯小麦制得的面包品质劣变较慢，抗老化效果好，最受欢迎的是添加 10%糯小麦的面包（刘海燕等，2012）。

2. 蛋白质含量

冷冻面团加工中面粉筋力比面粉中蛋白质含量对面团品质的影响更加重要，面筋强度高的面粉折裂力高，可以降低冷冻冷藏对面团持气性的破坏，减少冷冻时酵母产生谷胱甘肽对面团的破坏影响（Rasanen et al.，1995）。采用冷冻扫描电镜观察发现，面筋蛋白网络结构在冻藏过程中发生明显的弱化，主要是由于冻藏过程中冰晶的重结晶破坏了面筋蛋白网络结构。面筋蛋白在冻藏过程中的变化一是蛋白质分子量的变化，二是蛋白质结构的变化（Kontogiorgos and Goff，2007）。在冻藏条件下，蛋白质发生了解聚作用，使得高分子量麦谷蛋白亚基减少，随着冻藏时间的延长，解聚作用加剧。在冻藏过程中面筋蛋白的高分子量部分（集中在 10^5～10^9Da）发生解聚作用，主要是由面筋蛋白内部二硫键断裂引起的。反复冻融面筋蛋白的解聚现象更为严重，分子量主要集中在 3×10^5～4×10^8Da（Zhao et al.，2013；Ribotta et al.，2001）。在面筋蛋白结构方面，未经冻藏的面筋蛋白二级结构主要由 β-折叠和无规则卷曲组成。在恒温冻藏模式下，冻藏时间达到 90 天时，面筋蛋白二级结构才发生变化；而在冻融冻藏模式下，当冻藏时间达到 60 天时，其二级结构发生显著变化。这些变化主要归咎于冻藏过程中水分的迁移与重新分布、冰晶的重结晶以及可冻结水含量的增加（刘国琴等，2012）。同时，面粉的筋力也不是越高越好，筋力过高的面团会维持特别高的自由水含量，而面粉中淀粉的吸水膨胀度高时具有较高的持水性，可以提高产品的柔软性。因此，在生产冷冻面团时，应该选择筋力适中和淀粉吸水膨胀度高的面粉，制得的冷冻面团具有较高的面筋强度、抗冻性和柔软性（黄敏胜，2006）。

冰结构蛋白（ice structuring protein，ISP）是我国卫生部于 2006 年公布的可用于冷冻食品中的新型食品添加剂（黄卫宁，2006），很多生物体（包括鱼类、植物和昆虫）中均可合成。ISP 具有吸附在冰晶的表面，或者冰-水界面引起某种相互作用的功能（Hew and Yang，1992）。关于 ISP 对冰晶的作用机制，Jia 等（2012）提出了“表面互补”模型，认为 ISP 的冰晶结合位点所形成的表面能与冰晶的表面发生互补，这种表面互补与多种相互作用力（主要是疏水作用和范德瓦耳斯力）有关，互补的表面越大则相互作用力越强，要使 ISP 从冰晶上脱离下来则必须同时断裂这些相互作用力，而这在动力学上几乎是不可能的，因而导致了ISP与冰晶之间结合的不可逆性。ISP的功能特性包括：抑制冰晶生长，并能在较低的浓度下抑制冰晶的重结晶（Sidebottom and Bucklry，2000；Yeh et al.，1994），控制和修饰冰晶形态（Bárcenas and Rosell，2006）；以非依数性形式降低溶液的冰点（Devries，1988），但对熔点影响很小。添加 ISP（0.5%）可以显著缩短冻藏（105 天）面团的醒发时间，抑制面团比容的降低和面包比容的减小，改善冷冻面团的流变学特性，增加其弹性模量（G'）和黏性模量（G''）（任士贤等，2009），提高冷冻面团的抗冻发酵特性。同时，ISP 可以有效保护冷冻面团面筋膜的超微结构，降低冷冻面团的糊化焓，还可减小冷冻面团面包的硬度。以上现象进一步说明 ISP 可以抑制冰晶形成和重结晶，改变冷冻面团和面包中水分的存在状态，减少冷冻对面筋结构和酵母结构的损害（潘振兴等，2008；周美玲等，2008）。

3. 水分含量

水分含量对冷冻面团加工过程中冰晶形成和面团品质有着极大的影响。相同水分含量的面团在冷冻后硬度显著增加，可能是由于和面后冷冻使淀粉的线性分子重新排列，并通过氢键使面筋的网络结构发生改变，淀粉溶解度减小，最终导致冷冻面团硬度增加，冷冻后面团的黏性升高、内聚性下降、弹性降低。经冷冻后面团面筋蛋白的二级结构中 β-折叠和 α-螺旋的比例增加，β-转角的比例降低，使面筋蛋白的网络结构趋于稳定（王世新等，2017）。在−18℃长时间的冷冻储藏过程中，冷冻面团的黏弹性（硬度、弹性、黏聚性、储能模量和损耗模量）降低，是由冰晶引起面筋交联损伤所导致的，该条件下，温度在 0.5℃波动会显著降低发酵面团的品质（Phimolsiripol et al.，2008）。

4. 酵母种类和发酵方式

冷冻面团具有醒发时间较长、产品体积较小等问题。冷冻面团在发酵、冷藏、解冻和醒发过程中，理化特性会发生变化，将直接影响产品质量。对比由不同市售酵母（低糖型国光高活性干酵母、英联马利苹果即发高活性干酵母、品一即发高活性干酵母、高糖型马利即发高活性干酵母、高糖型丹宝利即发高活性干酵母和耐高糖安琪高活性干酵母）制作的冷冻面团在不同冻藏时间下的流变学特性和发酵特性及馒头品质特性可知，用冷冻面团制作发酵产品时，选用干酵母更好。低温冷冻、解冻过程会严重破坏酵母细胞超微结构，导致其细胞壁和细胞膜破裂、细胞质流出，冷冻面团干酵母的添加量为普通面团的 1.5 倍左右，以弥补在冷冻过程中酵母的损失。添加 2%的甘油和 2%海藻糖+2%脯氨酸+3%甘油（TPG）制备的冷冻发酵面团，酵母细胞会在低温胁迫下产生多种不同分子量蛋白质来抵御冷冻伤害，酵母细胞超微结构均有不同程度的修复，修复后的酵母细胞壁变厚、胞质均匀，基本恢复正常（叶鹏等，2017）。用低糖型国光高活性干酵母和耐高糖安琪高活性干酵母制得的冷冻面团制作的馒头的综合品质较稳定（范会平等，2016；刘亚楠等，2010）。

不同的发酵方式对面团的面筋网络和酵母细胞的破坏有显著影响。对比未发酵面团、发酵面团和二次发酵面团制备的冷冻面团的品质特性可知：未发酵面团中组分的聚合度和面筋网络结构较大；发酵面团中淀粉颗粒完全露出，面筋蛋白膜消失，结构疏松；二次发酵面团中水分流动性大，可冻结水含量多，面筋网络结构破坏较严重，在冻藏过程中受损较大（王崇崇等，2017）。常温面团和冷冻面团制得的披萨的主要风味物质是羧酸类、烯烃类和酯类，其中 33 种为相同物质，相对百分含量分别为 89.58%和 87.34%，说明低温冷冻面团和常温面团制作的披萨的风味物质组成有很大的相似性，低温冷冻过程对面团风味没有产生太大影响（姜元华等，2017）。

5. 食品添加剂

在冷冻过程中由于面团内部形成冰晶、重结晶，破坏了面筋网络结构，严重影响了产品品质，添加适量的食品添加剂可以改善冷冻面团及其产品品质。加添加剂和未加添加剂的冷冻面团微观结构存在显著差异，利用扫描电镜观察，未加添加剂的冷冻面团微观结构的裂纹比较明显，结构松散，加复合添加剂的冷冻面团和未加添加剂的新鲜面团的结构比较接近，裂纹少，结构均匀，淀粉均匀地分散在蛋白质之间；加添加剂的冷冻馒头感官和 TPA 测定结果都比较接近新鲜馒头；冷冻饺子和速冻饺子的冻裂率在加入添加剂后都有明显的降低，感官和 TPA 测定结果也和新鲜饺子接近；加添加剂的冷冻包子感官比未添加的感官更好；加添加剂的冷藏面条酸度降低，蒸煮损失率、干物质损失率、断条率及感官都得到改善（李绍虹，2010）。添加马铃薯淀粉乙酸酯可以增加面团中结合水的含量，增加面团持水能力，减少冷冻过程对面团品质的损害（王亚楠等，2017）。除此以外，添加卵磷脂可以提高面团力学特性；硬脂酰乳酸钠在改善冷冻面团感官品质方面效果较好；谷氨酰胺转氨酶能够增强面筋网络结构，使冷冻面团保持新鲜（滕月斐等，2011）；葡萄糖氧化酶（Gox）可以增强面团筋力，抵制由晶体形成引起的蛋白质解聚作用，减少酵母细胞死亡，进而减少面团受到的冷冻损害（Eugenia et al.，2012）。

食品胶可以改善面制食品体系的乳化性和起泡性，提高面团的流变学和质构特性。添加少量的食品胶（<1%，*w/w*）于面粉中，在制作冷冻面团过程中亲水胶体进入冰晶区域，减少自由水的移动，降低面团中冰晶生长速度和冰晶大小，一定程度上提高冷冻面制食品的持水率、黏度和冷冻食品体系在低温环境下的稳定性，同时减少温度波动带来的负面影响，还可抑制冰晶对面筋蛋白网络结构和酵母细胞的破坏，大大改善面团脱水情况。另外，亲水胶体作为一类增稠剂，可改变面团质构和外观，加快水分和蛋白质分子以及淀粉颗粒相互渗透的速度，防止表面吸湿，提高冷冻产品的品质，延长货架期，但也会带来发酵时间延长、面包硬度变大等负面作用（汪星星等，2015）。海藻多糖被誉为“生命多糖”，在恶劣环境下可在细胞表面形成独特的保护膜，有效地保护生物分子的结构不被破坏。保护作用存在两种假说：一是“水替代假说”，即细胞冷冻失水时，海藻多糖和蛋白质之间形成氢键，代替了水和蛋白质之间的氢键，保持蛋白质的结构，防止其变性；二是“玻璃态假说”，即冷冻失水时，海藻多糖形成玻璃态结构，分子移动

性极低，蛋白质就不能重排变形，使生物材料长期保持稳定（Plourde-Owobi et al.，2000）。海藻多糖已被证实是一种有效的酵母冷冻保护剂（Rollini et al.，2007；Santagapita et al.，2007；黄卫宁，2005）。沙蒿胶具有很强黏合力，对面团有很强的黏结能力，可增加面筋网络强度和面团持气能力。研究表明，沙蒿胶能够提高冷冻储藏后面团的抗拉伸性能，减少冷冻面团中可冻结水的含量，维持冷冻面团中面筋蛋白网络结构的完整性；与刺槐豆胶相比，在长期的冷冻贮藏过程中，沙蒿胶能够更好地维持冷冻面团中面筋网络结构的完整性，说明沙蒿胶可以提高冷冻面团的抗冻性，改善冷冻面团的品质（高博等，2006）。利用傅里叶变换红外光谱（FTIR）和 SDS-PAGE 对果胶-谷朊粉复合物的结构进行分析可知，果胶-谷朊粉可溶性复合物由果胶与中等分子量疏水谷朊粉蛋白质选择性交联而成（孙涟漪，2014）。添加食品胶在一定程度上能够减缓面筋蛋白体系 G'、G''下降的趋势，提高冷冻面团中面筋蛋白的冻藏稳定性，其中卡拉胶和黄原胶通过离子基团的静电相互作用与面筋蛋白相结合，键能较大，作用效果显著（汪星星等，2016）。

麸皮中膳食纤维含量高，具有高持水性，添加适量小麦麸皮制得的冷冻面团中强结合水含量增加，可能是麸皮的加入使膳食纤维中的戊聚糖与其他组分之间产生连接作用，形成的面筋结构较大，可以保留更多的水分，但添加过多的麸皮会破坏面筋网络结构，增加自由水含量，降低面团的持气性。研究表明，添加质量分数为 15%的麸皮时面团的粉质特性最佳，对于相同添加比例的麸皮，粒径越大，面团 pH 相对越大，说明合理调整麸皮的粒径和质量分数可有效调节冷冻面团的酸度值（王崇崇等，2017）。

随着冻藏时间延长，面筋蛋白均方根半径呈下降趋势，这可能是由于冻融过程中，冰晶对面筋蛋白产生破坏作用，因此蛋白质解聚，分子量下降，均方根半径也随之下降；或是在冻融过程中，面筋蛋白的分子链柔性改变，使得面筋蛋白的柔性增加，在溶液中表现得更为紧密，导致均方根半径下降（Zhao et al.，2013）。同时，面团冻融过程中蛋白质构象发生改变和冰晶形成，导致面筋网络结构破坏，引起流变学特性变化，随着面团冻融时间延长，面团的 G'、G''逐渐减小（汪星星等，2016）。

3.3.2 冷冻熟面制品

冷冻熟面制品是近年来国内市场新出现的产品，是以小麦粉为主要原料，经制面、蒸煮、速冻和包装加工而成的一类产品，不添加任何食品添加剂，需在冻结状态下低温贮藏（周惠明，1988）。冷冻面团可以较好地保留新鲜面条的口感，食用方便，保质期长，越来越受到市场的欢迎。冷冻熟面制品最早是由日本在 1972 年研制开发的，1975 年正式投入商业生产（王亦芸，1995）。

面粉是冷冻熟面的主要原料，需选用灰分低、色泽白的精致麦芯粉才能制成优质的冷冻熟面。淀粉使冷冻熟面爽口，但在小麦粉加工过程中，机械力的作用不可避免地会使淀粉颗粒的外表形状和内部结构受到损伤，产生破损淀粉（朱宝成，2014），随着面粉中破损淀粉含量的增加，面粉的峰值黏度、最终黏度、崩解值和回生值均显著降低（$P<0.05$），面粉的膨胀性显著增加（$P<0.05$），微观结构观察发现，吸水膨胀的破损淀粉对冷冻熟面的面筋网络有一定的破坏作用，随破损淀粉含量增加冷冻熟面的可冻结水含量、蒸煮损失率和断条率显著增大，拉伸力和拉伸距离显著降低（$P<0.05$）（岳凤玲等，2017）。添加适量的马铃薯淀粉、木薯淀粉可以改善面条的质量。食盐可以调节面团的黏弹性，减少断条，抑制酶活性，改善面条的食味。碱水使面条具有独特的韧性、弹性和滑爽性，碳酸钾使面条在蒸煮时不易发生褐变反应，可增加面条的透明度，碳酸钠可提高面条的延伸性和柔软性。

面条制作工艺对冷冻熟面的品质影响较大。真空和面可以使面条中的可冻结水含量降低、最佳蒸煮时间延长、蒸煮损失率降低，可以显著提高面条的硬度、回复性和最大剪切力，延缓面条在冻藏过程中硬度、最大剪切力和蒸煮损失率劣变的趋势，减少冻藏过程中冰晶对面条内部组织结构的破坏（焦婷婷和章绍兵，2017）。不同的面带压延方式直接影响面条品质，分别采用平行压延、平行折叠、垂直折叠、垂直三等分、横向多层折叠、45°折叠压延方式，冷冻熟面的品质依次提高，且其他压延方式比平行压延都有显著提高（$P<0.05$），垂直三等分和横向多层折叠之间无显著差异（$P>0.05$），采用 45°折叠压延的效果最好。采用平行压延制得的面带具有较大的纵向拉断力，而横向拉断力较小，采用折叠和变换方向的压延方式后面带的纵向和横向拉断力都有显著提高（$P<0.05$），其中变换方向使面带在横向拉断力上提高幅度更大。微观结构观察显示，单向压延时面筋沿着压延方向呈带状分布，垂直于压延方向的面筋没有得到有效延伸，变换压延方向后垂直于压延方向的面筋结合更加紧密。另外，采用折叠和变换方向的压延方式后，面团的 G'和 G''都有所增大，可冻结水含量显著降低（$P<0.05$），谷蛋白大聚体（GMP）含量显著提高（$P<0.05$）。压延比对冷冻熟面制品的品质影响较大，压延比太小，则面筋延伸不充分且强度低、水分分布不均匀，淀粉与面筋的结合不紧密；压延比过大则造成面筋的聚集，面筋出现孔洞、分布不均匀，无法很好地包裹淀粉，与水分的结合也不够紧密，使冻结过程中冰晶对面条的破坏较大，严重损伤面条结构。研究表明，随着压延比从 15%增大到 25%，冷冻熟面的蒸煮、质构及感官品质均显著提高（$P<0.05$），超过 30%后又会出现下降的趋势。随着压延比增加，面团的 G'和 G''不断增加，压延比为 40%时，可冻结水含量显著升高（$P<0.05$），压延比为 25%～30%时面筋结构连续、均匀（邵丽芳，2018）。

面条在煮制过程中，淀粉糊化，蛋白质交联形成面筋网络结构，水分会逐渐由外部向内部扩散，最终使面条的外侧含有较高水分，约为 80%，而内部水分含量较低，约为 50%，这样就使得面条食用起来表面光滑柔软、内部弹性较强（周惠明，1988）。此时，采用冷却冷冻工艺，用 0～5℃的水将面条迅速冷却，可以洗掉面条表面黏液，防止面条黏结，最重要的是使面条温度迅速降低，最大限度地维持住新鲜面条的口感；面条的品质随着洗面水温度升高而降低（姜海燕，2015）。除了煮面，还可采用蒸或蒸煮结合的方式制作冷冻熟面，采用蒸的方式制作的熟面咀嚼性、最大剪切力、拉断力较煮的方式大，制得的面条中水分含量显著降低（吕莹果等，2011）。采用蒸的方式对面条进行预处理，有助于形成坚实的面条结构，再将面条煮熟，可以有效提高冷冻熟面的质构品质（冯俊敏，2012）。在制作冷冻荞麦面条时，采用蒸的方式进行预处理，可以显著降低面条的蒸煮损失率，提高其复热后的硬度、弹性和咀嚼性（李晶等，2016）。

速冻工艺对冷冻熟面的品质有直接影响，将煮熟的面条快速冷冻，可最大限度地保留鲜湿面条的口感和保持熟面的食用品质（陆启玉和陈颖慧，2008）。冷冻过程抑制面条内部水分迁移、水分形成冰晶，而在冻藏过程中，冰晶生长或重结晶，冰晶大小和分布发生变化，引起面筋蛋白网络结构进一步被破坏，随着冻藏时间延长，麦谷蛋白聚合体发生一定程度的解聚，面团的失水率和硬度逐渐增大，弹性、咀嚼性不断减小，淀粉颗粒与蛋白质网络发生分离（Wang et al.，2013；Baierschenk et al.，2005）。冻藏过程中，温度波动幅度和频率的增加、冻融频率的增加都对面条的质构稳定性有影响。针对以上问题，可以在冷冻熟面加工过程中添加适量的乳化剂、食用胶、酶制剂、冰结构蛋白和变性淀粉等来提高冷冻熟面的品质（汪星星等，2015），其中热稳定冰结构蛋白对冷冻面团中冰晶的形成和重结晶具有很好的抑制效果，并且可以提高冷冻面团体系的冻藏稳定性（Jia et al.，2012）。

3.3.3 我国冷冻食品发展趋势

我国速冻食品发展历史较短，消费者对速冻食品仍存在不新鲜、营养价值低等误解，但随着生产技术的不断提高和人们对速冻食品认识的不断更新，近年来其发展比较快。2018 年以来，发达国家速冻食品已具规模，美国速冻食品产量最大，人均年消费量 60kg 以上，欧洲人均消费量 30kg，日本作为亚洲第一大速冻消费市场人均消费量 20kg 位居世界第三，而我国人均消费量仅约 9kg，与发达国家存在一定差距。随着我国居民消费水平的不断提升，生活节奏日益加快，速冻食品被更多的人所接受，我国速冻食品的消费需求有望向发达国家靠拢。英国速冻食品联合会研究显示，同样的食物，购买速冻类型可以为一个四口之家每周节省 34%的食品开销。随着消费者购买速冻食品的消费习惯的形成，我国速冻食品具有很大的消费市场，我国交通运输部官方数据显示，冷链物流行业未来 3～5 年的市场规模将达 4700 亿元，结合大数据技术的应用，消费者线上线下购买冷冻食品将更加便捷，有助力速冻食品行业快速发展。

随着我国食品工业化进程的不断推进，未来我国方便食品发展的重点是加强方便食品共性加工技术研究，如大力发展挤压膨化、脱水复水、冷冻冷藏、物性控制等技术，实现“中式”方便食品的平民化，提高方便主食的营养水平；力争关键和高精度装备国产化、传统食品方便化，实现地方特色传统食品方便化生产，冷冻熟面制品是一个很好的发展方向。

主要参考文献

范会平, 李瑞, 郑学玲, 等. 2016. 酵母对冷冻面团发酵特性及馒头品质的影响[J]. 农业工程学报, 32(20): 298-305.

冯炳洪, 邓璐璐, 王立, 等. 2014. 谷物食品研究现状及发展趋势[J]. 食品工程, (3): 9-12.

冯俊敏, 张晖, 王立, 等. 2012. 冷冻面条品质改善的研究[J]. 食品与生物技术学报, 31(10): 1080-1086.

高博, 黄卫宁, 邹奇波, 等. 2006. 沙蒿胶提高冷冻面团抗冻性及其抗冻机理的探讨[J]. 食品科学, 27(12): 94-99.

国家卫生计生委疾病预防控制局. 2015. 中国居民营养与慢性病状况报告(2015)[M]. 北京: 人民卫生出版社.

韩淑芬, 张红, 迟静, 等. 2014. 复合全谷豆粗杂粮对空腹血糖受损人群胰岛素抵抗及脂肪细胞因子的影响[J]. 中华预防医学杂志, 48(1): 23-27.

黄敏胜. 2006. 影响冷冻面团质量的因素[J]. 食品工业科技, 3(4): 188-191.

黄卫宁. 2005. 一种经海藻糖处理的酵母抗冻发酵生产冷冻面团的方法: ZL200510039230.X[P]. 2005-11-23.

黄卫宁. 2006. 冰结构蛋白-GB2760 新成员[N]. 中国食品报, 8-22.

姜海燕. 2015. 速冻熟制拉面的制备工艺研究[D]. 郑州: 河南工业大学硕士学位论文.

姜元华, 贾洪锋, 邓红. 2017. 常温和冷冻面团披萨中的挥发性风味物质分析[J]. 粮食与油脂, 30(9): 71-73.

焦婷婷, 章绍兵. 2017. 冷冻熟面的制备及保藏工艺研究进展[J]. 粮食与油脂, 30(2): 4-6.

鞠兴荣, 何荣, 易起达, 等. 2011. 全谷物食品对人体健康最重要的营养健康因子[J]. 粮食与食品工业, 18(6): 1-6.

李晶, 骆丽君, 郭晓娜. 2016. 蒸制对冷冻荞麦熟面品质的影响研究[J]. 中国粮油学报, 31(2): 9-12.

李里特, 江正强. 1994. 荞麦方便面的制作工艺[J]. 北京农业工程大学学报, (2): 100-105.

李里特, 江正强. 1998. 添加剂对方便面品质的改善[J]. 中国粮油学报, (1): 29-31.

李培玗. 1994. 方便面生产工艺及基本原理(一)[J]. 食品工业, (4): 48-51.

李绍虹. 2010. 冷冻面团品质改良技术研究[D]. 河南: 河南工业大学硕士学位论文.

李书国. 2003. 进入 21 世纪我国方便面工业发展之对策[J]. 粮食与油脂, (3): 34-36.

李书国, 陈辉, 李雪梅, 等. 2002. 复合冷冻面团品质改良剂的研制[J]. 西部粮油科技, (4):

12-15.
刘国琴, 阎乃珺, 赵雷, 等. 2012. 冻藏对面筋蛋白二级结构的影响[J]. 华南理工大学学报(自然科学版), 40(5): 115-120.
刘海燕. 2014. 海藻酸钠对冷冻面团面包烘焙特性的影响[J]. 粮油食品科技, 22(5): 5-8.
刘海燕, 尚珊, 王宏兹, 等. 2012. 糯麦粉对冷冻面团发酵流变特性和面包烘焙特性的影响[J]. 食品科学, (3): 77-81.
刘亚楠, 王晓曦, 董秋晨, 等. 2010. 冷冻面团技术的应用和发展[J]. 粮食加工, 35(4): 48-51.
卢曼曼, 谢晶, 刘丽宅, 等. 2016. 改善冷冻面团贮藏稳定性的研究进展[J]. 粮食加工, (5): 9-12.
陆启玉, 陈颖慧. 2008. 面制方便食品[M]. 北京: 化学工业出版社.
陆启玉, 张国印, 潘强. 2007. 非油炸方便面复水性的改善研究[J]. 食品科技, 32(2): 210-213.
吕莹果, 王励铭, 邱寿宽, 等. 2011. 冷冻面条制备工艺研究[J]. 粮食与油脂, 24(7): 17-20.
马浩然, 温雪瓶, 严俊波, 等. 2015. 亲水性胶体对非油炸杂粮方便面原料糊化特性及品质影响[J]. 粮食与油脂, (12): 45-48.
马萨日娜, 张美莉, 蔺瑞. 2011. 提高燕麦方便面品质的工艺研究[J]. 中国粮油学报, 26(7): 103-107.
孟素荷. 2018. 创新与变革-2016-2017年中国方便食品产业发展报告(摘要)[R]. 北京：第十七届中国方便食品大会暨方便食品展的产业年度报告.
牛猛. 2014. 全麦鲜湿面褐变机制及品质改良的研究[D]. 无锡: 江南大学博士学位论文.
潘振兴, 邹奇波, 黄卫宁, 等. 2008. 冰结构蛋白对长期冻藏冷冻面团抗冻发酵特性与超微结构的影响[J]. 食品科学, 29(8): 39-42.
亓伟华, 修琳, 张大力. 2017. 多谷物非油炸方便面的微波-热风联合干燥工艺研究[J]. 食品工业, (1): 130-134.
任士贤, 黄卫宁, 王宏兹, 等. 2009. 冷冻面团发酵技术在中式食品中的应用Ⅱ. 冰结构蛋白对鲜酵母及包子类冷冻面团流变发酵特性的影响[J]. 食品科学, 30(23): 17-21.
邵丽芳. 2018. 制面工艺对冷冻熟面品质的影响及其机理研究[D]. 无锡: 江南大学硕士学位论文.
师俊玲. 2001. 蛋白质和淀粉对挂面及方便面品质影响机理研究[D]. 杨凌: 西北农林科技大学博士学位论文.
孙涟漪. 2014. 谷朊粉基面粉改良剂的制备研究[D]. 无锡: 江南大学硕士学位论文.
孙链, 孙辉. 2008. 糯小麦粉特性研究进展[J]. 粮油食品科技, 16(1): 1-4.
孙于庆, 冉旭, 李建新. 2011. 挤压参数对荞麦方便面质量的影响[J]. 食品科技, (2): 144-147.
谭珊珊. 2017. 为何提倡“全谷物 营养+？”[J]. 科学养生, (8): 10-11.
汤坚, 丁霄霖. 1994. 玉米淀粉的挤压研究: 淀粉在挤压过程中降解机理的研究(Ⅱb)[J]. 无锡轻工业学院学报, (1): 1-9.
滕月斐, 丛琛, 杨磊, 等. 2011. 乳化剂影响新鲜及冷冻面团面包品质的研究[J]. 食品科技, 36(7): 130-134.
汪星星, 余小林, 胡卓炎, 等. 2015. 冷冻面制品的研究现状及改良进展[J]. 粮食与油脂, 28(7): 5-8.
王崇崇, 马森, 谢宇航, 等. 2017. 麸皮对冷冻面团品质的影响[J]. 河南工业大学学报(自然科学版), 38(1): 32-38.
王静, 金征宇. 2006. 食品添加剂对淀粉胶体挤压物特性的影响研究[J]. 粮食与饲料工业, (1):

19-21.
王宁, 卢承前, 黄志, 等. 1995. 大米粉在挤压蒸煮过程中酶法糊化度数学模型[J]. 食品科学, 16(9): 20-24.
王瑞元. 2016. 积极发展全谷物食品, 促进百姓身体健康[J]. 粮食与食品工业, (1): 1-2.
王善荣, 陈正宏, 郑广新. 2004. 淀粉对油炸方便面品质影响的研究[J]. 食品科学, 25(11): 109-111.
王世新, 杨强, 李新华. 2017. 水分对冷冻小麦面团质构及面筋蛋白二级结构的影响[J]. 食品科学, (9): 156-162.
王璇, 尹晓萌, 梁建芬. 2014. 亲水胶体对冷冻面团及其面包品质的影响[J]. 农业机械学报, (S1): 230-235.
王亚楠, 侯召华, 檀琮萍, 等. 2017. 变性淀粉对冷冻面团水分特性的影响[J]. 粮食与油脂, 30(6): 63-65.
王亦芸. 1995. 日本冷冻面现状[J]. 食品工业, (5): 20-22.
魏益民, 张国权, 欧阳韶晖, 等. 1998. 小麦粉品质和制面工艺对面条品质的影响研究[J]. 中国粮油学报, (5): 42-45.
吴琼. 2018. 消费升级背景下我国方便面市场的营销策略探讨[J]. 经贸实践, 239(21): 196-198.
谢洁, 陈宁春, 张斌. 2012. 真菌 α-淀粉酶和葡萄糖氧化酶对全麦面粉品质的改良[J]. 南方农业学报, 43(6): 843-846.
徐同成, 王文亮, 祝清俊, 等. 2009. 全麦食品的营养与保健功能研究进展[J]. 中国食物与营养, (10): 55-57.
徐颖, 陈运中, 韦雪飞, 等. 2009. 挤压玉米方便面的研究[J]. 粮油加工, (5): 89-91.
杨健, 张星灿, 刘建, 等. 2018. 真空和面对非油炸青稞杂粮方便面品质的影响研究[J]. 食品与发酵科技, 54(5): 46-50.
杨铭铎, 马雪, 贾庆胜. 2013a. 几种蛋白质对非油炸方便面品质影响的研究[J]. 中国粮油学报, 28(12): 11-16.
杨铭铎, 马雪, 贾庆胜. 2013b. 复合因素对非油炸方便面品质影响的研究[J]. 中国粮油学报, 28(11): 63-73, 79.
叶鹏, 王学东, 陈聪莉, 等. 2017. 抗冻剂对冷冻面团中酵母冷冻保护机理研究[J]. 中国粮油学报, 32(7): 7-13.
叶晓枫, 何娜, 姜雯翔, 等. 2013. 冷冻非发酵面制品品质改良研究进展[J]. 食品科学, 34(11): 369-374.
岳凤玲, 朱科学, 郭晓娜. 2017. 面粉中破损淀粉含量对冷冻熟面品质的影响[J]. 食品与机械, 33(4): 4-8.
张海芳, 胡美娟, 赵丽芹. 2015. 不同增稠剂对非油炸荞麦方便面品质的影响研究[J]. 食品工业, (12): 43-45.
张剑, 高继伟, 艾志录. 2016. 小麦粉性能指标与冷冻面团油条品质的关系[J]. 河南农业大学学报, (2): 241-247.
张强. 2018. 全谷物食品对人体健康最重要的营养健康因子研究[J]. 食品安全导刊, 203(12): 56-57.
张秋叶, 熊卫东. 2011. 速冻水饺品质研究进展[J]. 农产品加工(学刊), 1: 91-94.
张守文. 1996. 面包科学与加工工艺[M]. 北京: 中国轻工业出版社: 21-23.
张守文, 吴冰. 1997. 复合型专用品质改良剂的研究[J]. 粮食与饲料工业, (3): 36-39.

张杏丽. 2011. 面粉质量对鲜湿面条品质影响的研究[D]. 河南: 河南工业大学硕士学位论文.
张钟, 戴震亚, 王勇, 等. 2006. 非油炸方便面的研制[J]. 粮油食品科技, (1): 38-39.
赵兰涛, 程李琳, 张晖, 等. 2013. 不同谷物对小鼠肠道菌群的影响[J]. 粮食与食品工业, 20(5): 51-55.
中国食品科学技术学会面制品分会. 2008. 中国方便面行业和市场分析[J]. 中国包装工业, (7): 60-62.
周波. 2016. 我国非油炸方便面的发展现状及前景[J]. 现代食品, (9): 49-51.
周惠明. 1995. 面粉添加剂的种类、作用机理及使用方法[J]. 粮食与饲料工业, (11): 5-10.
周惠明. 1998. 冷冻熟面的工艺技术研究[J]. 粮食与饲料工业, (1): 32-33.
周美玲, 邹奇波, 黄卫宁, 等. 2008. 冰结构蛋白影响冷冻面团及面包体系发酵烘焙与热力学特性的研究[J]. 食品科学, 29(11): 125-129.
朱宝成. 2014. 破损淀粉的研究与应用[J]. 现代面粉工业, (6): 9-11.
竹田良三. 1993. 小麦たんの白ぬん类への有效な利用法[J]. 食品と科学, (10): 109-115.
Abdel-Aal S M, Hucl P, Chibbar R N, et al. 2002. Physicochemi-cal and structural characteristics of flours and starches from waxy and nonwaxy wheats[J]. Cereal Chemistry, 79(3): 458-464.
Adom K K, Liu R H. 2002. Antioxidant activity of grains[J]. Journal of Agricultural and Food Chemistry, 50(21): 6182-6187.
Baierschenk B A, Handschin S, Schonau M, et al. 2005. *In situ* observation of the freezing process in wheat dough by confocal laser scanning microscopy (CLSM) formation of ice and changes in the gluten network[J]. Journal of Cereal Science, 42(2): 255-260.
Bárcenas M E, Rosell C M. 2006. Different approaches for improving the quality and extending the shelf life of the partially baked bread: low temperatures and HPMC addition[J]. Journal of Food Engineering, 72: 92-99.
Cani P D, Possemiers S, Wiele T V D, et al. 2009. Changes in gut microbiota control inflammation in obese mice through a mechanism involving GLP-2-driven improvement of gut permeability[J]. Gut, 58(8): 1091-1103.
Devries A L. 1988. The role of antifreeze glycopeptides and peptides in the freezing avoidance of antarctic fishes[J]. Comp Biochem Physiol, 90B: 611-621.
Doblado-Maldonado A F, Pike O A, Sweley J C, et al. 2012. Key issues and challenges in whole wheat flour milling and storage[J]. Journal of Cereal Science, 56(2): 119-126.
Eugenia M, Daniel P, Teresa G, et al. 2012. Use of enzymes to minimize dough freezing damage[J]. Food and Bioprocess Technology, 5(6): 2242-2255.
Harris J K, West S G, Vanden Heuvel J P, et al. 2014. Effects of whole and refined grains in a weight-loss diet on markers of metabolic syndrome in individuals with increased waist circumference: a randomized controlled-feeding trial[J]. American Journal of Clinical Nutrition, 100(2): 577-586.
Heo H, Baik B K, Kang C S, et al. 2012. Influence of amylose content on cooking time and textural properties of white salted noodles[J]. Food Science & Biotechnology, 21(2): 345-353.
Hew C L, Yang D S C. 1992. Protein interaction with ice[J]. European Journal of Biochemistry, 203(1-2): 33-42.
Hirawan R, Wanyuin S, Arntfield S D, et al. 2010. Antioxidant properties of commercial, regular- and whole-wheat spaghetti[J]. Food Chemistry, 119(1): 258-264.
Huang W, Kim Y, Li X, et al. 2008. Rheofermentometer parameters and bread specific volume of frozen sweet dough influenced by ingredients and dough mixing temperature[J]. Journal of

Cereal Science, 48(3): 639-646.

Hughes S A, Shewry P R, Li L, et al. 2007. *In vitro* fermentation by human fecal microflora of wheat arabinoxylans[J]. Journal of Agricultural and Food Chemistry, 55(11): 4589-4595.

Jensen S, Oestdal H, Clausen M R, et al. 2011. Oxidative stability of whole wheat bread during storage[J]. LWT-Food Science and Technology, 44(3): 637-642.

Jia C L, Huang W N, Wu C, et al. 2012. Characterization and yeast cryoprotective performance for thermostable ice-structuring proteins from Chinese Privet (*Ligustrum vulgar*e) leaves[J]. Food Research International, 49(1): 280-284.

Kontogiorgos V, Goff H D. 2006. Calorimetric and microstructural investigation of frozen hydrated gluten[J]. Food Biophysics, 1: 202-215.

Kontogiorgos V, Goff H D. 2007. Effect of aging and ice structuring proteins on the morphology of frozen hydrated gluten networks[J]. Biomacromolecules, 8(4): 1293-1299.

Kyrø C, Skeie G, Loft S, et al. 2013. Intake of whole grains from different cereal and food sources and incidence of colorectal cancer in the Scandinavian HELGA cohort[J]. Cancer Causes & Control, 24(7): 1363-1374.

Li M, Zhu K X, Sun Q J, et al. 2016. Quality characteristics, structural changes and storage stability of semi-dried noodles induced by moderate dehydration: understanding the quality changes in semi-dried noodles[J]. Food Chemistry, (194): 797-804.

Neyrinck A M, Van Hee V F, Piront N, et al. 2012. Wheat-derived arabinoxylan oligosaccharides with prebiotic effect increase satietogenic gut peptides and reduce metabolic endotoxemia in diet-induced obese mice[J]. Nutrition & Diabetes, 2(1): e28.

Okarter N, Liu R H. 2010. Health benefits of whole grain phytochemicals[J]. Critical Reviews in Food Science and Nutrition, 50: 193-208.

Phimolsiripol Y, Siripatrawan U, Tulyathan V, et al. 2008. Effect of cold pre-treatment duration before freezing on frozen bread dough quality[J]. International Journal of Food Science and Technology, 43(10): 1759-1762.

Plourde-Owobi L, Durner S, Goma G, et al. 2000. Trehalose reserve in *Saccharomyces cerevisiae*: phenomenon of transport, accumulation and role in cell viability[J]. International Journal of Food Microbiology, 55(1-3): 33-40.

Posner E S, Khan K, Shewry P R. 2009. Wheat Flour Milling[M]. St Paul: American Association of Cereal Chemists Inc (AACC): 119-152.

Prabhasankar P, Rao P H. 2001. Effect of different milling methods on chemical composition of whole wheat flour[J]. European Food Research & Technology, 213(6): 465-469.

Rasanen J, Harkonen H, Autio K. 1995. Freeze-thaw stability of flour quality and time[J]. Cereal Chemistry, 72(6): 637- 642.

Ribotta P D, Leon A E, Anon M C. 2001. Effects of freezing and frozen storage of doughs on bread quality[J]. Journal of Agric-Ultural and Food Chemistry, 49(2): 913-918.

Rollini M, Casiraghi E, Pagani M A, et al. 2007. Technological performances of commercial yeast strains (*Saccharomyces cerevisiae*) in different complex dough formulations[J]. European Food Research and Technology, 226(1-2): 19-24.

Russell W R, Hoyles L, Flint H J, et al. 2013. Colonic bacterial metabolites and human health[J]. Current Opinion in Microbiology, 16: 246-254.

Santagapita P R, Kronberg F, Wu A, et al. 2007. Exploring differential scanning calorimetry as a tool for evaluating freezing stress sensitivity in Baker's yeasts[J]. Thermochimica Acta, 465(1): 67-72.

Sidebottom C, Bucklry S. 2000. Heat-stable antifreeze protein from grass[J]. Nature, 406: 249-251.

Simmons L, Serventi L, Vodovotz Y. 2012. Water dynamics in microwavable par-baked soy dough evaluated during frozen storage[J]. Food Research International, 47(1): 58-63.

Tighe P, Duthie G, Vaughan N, et al. 2010. Effect of increased consumption of whole-grain foods on blood pressure and other cardiovascular risk markers in healthy middle-aged persons: a randomized controlled trial[J]. American Journal of Clinical Nutrition, 92(4): 733-740.

Tremaroli V, Bckhed F. 2012. Functional interactions between the gut microbiota and host metabolism[J]. Nature, 489(7415): 242-249.

Vasanthan T, Gaosong J, Yeung J, et al. 2002. Dietary fiber profile of barley flour as affected by extrusion cooking[J]. Food Chemistry, 77(1): 35-40.

Vitaglione P, Mennella I, Ferracane R, et al. 2015. Whole-grain wheat consumption reduces inflammation in a randomized controlled trial on overweight and obese subjects with unhealthy dietary and lifestyle behaviors: role of polyphenols bound to cereal dietary fiber[J]. The American Journal of Clinical Nutrition, 101(2): 251-261.

Wang P, Wu F F, Rasoamandrary N, et al. 2013. Frozen-induced depolymerization of glutenin macropolymers effect of the frozen storage time and gliadin content[J]. Journal of Cereal Science, 62: 159-162.

Yan X, Ye R, Chen Y. 2015. Blasting extrusion processing: the increase of soluble dietary fiber content and extraction of soluble-fiber polysaccharides from wheat bran[J]. Food Chemistry, 180: 106-115.

Yang J, Keshavarzian A, Rose D J. 2013. Impact of dietary fiber fermentation from cereal grains on metabolite production by the fecal microbiota from normal weight and obese individuals[J]. Journal of Medicinal Food, 16(9): 862-867.

Ye E Q, Chacko S A, Chou E L, et al. 2012. Greater whole-grain intake is associated with lower risk of type 2 diabetes, cardiovascular disease, and weight gain[J]. Journal of Nutrition, 142(7): 1304-1313.

Yeh Y, Feeney R E, Mckown R L, et al. 1994. Measurement of grain growth in the recrystallization of rapidly frozen solutions of antifreeze glycoproteins[J]. Biopolymers, 84: 1495-1504.

Yuan X, Wang J, Yao H. 2005. Feruloyl oligosaccharides stimulate the growth of *Bifidobacterium bifidum*[J]. Anaerobe, 11(4): 225-229.

Zhang S B, Lu Q Y, Yang H, et al. 2011. Effects of protein content, glutenin-to-gliadin ratio, amylose content, and starch damage on textural properties of Chinese fresh white noodles[J]. Cereal Chemistry, 88(3): 296-301.

Zhao L, Li L, Liu G, et al. 2013. Effect of freeze-thaw cycles on the molecular weight and size distribution of gluten[J]. Food Research International, 53(1): 409-416.

第 4 章　国外大宗面制主食品的加工

小麦、大米、玉米是全球三大主食，其消费量占据全球食物消费总量的 2/3，是全球 80%人口的主食。小麦是全球种植面积最大的作物，联合国粮食及农业组织（FAO）数据显示，2000～2017 年，全球小麦产量从 58 499.9 万 t 增长至约 77 171.9 万 t，亚洲产量从 25 466.3 万 t 增至 33 544.4 万 t。2017 年中国小麦产量位于全球首位（13 433.4 万 t），其次依次为印度（9851 万 t）、俄罗斯（8586.3 万 t）、美国（4737.1 万 t）、法国（3692.5 万 t）、澳大利亚（3181.9 万 t）。由于小麦含有面筋蛋白，容易加工成不同的食品，因此全球小麦消费需求持续增长，到 21 世纪，全球小麦产量已经是 1960 年的 3 倍，亚洲主要稻米经济体的小麦消费量一直在增加，如孟加拉国小麦消费量从 1961 年到 2013 年翻了一番，目前人均年消费量 17.5kg（美国农业部数据库）。全球小麦 2018 年消费量约 5.09 亿 t，世界人均小麦年消费量约 66.7kg，发达国家人均年消费量约 95kg。

国外以小麦为主要原料生产的大宗面制食品主要为面条类和焙烤类食品。面条类主要面制食品有意大利面、乌冬面等。《大英百科全书》将亚洲风格的面条分为乌冬面（udon）、荞麦面（buckwheat noodle）、日式冷面（somen）、鸡蛋面（egg noodle）、米粉（rice-stick noodle）、粉丝（fen）和馄饨面皮/饺子皮（wonton wrapper）。

西式面条主要指意大利面，起源于意大利，意大利人均年消费量 30～35kg，法国约为 6.3kg，美国为 3.7kg，英国为 0.4kg。意大利面有各种各样的大小和形状，最常见的是狭长的面条。意大利最细的面称为“天使细面”，直径 0.5～0.8mm，通常剪成 250mm 长，然后卷成卷。普通意大利面直径 1.5～2.5mm，通常是直条面。通心粉是最常见的一种意大利面，是有不同的形状、大小、长短的面类。主要意大利面品种如图 4-1 所示。

烘焙面制食品是舶来名词，来自“baking”，即经烘烤加工的谷类食品，通常被理解为面包那样的西式糕点。概而言之，烘焙面制食品是以面粉、酵母、食盐、砂糖和水为基本原料，添加适量油脂、乳品、鸡蛋、添加剂等，经一系列复杂的工艺手段烘焙而成的方便食品。

根据英国欧睿信息咨询公司（Euromonitor International）对全球烘焙产品消费终端的统计，全球烘焙产品市场 2016 年已经突破 3000 亿美元，2002～2016 年年复合增长率为 3.54%。全球烘焙市场规模较大的有美国、中国、日本、巴西、意大利。

图 4-1　常见的不同种类的意大利面制食品（彩图请扫封底二维码）

近年来，方便食品市场迅速增长。越来越多的消费者更喜欢即食（ready-to-eat）产品，因为消费者投入较少时间和精力即可备餐并食用。越来越高的健康意识意味着需要营养丰富的高品质即食食品（Silberbauer and Schmid，2017）。因此，使用现代技术保证全球传统食品品质并可达到常温保鲜的目的，是当前各大主食加工领域的一大趋势。

4.1　面包的加工

面包是焙烤食品中历史最悠久、消费量最大、花色品种最多的食品，是欧美许多国家的主食。古埃及人在公元前 6000 年就发明了面包，在埃及首都开罗的古代博物馆里，还陈列着面包的化石。埃及人还发明了最初的烤炉，是一种用泥土筑成的圆形烤炉，上部开口、底部生火，待炉内温度上升到一定温度后熄火，再将和好的面团放入炉底，利用炉内余温将面包烤熟。公元前 8 世纪，埃及人将发酵技术传到了地中海沿岸的巴勒斯坦，并于公元前 6 世纪传到希腊，希腊面包师将烤炉进行了改进，变成了圆拱式，上部气孔变得更小，容积得到增大，保温性更好。希腊人还改进了面包制作技术，在面包中加入了牛奶、奶油、奶酪、蜂蜜等，大大改善了面包的品质和风味。

在罗马人征服希腊和埃及后，面包制作技术传入罗马，罗马人进一步改进了面包制作工艺，发明了圆顶厚壁长柄木勺炉，还发明了水推磨和最早的面团搅拌机。公元 2 世纪末，罗马的面包师行会统一了制作面包的技术和酵母菌种。他们经过实践比较，选用酿酒的酵母液作为标准酵母，并将面包制作技术传到欧洲大陆，而欧洲各国借助科技之力，不断改进面包制作技术。工业革命之后，面包生产机械开始大量出现，相继出现了搅拌机（1870 年）、整形机（1880 年）、面团自动分割机（1890 年）、钢壳自动烤炉（1888 年）等，并产生了一些大的面包生产工厂。

20 世纪开始，谷物化学技术开始应用于面包工业，大大提高了面包质量和生产效率。第二次世界大战后，出现了面包连续制作法（液体发酵法），从原料搅拌、分块、装盘、醒发、烘烤、冷却到切片等全部使用机器自动操作，该工艺可以大量生产面包，满足了消费者的需求，但是这种方法需要大量面包酵母且缺少传统工艺生产面包的香味。

因此，在 20 世纪 70 年代后，面包从业者和科研人员为了使消费者能吃到更新鲜的面包，开始研究冷冻面团，并应用于面包工业，工厂将面团发酵后快速冷冻，并销售到各个零售店，冷冻面团通过解冻、松弛后即可进行烘烤，提高了面包的新鲜度。

在不同的国家，面包的制作及口味都和当地饮食紧密结合，形成了具有当地特点的面包类型。欧洲的大部分面包为硬式面包，亚洲的大部分面包为软式面包。例如，意大利经典的辫子面包和链式面包、法国的棍棒式面包、丹麦的起酥面包、俄罗斯的黑面包等。各种面包的配方和原材料有很大差异，欧洲南部、北美洲和亚洲以小麦粉为主要原料，而在欧洲北部及东欧一些国家还使用相当一部分的黑麦粉。美国每年人均面包消费量 14.6kg，英国 31kg。

4.1.1　面包的原料及配方

4.1.1.1　面包用粉

生产面包的主要原料为大家熟知的高筋小麦粉，即蛋白质含量不低于 12%、面筋含量不低于 30%的面粉。面筋的质量是影响面包品质的主要因素，面团的流变学特性（拉力、弹性、塑性、形变、黏性等）都与面筋的质量有关，通常用粉质曲线和拉伸曲线来表征面筋的质量。

（1）粉质曲线

粉质曲线中吸水率直接影响面包的出品率，对面包生产厂家的经济效益影响显著。例如，美国要求面包粉的吸水率在 62%以上。面包粉形成时间越长，表示面粉筋力越强，美国要求面包粉的形成时间为 5～8min。稳定时间也是面包粉质量的重要技术参数之一，稳定时间越长，在制作面包的操作过程中越耐搅拌、耐醒发，持气能力越强，稳定时间太短（低），不利于生产速冻面包、大方包等筋力要求较高的面包品种，稳定时间过高，面团难于达到最佳水合状态，醒发速度缓慢，生产效率低（王光瑞，1997）。美国面包专用粉要求形成时间 6～8min，稳定时间 7.5min。

（2）拉伸曲线

延伸性是面团在外力作用下的伸展能力，反映面包在发酵期间达到较大体积的必要能力。延伸性过小，面团难以伸展，一般面包粉的延伸性需要大于 180mm。最大抗延伸阻力（R_m）是面团在外力作用下限制体积向外扩展的能力，在数值上等于拉伸曲线最高处的纵坐标值，阻力过大，面包气孔细密，面包偏硬，体积较小。优质面包粉面团在 45min 时的最大抗延伸阻力在 500～600BU，90min 在 550～650BU，135min 在 650～750BU 比较合适。拉力比数（R_m/E）表示面团的抗延伸阻力与延伸性之间的相互关系。好的面包粉要求有较高抗延伸阻力和较好的延伸性，二者之间需要保持适当的比例。一般正常面包粉面团 45min 的拉力比数在 2～3，90min 在 2.5～3.5，135min 在 3～4。美国面包专用粉要求拉伸长度与抗延伸阻力处于中等。比值过小，说明面团的延伸性较强，抗延伸阻力太小，面团的筋力小，弹性差，持气能力不强，发酵时所产生的气体容易冲破气壁的阻力而形成较大的气泡，有的还会冲破面团的表面而逸出，使面包扁平、表面粗糙、结构不匀、体积变小；比值过大，说明面团的延伸性较差，抗延伸阻力太大，面团在醒发过程中所产生的气体遇到的阻力较强，难以继续产生大量气体，已经产生的气体也不能迅速膨胀，而形成大小适宜、均匀一致的气泡，从而使面包的体积较小、气孔较密、包芯较硬、口感欠佳（揭广川，2001）。

粉质曲线和拉伸曲线中的技术参数与面包的烘焙品质之间具有非常显著的相关性，它们与面包质量既相互制约，又相辅相成。其中粉质曲线可对面包粉的品质定性，可以表示面包粉的筋力强弱和面包制作过程中的面耐搅拌、耐醒发程度及持气能力；而拉伸曲线的延伸性和抗延伸阻力的大小及它们之间的比值则与面包体积的关系更加密切、直接，影响面包的形状、表皮的质量及内部的结构。

4.1.1.2 面包用粉各组分与面包品质的关系

1. 蛋白质

蛋白质的含量与面包品质有显著相关性，蛋白质含量不仅对面包体积有影响，对其内部结构、气室也有很大影响。蛋白质含量低，面包体积小、面包气室壁厚；通常蛋白质含量高于 14%时，烘焙品质较好，但是蛋白质含量并不是越高越好，蛋白质含量过高，面包体积达到一定极限，面包瓤过于薄脆，反而会降低面包品质。

面包体积与粗蛋白、麦醇蛋白、麦谷蛋白、沉淀值、湿面筋等多个因素有密切的相关关系，沉淀值与面包体积关系最密切，醇溶蛋白和麦谷蛋白是影响沉淀值的主要因子。最大抗延伸阻力与麦谷蛋白有较为显著的相关关系，延伸性与蛋白质含量、麦醇蛋白含量有显著关系（α=0.05），与清蛋白含量呈显著的负相关（α=0.05），拉伸面积与麦谷蛋白含量的相关程度达显著水平（α=0.10），与其他因素无显著相关性（李志西等，1998）。

蛋白质组分对面团特性和烘焙品质有重要影响，醇溶蛋白影响面团延伸性，麦谷蛋白决定面团弹性（况伟等，2002）。用面粉中的蛋白含量可以解释面粉烘焙出面包体积差异的 1%～86%，而用麦谷蛋白含量可以解释面包体积差异的 13%～93%，说明面粉中的麦谷蛋白含量比蛋白质含量更能解释面包体积的差异（Gupta et al.，1992）。谷蛋白分为高分子量谷蛋白亚基（HMW-GS）和低分子量谷蛋白亚基（LMW-GS），HMW-GS 分子量为（9.0～14.7）$\times10^4$，约占麦谷蛋白的 10%，LMW-GS 分子量为（1.2～6.0）$\times10^4$，占麦谷蛋白的 90%以上。因在 SDS 电泳中高分子量谷蛋白易与低分子量谷蛋白和醇溶蛋白分离，所以对高分子量谷蛋白对面包烘焙品质的影响研究得较为透彻。高分子量谷蛋白亚基中，由 Glu-Al 的 3 个等位基因所编码的组分（1、2*、Null）中的 1 所对应的面粉品质稍好些（Moonen et al.，1982）。

2. 脂质

小麦面粉中的脂质对面包烘烤品质影响很大，面粉中脂质含量为 1.4%～2.0%，分为游离脂和结合脂，小麦面粉中含有大约 0.8%的游离脂和 0.6%的结合脂。在 0.8%的游离脂中，0.6%为非极性脂质，0.2%为极性脂质（Hoseney et al.，1970）。面粉里的极性脂质是糖脂、磷脂、甘油单酯，其中糖脂的含量大约是磷脂的 3 倍，非极性脂质主要是三酯甘油和游离脂肪酸。

面粉的面筋中能形成网络的脂质都存在两种类型的结合力：一是极性脂质分子通过疏水键与麦谷蛋白结合，二是非极性脂质分子通过氢键与醇溶蛋白分子结合。这两种结合力都可形成发酵面制食品所需的网络。清蛋白/球蛋白、醇溶蛋白、谷蛋白和剩余蛋白质分别结合面粉中 21.8%～30.3%、27.5%～39.8%、13.3%～21.7%、20.5%～26.3%的脂质（Zawistowska et al.，1984）。

面筋蛋白与脂质结合越多、越强，网络的品质越好。极性脂质与面筋蛋白结合后，面筋蛋白就能通过其糖基或者极性基与淀粉、戊聚糖或水等结合，增加面团弹性，改善面团强度，从而改变面团的加工性能。因此，极性脂质有利于面筋的形成，而非极性脂质不利于面筋的形成。

脂质对面粉的糊化特性有影响，添加适量的非极性脂质对面团糊化曲线的初始阶段无明显影响，但能够增加直链淀粉的峰值黏度。一般认为这是由于脂质和螺旋状的直链淀粉形成了复合体，抑制了溶胀淀粉颗粒的破裂，因此溶胀淀粉颗粒更加稳定，从而影响淀粉的糊化。脂质对面团的流变学特性也有影响，面粉脱脂后面团的形成时间增加，但对面团的稳定时间影响较小（Matsuo et al.，1986）。

极性脂质特别是糖脂是影响面包烘焙品质的重要因子，当蛋白质的含量和质量一定时，面包的体积与极性脂质的含量呈显著正相关。非极性脂质对烘烤品质有损害作用，非极性脂质与极性脂质的比值和面包体积呈负相关。因此，在面包生产中，常常使用极性脂质作为改良剂来改善面包品质（李昌文等，2003）。

3. 淀粉

小麦粉中直链淀粉占淀粉总含量的 22%～26%，支链淀粉占淀粉总含量的 74%～78%。直链淀粉呈线形螺旋状，是由 α-D-葡萄糖通过 α-D-1,4-糖苷键连接而成，每 6 个葡萄糖单位组成螺旋的一个节距，在螺旋内部只含有氢原子，是亲油性的，羟基位于螺旋的外部，是亲水性的。很多研究证明，小麦淀粉比其他谷物淀粉更适合于制作面包（表 4-1）。使用不同的谷物淀粉代替小麦淀粉制作面包进行比较，结果表明小麦淀粉有适于烘焙的特性（赵新和王步军，2008）。

表 4-1 用不同淀粉代替小麦淀粉制作面包的体积

淀粉种类	面包体积/ml
小麦淀粉	80
玉米淀粉	48
燕麦淀粉	58
大麦淀粉	78
黑麦淀粉	77
大米淀粉	68
马铃薯淀粉	77

在面包淀粉中，大粒淀粉糊化较多。硬质小麦的大粒淀粉含量高，小粒淀粉很少，所以淀粉更多地处于半糊化状态，并参与到面包瓤的持气结构中，因此硬质小麦面粉更适合做面包。

直链淀粉含量对面包体积和质地有巨大影响，直链淀粉含量低，面团发黏，虽面包体积有所增大，但结构变差、气泡大而不匀，总体质量下降（Bhattacharya et al., 2002; Waniska et al., 2002）。而直链淀粉含量过高，面包品质也下降（Al et al., 2002）。

在磨粉过程中，机械力对小麦淀粉造成损伤形成了破损淀粉，小麦粉中破损淀粉含量影响面包的品质。破损淀粉可以在酸或者酶的作用下分解为糊精、麦芽糖和葡萄糖，这些物质会影响面团发酵烘焙期间的吸水性。破损淀粉的吸水率可达到 200%，是完整淀粉粒的 5 倍。

面粉中淀粉破损度对面包制作过程中丙烯酰胺的生成具有重要影响，淀粉破损度越大，得到的还原糖就越多，还原糖是影响丙烯酰胺含量的主要因素，因此生成的丙烯酰胺越多。也可解释为在焙烤过程中天冬酰胺与破损淀粉释放出来的低聚糖或者还原糖发生美拉德反应，生成丙烯酰胺（Mulla et al., 2010）。

适量的破损淀粉对面包品质起到积极作用，还可以被淀粉酶分解为麦芽糖供酵母利用等。但是破损淀粉含量过多，会使得面包持气能力减小，导致面包体积减小，同时会阻碍蛋白质吸水形成面筋，淀粉颗粒的表面积增大，面筋很难包住面粉，酶对破损淀粉的作用增大，产生糊精，使面包发黏。通常破损淀粉含量应控制在 4.5%～8%（徐兆飞，2000）。

4.1.1.3　常见的面包改良剂

通过机械化、自动化、智能化生产，面包加工工艺优化等，面包的产业化得到了极大升级改良。但是面包品质的改良仍然需要从面包本身的原料入手，目的是提高面包的营养品质、感官品质、加工品质等。为了改善面包的营养品质，在制作面包的过程中，人类发挥了极大的想象力和创造力，添加了各种不同的食物原料，包括但不限于果蔬类（平菇、枸杞、蔓越莓、葡萄、马铃薯、山药、香蕉、番茄、当归、木薯、紫薯、魔芋、板栗、山楂、莲藕、牛蒡、南瓜等）、粮谷类（大麦、燕麦、荞麦、绿豆、大豆、高粱、玉米等）。

添加各种原料后，用于制作面包的面团特性随之改变，为了让面团仍然保持或有更优秀的特性，需要用面包改良剂来提升面包的加工及感官品质。

1. 酶制剂

添加酶制剂是改良面包粉品质的有效途径，其具有高效、专一、无毒、易操作等优点，在面粉工业中广泛研究和应用推广。改良面包粉的酶制剂主要有淀粉酶、葡糖糖氧化酶、戊聚糖酶、脂肪氧化酶、脂肪酶、蛋白酶、谷氨酰胺转氨酶、植酸酶等，其作用机制和作用各不相同。用于面包粉的酶制剂主要有单一酶制剂和复合酶制剂，其中单一酶制剂主要有淀粉酶、葡糖糖氧化酶、戊聚糖酶、脂肪酶、蛋白酶、谷氨酰胺转氨酶等，复合酶制剂主要有木聚糖酶/真菌 α-淀粉酶/脂肪酶，葡糖糖氧化酶/脂肪酶/脂肪氧化酶等。

（1）淀粉酶

淀粉酶分为 α-淀粉酶和 β-淀粉酶，α-淀粉酶可以随机的从直链淀粉内部水解 α-1,4-糖苷键，最终产物是麦芽糖和葡萄糖。α-淀粉酶在淀粉颗粒糊化后仍能保持一定活力，因此能提高淀粉水解程度，降低凝胶黏度，并且使更多的还原糖参加美拉德反应，增加面包的色泽（陈湘宁等，2003）。β-淀粉酶与 α-淀粉酶的不同点在于从非还原性末端逐次以麦芽糖为单位切断 α-1,4-糖苷键。

淀粉酶在面包生产中的作用是：将面团内的损伤淀粉分解为麦芽糖及葡萄糖，提供给酵母发酵，产生二氧化碳，增大面包体积；使一部分淀粉分解，可以使面团软化、延展性增加，得到体积大而组织细腻的面包；改变淀粉性质，使淀粉的老化作用较为缓慢，面包能够保持柔软的时间更长。淀粉酶添加过多则面包体积偏小，芯发黏（豆康宁等，2011）。

（2）葡萄糖氧化酶

葡萄糖氧化酶在 pH 为 4.5～7.0 时活性稳定，温度为 30～60℃时对其活性影响不显著。葡萄糖氧化酶在氧气存在的条件下能将葡萄糖转化为葡萄糖酸，同时产生过氧化氢。过氧化氢是一种强氧化剂，能将面筋分子中巯基（—SH）氧化为二硫键（—S—S—），增加面筋筋力。过氧化氢在面团中过氧化物酶的作用下产生自由基，促进水溶性戊聚糖中阿魏酸过氧化交联凝胶作用，形成较大网状结构，增强面筋网络弹性。葡萄糖氧化酶能够显著改善面粉粉质特性，延长面团稳定时间，减小弱化度，强化面筋，增大面包体积，从而提高烘焙质量。葡糖糖氧化酶在面包制作中能成功替代溴酸钾，对弱筋粉改良效果更加显著。葡糖糖氧化酶添加过多则面筋太硬，延伸性降低。在冷冻面团面包制作过程中，葡萄糖氧化酶还可以增大面包比容，减少冷冻损害（Steffolani et al.，2012）。

（3）戊聚糖酶

戊聚糖酶是采用液体深层发酵、超滤及喷雾干燥等工艺制得的，可以有效分解戊聚糖。面粉中非淀粉多糖主要为戊聚糖，对面团的流变学特性和面包的体积起着重要的作用。戊聚糖分为水溶性戊聚糖和水不溶性戊聚糖。水溶性戊聚糖对面制食品的品质有改良作用，而水不溶性戊聚糖对面制食品的品质却有破坏作用。戊聚糖酶可以将水不溶性戊聚糖分解，变成水溶性戊聚糖，从而提高面筋网络的弹韧性，增强面团对过度搅拌的耐受力，改善面团的可操作性及稳定性，增强面团的持气能力，提高面包的入炉急胀性，增大面包体积。

（4）过氧化氢酶

几乎所有的生物机体，包括小麦籽粒及由其加工而成的面粉都存在过氧化氢酶。过氧化氢酶能够催化过氧化氢释放出氧，能将面筋分子中巯基（—SH）氧化为二硫键（—S—S—）如巯基，增强面团的面筋网络结构，增大面包的体积。一般过氧化氢酶和葡萄糖氧化酶配合使用效果更好。

（5）脂肪氧化酶

脂肪氧化酶是一种含非血红素铁的蛋白质，专一催化具有顺-1,4-戊二烯结构的多元不饱和脂肪酸发生加氧反应，氧化生成具有共轭双键的过氧化物。过氧化物作为氧化剂继续氧化面粉，改善面团的流变学特性。脂肪氧化酶在面团中有双重作用，一是氧化面粉中的色素使之褪色，增加面包内部组织光泽和白度；二是氧化不饱和脂肪酸使之形成过氧化物，氧化蛋白质分子中的硫氢基团形成分子内和分子间二硫键，诱导蛋白质分子聚合，使蛋白质分子变得更大，从而提高面筋筋力，改善面包质构，使面包瓤更加柔软。

（6）脂肪酶

脂肪酶是一类具有多种催化能力的酶，可以催化三酰甘油及其他一些水不溶性酯类的水解、醇解、酯化、转酯化反应及酯类的逆向合成反应。脂肪酶对脂肪-蛋白质的相互作用有重要影响，通过对结合脂肪的酶解，释放出游离脂肪及与蛋白质中疏水基团结合的部位，从而对面团的流变学特性及面筋产生影响。在面团的调制过程中加入脂肪酶，出现和乳化剂相同的效果，如改善面团特性及增加面包体积。脂肪酶对面团强度具有明显的改善作用，可解决加入强筋剂后面团延伸性变得过小的缺点。

（7）蛋白酶

蛋白酶按其水解多肽的方式，可以分为内肽酶和外肽酶两类。内肽酶将蛋白质分子从内部切断，形成分子量较小的胨。外肽酶从蛋白质分子的游离氨基或羧基末端逐个将肽键水解，生成氨基酸。蛋白酶能够分解面粉中的面筋蛋白，使面筋网络部分被破坏，降低面筋强度、面团硬度，增加面团延伸性，改善面包的颗粒及组织结构，使面团整形时易操作；同时产生的氨基酸有利于烘焙时促进美拉德反应，增加面包颜色。因蛋白酶能降低面筋强度，需要控制好添加量。

（8）谷氨酰胺转氨酶

谷氨酰胺转氨酶又称转谷氨酰胺酶，是由 331 个氨基组成的分子量约 38kDa 的具有活性中心的单体蛋白质。谷氨酰胺转氨酶可催化蛋白质多肽发生分子内和分子间共价交联，从而改善蛋白质的结构和功能，对蛋白质的性质如发泡性、乳化性、乳化稳定性、热稳定性、保水性和凝胶能力影响显著，进而改善食品的风味、口感、质地和外观等。在面包面团中添加谷氨酰胺转氨酶，可降低面团硬度，增加面团塑性、吸水率，提高面包出品率，减少面团搅拌所需能量，节省加工成本。谷氨酰胺转氨酶在面包焙烤中的作用类似氧化改良剂，添加过多面包体积反而偏小。

（9）植酸酶

植酸酶是催化植酸及其盐类水解为肌醇与磷酸（盐）的一类酶的总称，属磷酸单脂水解酶，具有特殊的空间结构，能够依次分解植酸分子中的磷，将植酸（盐）降解为肌醇和无机磷，同时释放出与植酸（盐）结合的其他营养物质。植酸广泛存在于植物组织和相应粮食产品中，能限制小麦粉中金属矿物质的活性，如使锌、铁很难被人体吸收，因此为抗营养因子，添加植酸酶可分解植酸，同时能改善面包质构，增加面包体积。

单一酶制剂往往是特异性的酶，对面包品质的提高作用往往是间接的，而几种酶制剂混合使用往往有协同增效作用，效果比单一酶制剂更好，因此近年来复合酶制剂的研究和开发越来越受到人们的重视。同时各种酶制剂可与乳化剂等其他面粉改良剂联合使用，同样具有良好的增效作用，如硬脂酰乳酸钠、二乙酰酒石酸酯、L-抗坏血酸等均可和各种酶制剂联合使用。例如，将葡萄糖氧化酶/硬脂酰乳酸钠/真菌 α-淀粉酶、谷氨酰胺转氨酶/L-抗坏血酸复合使用，其效果达到溴酸钾的作用，并可作为替代品。

部分添加剂对面包的影响程度大小依次为：单硬脂酸甘油酯＜真菌 α-淀粉酶＜脂肪酶＜葡萄糖氧化酶。为了改善面包品质，最佳方案为添加 30mg/kg 的葡萄糖氧化酶、6mg/kg 的真菌 α-淀粉酶、40mg/kg 的脂肪酶、205mg/kg 的单硬脂酸甘油酯，根据这种配比烘烤出的面包质量更佳（张俊凯，2017）。

2. 乳化剂

在面包原料粉中添加乳化剂，可以增强蛋白质与脂质间的相互作用（氢键或络合物），改善混合粉中各组分的浸润性，强化三维网络结构，提高面团的持气性、保水性等（毛羽扬等，2008；王显伦和王凤成，2006）。乳化剂可以提高面团耐揉性、淀粉糊化温度，延长淀粉糊化时间，保证面团在较长时间内具有可膨胀性，为面团入炉后进一步膨胀弹起创造条件。同时，乳化剂能和面包中的直链淀粉络合，推迟淀粉在面团存放时失水重结晶而导致的发干发硬，保持面包柔软新鲜。

经人工合成制造的乳化剂，首先作为面包添加剂应用于工业生产的是甘油硬脂酸酯，美国 1929 年已经以商业规模投入实际应用，并最先用于面包生产，其效果及成本均优于卵磷脂。日本于 1959 年认可蔗糖脂肪酸酯作为烘焙食品添加剂，1969 年 FAO/WHO 食品添加剂联合专家委员会批准其为食品添加剂。20 世纪 50 年代初美国开发硬脂酸乳酸钠和硬脂酸乳酸钙为食品添加剂。

（1）单硬脂酸甘油酯

单硬脂酸甘油酯（glyceryl monostearate，GMS）简称单甘酯，在人体内被消化分解为脂肪酸和多元醇，可被人体吸收或排出。世界卫生组织于 1985 年规定对其 ADI（acceptable daily intake）不做限制性规定。一般将蒸馏单甘酯应用于面包制作中，因为脂肪酸的饱和程度越高，与直链淀粉的络合能力越强，单甘酯纯度越高（荣鸿裕和沈益民，1988）。

（2）大豆磷脂

大豆磷脂是一种天然优良的表面活性剂，在面包中可起到乳化剂的作用，在调制面团时加入 0.5%～1%磷脂，可使面团的水分分散均匀，磷脂中长链脂肪酸基团可与直链淀粉结合，并与小麦粉中蛋白质结合形成磷脂-蛋白质复合体，使面团持气能力增加，并能增强面团弹性和延伸性，使制成面包气孔细密，贮藏过程中水分不易散失，保持面包柔性，防止老化（陈湘宁等，2003）。

（3）硬脂酰乳酸钙/硬脂酰乳酸钠

硬脂酰乳酸钙（CSL）/硬脂酰乳酸钠（SSL）是一种安全无毒、性能优良、广泛应用于烘焙业的食品乳化剂，具有两性结构，即疏水基团与亲水基团，其中疏水基团可与面粉中的麦谷蛋白结合，亲水基团可与混合粉中的醇溶蛋白结合，能促进面筋网络形成，增强面团持气性，从而增加面包体积，使面包组织柔软、结构细腻（唐语轩等，2018）。

（4）蔗糖脂肪酸酯

成品蔗糖脂肪酸酯（SE）大都是不同比例单酯、双酯、三酯的混合物，其亲水亲油平衡值（HLB）可在 3～19 调节，单酯含量愈多，愈有亲水性，而双酯、三酯含量愈多，愈有较好的亲油性。用作面包改良剂，以 HLB 11 为好，用量为 0.2%～0.6%，可使面包具有体积、重量、外观、颜色、组织、口味均较佳的特点。

（5）山梨糖醇酐脂肪酸酯

山梨糖醇酐脂肪酸酯可作为面包、糕点用起酥油的乳化剂，用量为面粉量的 0.5%左右，可防止老化和改善品质。作乳化剂使用时，一般应预先进行稀释处理才能发挥更大的效果，预处理方法有以下几种：①粉末状的乳化剂溶于水呈分散状态，再进行一次结晶，使原来 500μm 的颗粒减少到 2～5μm，再加入面粉中，则乳化剂更加均匀，迅速与面粉作用；②把乳化剂如甘油单酸酯溶解于脂肪中，也可得到良好的稀释，一般为脂肪 90%～95%、乳化剂 5%～10%，这样的配比一般每 100kg 面粉用 1～5kg 混合物；③粉末状的乳化剂可直接加入面粉中，再加入其他辅料。

4.1.2　面包的加工工艺

发酵是面包生产的关键工艺，面包的发酵方法有很多，从而形成了不同的生产工艺，一般有一次发酵法、二次发酵法、直接法、中种法、快速发酵法、乔利伍德发酵法、液体发酵法、冷冻面团法等。

目前，面包加工最普遍的制作方法有一次发酵法和二次发酵法，冷冻面团法也逐渐成为工业化面包生产的主流。

4.1.2.1　一次发酵法

一次发酵法又称作直接发酵法，生产周期短，生产成本低，在面包工业中得到广泛应用。该方法是将全部物料一次混合，一次性调成面团，发酵一定时间之后，进行排气，面团再发酵，使其膨胀之后进行分割、整形的面包生产方法。适当增加酵母添加量和提高发酵温度，可提高面团发酵速率，缩短发酵时间。一次发酵法的优点是操作简单，发酵时间短，面包的口感、风味较好，并且可以节约设备和人力。但缺点是面团的耐机械搅拌性、耐发酵性差，面包品质容易受原材料和操作误差影响，面包老化比较快。

4.1.2.2　二次发酵法

在大部分的小麦粉内加入全量的酵母和适量的水，混合后制成发酵面团，发酵 4h 之后，加入残留的小麦粉、砂糖、食盐、油脂及其他原料与适量的水，这是直揉面团的生产方法。

将发酵完成的面团再进行分割、揉圆、静置、整形、装盘、醒发、烘烤、冷却、包装工艺，即完成面包的制作。

冷冻面团技术：对半成品面坯进行冷冻处理，冷藏保存，需要时解冻并继续进行后续生产工艺。冷冻面团于 20 世纪 50 年代在欧美国家的面包生产过程中投入使用。冷冻面团解决了消费者对新鲜面包的需求，减少了面包库存积压，降低了部分生产者操作设备的费用。

冷冻面团制作面包的工艺主要有 6 种（张超等，2019；黄武江等，2017；楚炎沛，2003）。

1）未醒发面团冷冻法　面团搅拌、分割后马上急冻，急冻温度为−30℃，然后放入−18℃储存，动作要快，面团不要发酵。需要时在 3～7℃下解冻 1h 左右置于室温，经整形、醒发后烘烤。

工艺：面团分割成型→冷冻→解冻→醒发→烘烤。

2）预醒发面团冷冻法　将醒发好的面团急冻，然后放入−18℃储存，需要时解冻、烘烤，从而得到新鲜面包。

工艺：醒发→冷冻→冷藏→解冻→烘烤。

3）预烘烤制品冷冻法　产品烘烤至七成熟（即体积膨胀定型，表皮尚未出现颜色或极少颜色），取出后冷却至常温，然后冷冻、冷藏，待用时再解冻、烘烤至完全熟。

工艺：醒发→预烘烤→冷冻、冷藏→解冻→再烘烤。

4）烘后制品冷冻法　将搅拌、分割、成型、醒发、烘烤后的面包进行冷却包装，然后进行急冻，需要时解冻加热。该工艺类同于一般食品的冷冻、冷藏。

工艺：面团分割成型→醒发→烘烤→冷冻、冷藏→解冻。

5）冷藏面团法　将搅拌好的面团在 0～10℃环境下缓慢发酵 3～7 天，然后将面团急冻、冷藏，需要时解冻、整形、醒发、烘烤。

工艺：面团调制→发酵→解冻→整形→醒发→烘烤。

6）冷冻面团法　将搅拌、发酵、整形后的面团急冻、冷藏，得到冷冻面团，送往各经营门店，需要时将其解冻、醒发、烘烤，是最常用的冷冻面团面包生产工艺。

工艺：预醒发→分割→冷冻→成型→醒发→烘烤。

4.1.3 面包的腐败

4.1.3.1 面包贮藏过程中的常见腐败微生物

使面包发生腐败最常见的微生物是霉菌。在温暖气候中使面包腐败的是“丝状黏质”的细菌，这是一种芽孢杆菌，同时有很少一部分面包腐败是由某些类型的酵母造成的。

霉菌腐败是加工后发生污染造成的，烘焙厂房内环境不是无菌的，其使用的粉类原料尤其是面粉含有霉菌孢子，估计 1g 面粉内含有多达 8000 个霉菌孢子，这些孢子将沉降在烘焙厂房内的各个物体表面（Doerry，1990）。面包皮较干，如果空气相对湿度低于 90%，霉菌便不易生长，而切片面包的切割表面是霉菌理想的生长基质，较容易被霉菌污染。此外，面包配方及加工工艺不同，霉菌生长速率不同（Legan，1993），发酵过的面包由于 pH 降低，酸度增加，货架期会稍长，未发酵面包货架期稍短。麸皮面包和全麦面包比白面包更容易长霉。最常见的面包腐败霉菌是青霉类，热带地区曲霉类更多，如印度面包中主要霉菌为曲霉，而北爱尔兰从各种面包中分离出来的霉菌 90%是青霉（Legan，1993）。

面包中具有高平衡相对湿度（90%）的腐败菌是丝状黏质菌，其主要污染源可能是原料或设备，当面包被污染时，其孢子能够在烘烤中存活，并于 36～48h 在面包内部发芽生长，形成特有的柔软的黏丝状的带有熟菠萝或蜜瓜味的棕色物质（Legan and Voysey，2010），当腐败加剧，细菌淀粉酶和蛋白酶分解面包芯使其褪色并发黏，面包芯可拉长成丝状细线。目前在面包生产中加入丙酸钙，可以有效控制丝状黏质菌的污染，良好的卫生生产环境也可将其有效控制。

发酵酵母和丝状酵母可以参与到面包腐败过程中，使面包形成怪味（Legan and Voysey，2010）。发酵酵母可以发酵面包中的糖，其代谢物可产生异味。丝状酵母常被称为“白垩霉菌”，它们会在面包表面形成白斑，容易被误认为是霉菌。毕赤氏酵母最为常见，它们可以在面包上快速生长，并比许多霉菌更耐防腐剂。

冷冻面团中，由于贮藏温度低，许多微生物的生长受到抑制，但仍有部分微生物会继续生长繁殖导致食品腐败变质，甚至对人体产生危害。4℃条件下，随着贮藏时间延长，水分含量和酸度均先升高后降低，微生物总数整体呈下降趋势，酵母菌为主要菌群。−18℃条件下，随着贮藏时间的延长，冷冻面团微生物数量整体均呈下降趋势，主要菌群为酵母菌（原林，2017）。

4.1.3.2　*面包微生物腐败控制方法*

1. 防腐剂

我国食品添加剂标准 GB 2760—2014 要求面包中允许使用的防腐剂：丙酸及其钠盐、钙盐（使用上限 2.5g/kg），脱氢乙酸及钠盐（使用上限 0.5g/kg），乳酸链球菌素（使用上限 0.3g/kg），山梨酸及其钾盐（使用上限 1.0g/kg）。

（1）丙酸及其钠盐、钙盐

该类防腐剂属于酸性防腐剂，起防腐作用的主要是未离解的丙酸。丙酸是一元羧酸，通过抑制微生物合成 β-丙氨酸而起到抗菌作用。

国内外在夏季高温多雨季节采用的防止面包微生物生长的防腐剂是丙酸盐，

主要作用于霉菌和面包中丝状黏质菌。丙酸及丙酸盐均很易为人体吸收，并参与人体的正常代谢过程，无危害作用，但抗菌作用没有山梨酸类和苯甲酸类强。丙酸及其盐类有良好的防霉效果，对细菌抑制作用较小，对酵母的有效性极小，因此可用于面包中而不干扰面团发酵。用于面包的丙酸盐（丙酸钠、丙酸钙）添加量为面粉质量的0.2%。钙盐不能与膨松剂碳酸氢钠一起使用，一起使用会生成不溶性盐类，减少CO_2的产生，钠盐的碱性会延缓面团的发酵，故西点中常用丙酸钠，而面包中常用丙酸钙。

（2）脱氢乙酸钠

脱氢乙酸钠作为一种广谱防腐剂，具有安全、高效、抗菌能力强等优点，对易引起腐败的酵母菌、霉菌等具有良好的抑制效果，其抑菌作用不受酸碱度影响，在酸性或碱性条件下均有效。脱氢乙酸钠对酿酒酵母、灰葡萄孢霉菌的抑制效果均比较明显。0.125mg/ml的脱氢乙酸钠对酿酒酵母和灰葡萄孢霉菌的抑制率分别可以达到 98.5%和 75.8%。0.5mg/ml 的脱氢乙酸钠对灰葡萄孢霉菌的抑制率为93.2%（王向阳等，2017）。

由于脱氢乙酸钠能够明显抑制面包酵母的活性，因此会大大延长面包发酵时间，增大企业面包生产成本。为了解决该问题，广东广益科技实业公司使用喷雾法制备微胶囊脱氢乙酸钠，并用于面包生产，使面包醒发时间缩短至20～30min，可增加面包比容 1～1.5ml/g；同时使脱氢乙酸钠在成品面包中的有效存留率提高至10%～15%，面包的防霉保质时间可延长3～5倍（祝团结等，2011）。

（3）山梨酸及其钾盐

山梨酸钾为山梨酸的钾盐（2,4-己二烯钾），是一种无色至白色的鳞片状结晶或者结晶性粉末，易溶于水，在空气中暴露时不稳定，氧化后易着色，具有吸湿性。在食品中加入山梨酸及其钾盐，能够控制脱氢酶活力，阻止脂肪的酸氧化和脱氢，有效抑制食品中细菌繁殖。山梨酸属于酸性防腐剂，能够被人体代谢系统所吸收，再迅速分解，从而生成二氧化碳与水，因此属于对人体安全无害的防腐剂（丁文慧等，2012）。

（4）乳酸链球菌素

乳酸链球菌素，即乳链菌肽，英文名为Nisin，是由属于N型血清的某些乳酸链球菌（*Lactococcus lactis*）在代谢过程中合成和分泌的具有很强杀菌作用的小肽，为灰白色固体粉末，是一种高效、无毒、安全、无副作用的天然食品防腐剂，能有效地抑制引起食品腐败的革兰氏阳性菌生长繁殖。面包生产过程中可能存留的耐热细菌如蜡状芽孢杆菌可引起腐败并引起食物中毒，乳酸链球菌素能够有效防止此类情况的发生（孙来华和张志强，2008）。一定比例的复合防腐剂比单一防腐剂的防腐能力更强，将丙酸钙、山梨酸钾与脱氢乙酸钠按照0.25∶0.25∶0.50比例复合，面包保质期在温度30℃、湿度70%条件下从4天延长到 10天（豆康宁等，2014）。丙酸钙、山梨酸钾和脱氢乙酸钠对面粉流变学特性有影响：丙酸钙和山梨酸钾降低了粉质指标，而脱氢乙酸钠的影响不大；含有山梨酸钾的复合防腐剂对粉质指标和拉伸指标均具有负作用；丙酸钙和脱氢乙酸钠提高了拉伸指标，而山梨酸钾降低了拉伸指标；丙酸钙和脱氢乙酸钠对面包面团具有改良作用，山梨酸钾对面包面团具有恶化作用（王飞等，2014）。

2. 气调包装

气调包装（modified atmosphere packaging，MAP）指在一定条件下改善包装内环境的气氛，并在一定时间内保持相对稳定，可抑制或延缓产品的变质过程，从而延长产品的货架期。充气包装用于烘焙食品时，常用的填充气体是氮气、二氧化碳或它们的混合气体。充氮可以保持食品的色、香、味、脆、形等，如用在低水分活度的烘焙休闲食品中可有效防止产品遭挤压而破碎，同时充氮可起到减缓高油脂烘焙食品中油脂氧化的作用。

许多气体（二氧化碳、一氧化碳、臭氧、氧化乙烯、氧化丙烯、一氧化二氮、二氧化硫等）都有抑制微生物生长的作用，但只有二氧化碳适合用在烘焙食品的包装中，这是因为二氧化碳稳定、低毒、对产品感官品质影响小且价格低廉。二氧化碳在高浓度下能阻碍大多数需氧菌和霉菌等微生物的繁殖，延长微生物生长的停滞期，因而对烘焙食品有防霉和防腐作用。二氧化碳的抑菌活性受诸多因素的制约，包括污染微生物种类和数量、气体浓度、贮藏温度、包装材料渗透率、产品种类等。包装袋内二氧化碳浓度越高，无霉菌货架期越长，含 60%二氧化碳和 40%氮的混合气调包装能够有效防止面包中霉菌生长并防止包装塌陷（Smith and Daphne，2004）。

采用充气包装的烘焙食品的货架期随着食品本身携带的孢子数量的增多而缩短。同时，当微生物从停滞期向高峰期发展时，二氧化碳的抑菌作用有所降低。因此，在生产中，充气包装实施得越及时，二氧化碳的抑菌作用就会越明显。如果采用充气包装已经防止了霉菌生长，另外一个易引起腐败的问题仍可能发生：酵母菌或乳酸菌可能会大量繁殖，因为这些微生物生长的本质是发酵，它们对高浓度的二氧化碳具有很强的耐受性。某些非好氧酵母菌如丝状酵母在产品表面生长产气，会导致包装胀袋。乳酸菌，特别是肠膜明串珠菌（*Leuconostoc mesenteroide*）是限制充气包装产品货架期的又一元凶。因此，对产品本身携带微生物群进行了解对气调包装至关重要，这样才能够成功地延长目标产品的货架期（周美玲，2008）。

3. 辐照

辐照用于破坏面包表面的霉菌孢子，对面包表层起重要作用的辐照类型是紫外线、微波和红外线（Seiler，1984）。美国 MicroZap 生物技术公司使用微波技术处理面包，能够有效杀灭大肠杆菌、金黄色葡萄球菌等，延长货架期。应用栅栏技术，对面包的水分活度、复配防腐剂（脱氢乙酸钠与丙酸钙复配）和复合充气包装（二氧化碳与氮气复配）3 个栅栏因子进行研究，得到最佳栅栏条件：水分活度（甘油 2%、山梨糖醇 4%），脱氢乙酸钠与丙酸钙复配比例为 2∶3，二氧化碳与氮气的充气比例为 1∶2（吕银德和赵俊芳，2016）。

4.1.4 面包的老化

面包老化是面包贮藏和运输过程中的显著变化，老化后口味变劣、香味消失、口感粗糙。老化有很多现象，如面包芯硬度和脆性增大、面包吸水能力降低、面包芯透明度降低以及面包中淀粉相对结晶度增大、糊化度下降、黏度下降、香气消失等。

面包的老化从烘烤完成开始降温的那一刻就开始了，主要与面包芯变硬有关，贮存中面包芯通常变得较硬、干燥和容易掉渣，而面包皮变软，并像皮革似的，最终面包芯完全变干。贮存中面包芯变硬的机制并不是水分重新排布这么简单，整个老化过程是两个独立的过程，即水分从面包芯转移到面包皮导致变硬，以及贮存中与淀粉重结晶有关的气孔壁材料的内在变硬。

面包贮存中，水分从面包芯向面包皮转移，使面包皮的水分含量增加，面包皮的水分含量从 12%上升至 45%（Czuchajowska and Pomeranz，1989）。在 100h 贮存过程中，面包皮水分含量从 15%增加到 28%，面包芯的水分丧失，从 45%降低到约 43.5%，在接近面包皮的区域，水分降低非常明显，从大约 45%降低到 32%。对于面包老化，有研究认为主要是由直链淀粉变化引起的，而支链淀粉不易发生老化现象（王贤勇，1988）。因为直链淀粉分子间空间障碍少，易相互靠拢；支链淀粉呈树枝状结构，空间障碍大，不易相互缔结和靠拢，所以不易老化。但更多的研究认为，面包老化是由面包中非晶形的、部分糊化的支链淀粉的性质变化引起的，它变成了一个比较有序的结构，在此过程中，其由于氢键而相互聚集和靠拢（吴孟等，1986）。在新鲜面包中，支链淀粉随机排列，特别是在部分膨润的淀粉粒中更是如此，而在老化的面包中，支链淀粉分子呈簇状排列，葡萄糖链彼此平行（Brain and Allan，1982）。因为在烘焙时，直链淀粉从淀粉粒中扩散出来，冷却时形成了稳定的凝胶，该结构在面包老化时不再变化，而支链淀粉的变化却很明显。

也有证据表明，其他一些机制对老化现象起作用。有研究提出面筋蛋白参与了老化过程，突出淀粉链的—OH 基团与蛋白质纤维—NH_2 基团之间氢键的相互作用在贮存过程中随面包芯失去动能而数量增加且强度得到积累，导致面包芯变硬（Gray and Bemiller，2003）。

面包老化抑制方法有如下两种。

1. 添加抗老化物质

面团中加入α-淀粉酶可以抑制面包芯变硬（Goesaert et al.，2009；Miller et al.，1953），烘烤过程中淀粉酶将部分淀粉水解为较小的糊精混合物，α-淀粉酶主要沿着淀粉链分解α-1,4-糖苷键来水解破损淀粉，在58～78℃时糊化淀粉很快受到酶的作用。聚合度特别低（DP=3～9）的短链糊精可能具有延缓面包老化变硬的作用（Sahlström and Bråthen，1997），这些糊精可移动并会阻止淀粉颗粒和连续面筋网络之间氢键的形成，从而防止使面包芯坚实度增加的淀粉及蛋白质之间缠结的发展。

在面包中广泛使用的乳化剂有蒸馏单甘酯、硬脂酰乳酸钠和二乙酰酒石酸单甘酯等。乳化剂具抗老化能力主要是由于其可与淀粉作用，乳化剂与线性直链淀粉络合，也与一些支链淀粉的外侧线性分支络合。已经证实淀粉回生的最终程度不因乳化剂的加入而改变，但老化过程在加入乳化剂后以慢得多的速率进行。乳化剂抑制了支链淀粉重结晶的过程，但是对面包的气孔机械性能没有影响，表明其不会干扰烤好的面包中气孔壁的刚性及弹性（Wang et al，2015）。

蒸馏单甘酯以其水合物的形式添加入面包面团中，通常是质量分数为20%～25%的悬浮液，具有乳状结构，容易分散在面团中。饱和及不饱和单甘酯的细粉状混合物可以直接加入到面团中。单甘酯和直链淀粉作用形成一种水不溶性的“直链淀粉-单甘酯复合物”，不会结晶（老化）并参与老化的进程。有理论认为，单甘酯-直链淀粉复合物的形成也从某种程度上延缓了支链淀粉的回生。

《食品安全国家标准 食品添加剂使用标准》（GB 2760—2014）要求，焙烤食品中双乙酰酒石酸单双甘油酯的最大添加量为20g/kg。面包在贮藏过程中，水分处于不断流失的状态，加入山梨糖醇之后，水分子受到氢键等作用而流动性减弱，水分流失相较对照组减小。山梨糖醇的加入可降低面团发酵速率，也能够显著降低面包的硬度和咀嚼性，减小贮藏期间的老化程度。低场核磁测试结果表明，山梨糖醇的加入能提升面包的持水性能。

小麦粉中含有2%～3%的戊聚糖，大约一半为水溶性，一半为水不溶性。戊聚糖的存在会降低淀粉重结晶的倾向，由于戊聚糖高度亲水，可吸收其自身重量6～7倍的水，因此戊聚糖可延缓淀粉回生，其水溶性部分通过降低系统中回生淀粉的数量而影响回生程度（Corsetti et al.，2000）。通过发酵工艺生产的面包产品比未经过发酵过程的面包产品货架期长，这是由于发酵面团中酵母长时间发酵而产生乙醇。

2. 优化加工贮藏工艺

要长时间贮藏面包，可以选择冷冻贮藏，以防止其老化，较好地保持面包的新鲜程度。将预烘焙冷冻面包在-35℃条件下速冻至面包芯温度为-6℃，然后用聚丙烯袋进行包装，并于-25℃温度条件下贮藏；同时，将预烘焙好的面包置于 2℃温度下冷藏至面包芯内部温度稳定，然后装入包装袋中，于 2℃条件下贮藏。通过电子扫描电镜观察、感官评价以及体积、水分含量、宽高比、硬度老化速率等的测定，结果得知，与-25℃条件相比，2℃贮存时，面包瓤的微观结构在贮藏期间变化不大，面包外观良好、体积保持较好、老化速率较低（Charalambides et al.，2006）。

4.2 意大利面的加工

意式面食统称 Pasta，简称意大利面或意粉，是意大利最为常见的一种主食，现在已成为世界上最为流行的西餐食物之一。

4.2.1 意大利面的工业化进程

关于意大利面制作的记载最早出现在公元 1150 年，当时的意大利面生产类似于现在的一种小规模的工业化公司。1244 年和 1316 年的档案证实了利古里亚大区有意大利面生产，并指出意大利面已经广泛地在整个意大利半岛上销售。

几个世纪以来意大利人一直把做意大利面当成一项严肃的事业。从公元 1400 年到 1500 年，在意大利面手工生产分布广泛的利古里亚大区，逐渐建立起规范的意大利面制作合作商会（Corporation of Pasta-Makers）。1574 年一个类似的商会在热那亚建立，三年之后一项名为“Regolazione dell’ Arte dei Maestri Fidelari”（意大利面厨师艺术合作）的规章制度在萨沃纳诞生。到 17 世纪，意大利面已经变成意大利全国十分流行的主食，因为价格便宜、方便，而且烹饪方法多种多样。

4.2.1.1 17～18 世纪的意大利面

在 17 世纪的那不勒斯地区，人口迅速增长导致粮食短缺问题严重，直到意大利面制作工艺得到改良，降低了意大利面的制作成本，才缓解了逐步恶化的粮食问题。意大利面也由此变成了意大利人熟悉的产品。那不勒斯附近的沿海地区（西西里岛和利古里亚区等）大大推动了意大利面干燥工艺的进步，其采用干燥方法延长意大利面储存时间，而港口的便利条件也让新式的干燥意大利面远销整个意大利半岛。

早期意大利面以粗粒小麦面粉作为原料，制作工人坐在一条长椅上，用脚和面，然后醒发。大约在 1740 年，威尼斯发行了一种开设意大利面加工厂许可的方法，称为 Paolo Adami，使用钢铁简单制备的人力压面机来生产。1763 年 Parma 爵士在帕尔马授予斯特凡诺·露西亚蒂（Stefano Lucciardi）生产干意大利面专利，也就是现在所谓的“Genoa-style”热那亚风格的意大利面。

4.2.1.2　意大利面的工业化

19 世纪中叶许多来自那不勒斯附近地区的意大利面商人纷纷在托雷安农齐亚塔（Torre Annunziata）地区建立意大利面加工厂。这些工业化的工厂大多数使用了水力石磨，通过手动过滤将原麦与麦麸分离制作粗粒小麦粉。1878 年第一台自动分离麦麸的机器在法国马赛诞生，现代化的意大利面也由此进入市场。自动分离麦麸的机器采用了传统的技术手段，用带有孔洞的毛皮来过滤原麦，只不过人工的抖动步骤由机械代替了。随着工业化的生产，意大利面的销路进一步扩大，富有竞争力的产量更使产品远销海外。

1882 年诞生了水力自动分离麦麸的机器，1884 年水力驱动被蒸汽所代替。新技术可以在青铜盘上制作出精准的圆形，使得意大利面的形状大大规范化。由此，意大利面开始有了各种不同的形状。19 世纪末一个普通的意大利面厂可以生产 150～200 种不同样式的意大利面。

从 19 世纪末到 20 世纪初意大利面工业迅速崛起，意大利面的销售已经覆盖全球范围。最受意大利面制造商青睐的小麦品种是一种名叫塔甘罗格（Taganrog）的小麦，是一种来自俄国的优质硬质小麦。俄国的塔甘罗格港口也成为利古里亚区和那不勒斯意大利面商人的最爱。

4.2.1.3　意大利面产业在 20 世纪完成工业化进程

20 世纪，意大利面产业发展进一步完善，广泛出口，大约在 1913 年，意大利面的出口量就为 7 万 t，这当中绝大部分由美国进口。意大利面加工设备很快征服了全世界。1917 年，费雷奥·桑德拉涅（Fereol Sandragne）注册了第一个可以连续加工意大利面的生产线。与此同时，革命起义切断了持续很久的俄国优质小麦运输线。意大利面因此开始使用来自法国、美国的小麦进行加工制作。1933 年，两名来自帕尔马的工程师马里奥（Mario）和朱塞佩·布雷班蒂（Giuseppe Braibanti）一起设计了一种真正意义上“连续化的”的全自动意大利面产生机。

如今意大利面已经被世界很多地方所接受，Pasta 和 Spaghetti 等意大利面的名字也广泛传播开来，当然想要见识品种更多、样式更全的意大利面，还是必须要去意大利亲自看看。根据国际意大利面组织（International Pasta Organization，IPO）数据，2013 年全球意大利面生产总量为 1430 万 t，意大利产量最高，为 341 万 t，美国 200 万 t，巴西和土耳其各 120 万 t。

4.2.2 意大利面的主要原料

传统意大利面生产所使用的主要原料是由杜伦小麦（durum wheat）制成的粗粒小麦粉（semolina）。杜伦小麦是公认的生产传统意大利面的最佳原料，是质地最硬的小麦品种，加拿大、欧盟和美国是杜伦小麦的主要产地，全球每年生产约4000万t杜伦小麦，大部分用来制作意大利面。

根据意大利1967年颁布的第580号法令后续补充，意大利面必须含有硬质小麦成分，具体的比例直接影响成品意大利面的命名。根据意大利1967年颁布的第580号法令，鲜面原料可以为硬质小麦粉、普通小麦粉和其他物料，而干面必须以粗粒硬质小麦粉为原料制成（Peressini et al.，2010）。

《美国联邦管理法规》的第21款第137.220条对杜伦小麦粉有明确的品质规定，粗粒小麦粉中几乎含有麦粒中全部的胚乳，必须有不少于98%过70号筛的面粉，不含麸皮及胚芽，灰分含量不超过1.5%（以干基计），水分含量不超过15%。而国际食品法典委员会对杜伦小麦制成的粗粒小麦粉的品质及包装有着系统要求，对水分、污染物（重金属、农药残留、真菌毒素）、卫生、包装、标签（命名、非零售包装的标签）、取样及分析方法进行了详细说明。对于粗粒小麦粉，灰分含量不能超过1.3%（以干基计），蛋白质含量不得低于10.5%（以干基计），粒径要求为不超过79%的颗粒要通过315μm的真丝纱布或人造纺织筛网（约47目）。

杜伦小麦籽粒中淀粉含量较少而蛋白质和面筋含量较高，在蛋白质结构及蛋白质与淀粉之间的相对布局等方面具有独特特点，其胚乳中所含的类胡萝卜素比普通小麦高出一倍，且破坏色素的脂氧化酶活性较低。相对于普通小麦粉，杜伦小麦粉蛋白质中谷蛋白含量较多，碱溶性蛋白较小，清蛋白较多，球蛋白含量较少，但两者的醇溶蛋白含量相差不大。杜伦小麦淀粉中直链淀粉含量比较多，淀粉较难糊化，糊化温度高；在淀粉糊化曲线上表现出较小的低谷值和较大的回生值（郑建仙和朱斌昕，1991）。

意大利常用的10种杜伦小麦中，粗脂肪含量在2.90%～3.54%，6种主要脂肪酸含量依次为亚油酸（C18∶2）＞棕榈酸盐（C16∶0）≈油酸盐（C18∶1）≈亚麻酸盐（C18∶3）≈硬脂酸盐（C18∶0）＞棕榈酸盐（C16∶1）（Narducci et al.，2019）。

在意大利面中加入羧甲基纤维素钠盐（CMC）和瓜尔豆胶（GG）两种可溶性纤维之一，可以显著降低淀粉的体外消化速度。添加1.5% CMC时，还原糖产量降低18%，添加20% GG时降低24%。使淀粉体外消化速度降低的高GG水平对感官和工艺性能有负面影响，并能通过扫描电镜和激光扫描共聚焦显微镜观察到覆盖在淀粉颗粒表面的外围物质。相比之下，CMC的添加对意大利面性能没有负面影响，而CMC的掺入能大大降低淀粉体外消化速度。电镜观察到CMC掺入对意大利面面条结构无明显影响。可溶性纤维量存在巨大差异，但消化率降低程度相等，表明这两种情况可能涉及不同的机制（Nisha，2011）。

4.2.3　意大利面的加工工艺

意大利面种类丰富，有数百种，常见的有长形意大利面（spaghetti）、扁细面（linguine）、传统宽面（pappardelle）、天使细面（capellini）、意大利宽面（fettuccine）、意式干面（tagliatelle）、短细面（vermicelli）、千层面（lasagne）、通心粉（macaroni）、长通粉（ziti）、粗纹通心面（rigatoni）、乳酪通心粉（manicotti）、斜管面（penne）、吸管面（bucatini）、螺丝面（fusilli）、蝴蝶面（farfalle）、贝壳面（conchiglie）、车轮面（rotelle）、飞碟面（dischi volanti）等。

意大利面分为鲜面和干面，鲜面一般为即食的，工业生产的意大利面一般为低水分含量的干面，原料为粗粒小麦粉和水，在成型后要经过数天的低温干燥过程，蒸煮后面条会增至原来的两倍大小。

如今，意大利面的配料已经非常丰富，有针对乳糜泻人群的无麸质意大利面，也有添加鹰嘴豆、玉米、马铃薯、大米、燕麦、荞麦粉等谷物进行原料配比后生产的意大利面（Ferreira et al.，2016），也有意大利面添加调节口味的菠菜汁、番茄酱、蘑菇酱、奶酪、辣椒等原料。大部分意大利面为非发酵加工产品，也有少数（约 9 种）意大利面采用酵母发酵面团制作（Oretta，2009）。

意大利面干面工业化加工主要工艺环节：原料预混、和面，压延和成型，干燥。

4.2.3.1　原料预混、和面

粗粒小麦粉与水比例为 3∶1，水温在 35～45℃，可促进水分吸收。原料中可加入蛋类及磷酸类添加剂，提高营养、风味。和面分两个阶段：预混及面团形成。

预混是将原料充分和成均匀絮状；再继续和面 10～20min，形成面团。工业生产中的混料过程非常精确，面粉输送可采用带式输送、旋转螺杆输送、重力定量输送等，可对面粉添加量进行精确定量控制。根据面粉添加量和目标产品调整加水量，如短的意大利面由于切割快速，需要较少的水分而减少粘连。目前已经开始使用电子设备智能控制水分添加系统（Kruger and Mastsuo，1996）。

将预混均匀的面团送入辊压机中压成薄片，送进真空搅拌机里，这里会抽去面坯的内部空气，这样可以制作密度更均匀、更紧致的面团。

4.2.3.2　压延及成型

意大利面团制成后，需要进一步压延，以去除面团中空气，让整个面团更加紧实。常采用的工艺有挤压和薄板辊压（sheet rolling/lamination），还可将薄板辊

压与真空处理相结合（Carini et al.，2009）。

分别采用挤压工艺和辊压工艺制作鲜的意大利面，经测试及感官评定对比发现，挤压意大利面比辊压意大利面更硬，在烹饪过程中吸水量更大，在冲洗水中释放出更多的有机物，产品可挂住更多的酱汁。挤压产品呋喃素含量高于辊压技术生产的产品。采用傅里叶变换近红外光谱分析显示，它们的水分结合状态、淀粉凝胶化程度、表面结构特征不同。两种意大利面蒸煮后差异较小，并得到感官评价结果的证实：29%的感官评价小组成员不能将挤压意大利面与辊压意大利面区分开来（Zardetto and Rosa，2009）。

成型工艺对鲜意大利面的水分状态影响不显著。与挤压意大利面相比，辊压意大利面的韧性和延伸性较差，色泽较黄，蒸煮过程中蒸煮损失率较低。真空辅助辊压提高了新鲜面食品质指标：比传统贴合的新鲜面食更黄、更坚韧、更可延展（Zardetto and Rosa，2009）。

压延之后的面片需进行巴氏杀菌，杀菌后的面团可以直接切割成型或者挤压成型，挤压成型时，面团温度需保持在 40～45℃，如果温度超过 50℃，面筋网络将被破坏并降低意大利面品质。由于挤压时压力及摩擦会产生热量，因此一般在挤压设备外有循环水进行降温，水温在 38～40℃，同时内部设置有真空设备，以去除面团内部的气孔。面团通过不同的模头，形成不同形状的意大利面。

成型后的意大利面可不经过干燥，直接包装运输，即为鲜意大利面。成型后的意大利面放入干燥设备中干燥，即为干意大利面。

4.2.3.3 干燥

无论是从最终产品的质量，还是从生产的经济方面来看，干燥都是意大利面加工中最重要的过程。不同形状的意大利面干燥过程略有不同，从挤压机出来的意大利面水分含量在 31%左右，最终干燥后水分含量需要在 12%左右。

干燥过程分为两个阶段。

第一阶段，预干燥，意大利面从挤压机出来的那一刻起，将蒸发掉约 1/3 的水分，此时意大利面表面变硬，内部柔软。

第二阶段，最终干燥，面条先置于高温高湿环境中，后环境温度骤降，开冷风，让面条稳定化，并使内部水分均匀扩散，从而减少裂缝。

不同形状的意大利面干燥方法不同，按照长短一般分为长意大利面干燥和短意大利面干燥。长意大利面干燥：将意大利面悬挂在金属杆上，输入热风，面条水分含量在 1h 内从 30%降至 18%，然后产品进入设有多层循环水的干燥室中，室内保持高温，面条水分持续降低，同时采用高温对面条进行巴氏杀菌。短意大利面干燥：短的意大利面在离开挤压设备之后落在震动传输带上，同时吹入高强度热空气，面条水分含量降低约 5%，防止面条粘连、被压变形（Kruger and

Mastsuo，1996）。

运用力学模型考察意大利面干燥过程中液态水和水蒸气运移，结果证实：内部水分剖面模型能够捕捉到在低温和高温下干燥时水分剖面随时间的演化。模型模拟表明，88%左右的水是以液态形式输送的，液态水的对流流动可以忽略不计。扩散系数和传质系数是影响模型干燥时间与内部水分剖面估算的最显著参数（Mercier et al.，2014）。

早在 1991 年，Marsaioli 就开发了一台可连续运行的微波旋转干燥机样机用于短意大利面干燥，该设备由一个旋转的圆柱形烘箱组成，可以精确控制空气和产品流量、微波功率、热风温度和湿度以及产品保温时间。

将微波干燥设备改造安装到意大利面中试生产线，独立调整滚筒的转速及其倾斜度。通过控制三个电阻加热组之一的 PID 单元来控制面板上方空气温度。通过连接到“U”形压力计的层流单元来监测空气流量。微波由一台 6kW 的发电机（COBER 型号 S6F）在 2.45GHz 频率下产生，可将无级调节功率控制在 0%～100%。

一种意大利面干燥模糊控制系统可以通过吸收已有的意大利面干燥数据，建立产品实际工艺状态模型，调节干燥温度和湿度。在干燥室内开发安装在线测量装置，能够获得相关的产品信息，包括运行过程中准确的意大利面水分含量、颜色和表面温度。采用光学无创快速数据采集方法对这三个参数进行了测量。使用核磁共振成像获取意大利面横截面内水分分布的信息。进一步结合产品特性，对产品的质量进行了评价，并将其应用于模糊控制系统中，通过将产品状态与合适的干燥参数、烘干机内的温度和湿度相关联，确定了一种情境调节控制策略。针对目前的干燥工艺，分别对产品状态进行调整，可以实现单独的优化，从而获得高质量的产品，减少产品损失，降低能耗（Berteli et al.，2004）。

4.2.4　意大利面的贮藏

新鲜的意大利面需要密闭包装，放入充装二氧化碳及氮气的塑料包装袋中，从而防止腐败，延长货架期。干面可以包装在塑料袋中或者使用硬纸盒包装。根据意大利面的加工工艺及干燥程度，贮藏工艺有所不同（Sicignano and Marsaioli，2015）。

未蒸煮的干意大利面（密闭包装）可以在阴凉干燥的货架上放置约 1 年，蒸煮后的意大利面（密闭包装）在冷藏条件下最多贮藏 5 天，可添加少量油脂防止其互相粘连，蒸煮后的意大利面在冷冻条件下可贮藏 2～3 个月。

Carini 等（2010）研究了两个月内即食意大利面的品质变化，发现意大利面硬度、老化支链淀粉都有所增加，且通过核磁检测发现分子刚性随着贮藏时间增加而增加。经过蒸煮的即食意大利面越来越受到大家的关注，研究人员开始通过添加添加剂、使用气调包装等手段来延长即食意大利面的保质期。

将意大利面蒸煮后包装，灭菌后可进行常温贮藏。此时意大利面的水分含量在 57%左右，其中结合水约占 80%。在 30 天贮藏期内，意大利面都能保持柔软及韧性，水分活度没有显著变化，随着贮藏时间的延长，意大利面逐渐失去弹性，变得硬脆易碎。在常温贮藏过程中，支链淀粉回生程度增加，在 14 天内回生速率升高较显著，14 天后，回生程度不再显著提高（Carini et al.，2014）。

水分含量和水分组成是决定即食面食品质与稳定性的关键因素，将即食意大利面进行密闭包装并高压灭菌之后，在 22.5℃条件下保存 63 天，结果显示，其水分含量及结合水含量不受配方和储存时间的影响。在所有样品的贮藏期间，硬度和老化支链淀粉显著增加，在水分含量最低的意大利面中更显著。较高的水分和面筋含量减缓了面食硬化，并有助于控制面食质量（Diantom et al.，2015）。

4.3 披萨的加工

披萨（Pizza）是一种发源于意大利的食品，颇受世界各地人民的欢迎。披萨的通常做法是在发酵的圆面饼上覆盖番茄酱、奶酪和其他配料，并由烤炉烤制而成。

据统计，意大利总共有 20 000 多家披萨店，其中那不勒斯地区就有 1200 家。大多数那不勒斯人每周至少吃一次披萨，有些人几乎每天午餐和晚餐都吃。食客习惯将披萨折起来，拿在手上吃，这成为现在鉴定披萨质量优劣的依据之一，即披萨必须软硬适中，即使将其如皮夹似的折叠起来，外层也不能破裂。

2000 年之后，欧洲对披萨的需求以 8%的年增长率增加。美国人均每年在披萨方面消费 117 美元，2015 年即达到年消费额 385 亿美元，2016 年报告显示，每个月 37%的家庭会从杂货店购买冷冻披萨至少 2 次。而披萨作为快餐行业的一个重要代表，制作时间过长、制作工艺要求高、配料不易掌握一直是影响其家庭式制作和工业化生产的重要因素。

4.3.1 披萨的制作原料

披萨由“面饼”（pizza bread）和“馅料”（topping）两部分组成，面饼是用发酵的小麦粉面团做成的托盘形的外皮，通常制作披萨饼的原料有小麦粉、水、发酵剂、盐。

一般使用软麦（*Triticum aestivum*）磨制的面粉制作披萨。软麦面粉颗粒小、圆、色白，适合用于制作披萨类焙烤食品。不同的披萨品类对小麦粉品质的要求不同，如拿破仑披萨的面粉要求：吸水率 55%～62%、稳定时间 4～12min、面团韧性指数与延伸性指数比值 0.5～0.7、面筋指数 220～380、机械耐力指数（公差指数）不超过 60（Paolo et al.，2018）。

披萨的奶酪以马苏里拉奶酪为主，披萨酱的成分以番茄为主，馅料因地域、口味的不同而异，可添加各种蔬菜、肉类等，选择不同的馅料和使用方式可以开发出很多不同的披萨种类与风格。

4.3.2　披萨的制作工艺

披萨的主料包括披萨饼、酱汁、奶酪、配菜四部分。传统的披萨通常为圆形，底部为发酵小麦饼皮，上面添加番茄、奶酪、肉类和其他配菜，经高温烘烤制成。披萨底部的饼坯由于采用不同的原料及烘烤方式，呈现出非常丰富的品类和风格。薄的有手抛拿破仑披萨（hand tossed Neapolitan pizza），厚的有著名的芝加哥风格披萨（Chicago-style pizza）。披萨面团通常含有糖，用于帮助酵母发酵以及饼皮在烘烤中发生褐变反应。

4.3.2.1　披萨的加工工艺

披萨加工工艺：和面→切分→发酵→压片→添加馅料→焙烤。

披萨面饼的品质决定了整个披萨的口感与受欢迎程度。饼底种类是区分不同样式披萨的关键指标。披萨面饼作为披萨的基础，形状、大小、花色品种各不相同，可以满足不同的需求。按厚度分为薄、厚两种：20 世纪 50 年代必胜客制作的薄脆式饼底非常流行，并且至今他们仍保留薄脆特征。薄型披萨在面团和制时将面和至仍有白色面粉可见，和制时间大约为 5min，发酵 5～6h 后，采用压面机压制，使面团具有理想的厚度及类似披萨面饼的纹理结构，之后在面饼上添加适量饼顶配料、乳酪等，烘烤后外壳松脆而里面松软，具有薄脆型饼底应有的纹理结构。厚型披萨是薄型披萨的加厚版，通常放置于烤盘、铁网上或直接放于烤箱内烘烤，烤好后具有适当的厚度，饼底略具松脆感和适度的咀嚼特征。这种披萨的厚度或高度是通过面团重量、发酵来控制的。

在烘烤过程中，披萨外皮的下表面与披萨饼隔板接触，传热会引起底面的水分大量损失，可能会需要更多的力来咬开披萨饼外壳；降低披萨饼膨胀量和体积也会引起外皮密度增加。使用粗粒小麦粉为原料，添加不同的发酵菌群，监测发酵过程及焙烤后饼皮品质的动态变化，结果显示制成的披萨饼皮品质有显著不同，由乳酸菌兼性发酵物种的混合培养物发酵后制作的披萨饼皮质量有所提高（Gaglio et al.，2018）。

披萨奶酪包含马苏里拉奶酪及其他多种专为披萨而研制的奶酪，其中 30%的披萨制作会添加马苏里拉奶酪，其余添加菠萝伏洛干酪（provolone）、切达干酪（cheddar）、帕尔玛干酪（parmesan）、挨门塔尔奶酪（emmental）、罗马诺干酪

（romano）和里科塔奶酪（ricotta）。披萨加工所用的奶酪目前已经产业化生产并实现冷链运输。现披萨奶酪品质也有了系统要求，包括褐变、溶解、拉伸特性及水分含量等。许多研究分析了植物油、加工工艺、变性乳清蛋白及其他因素对披萨奶酪品质的影响，力争生产出品质优良、成本低廉的披萨奶酪（Guinee et al.，2000）。

披萨经欧洲、北美洲迅速在全球流行，因各地的饮食习惯不同，从披萨的配料到工艺、口味都非常不同。作为意大利传统食品，2002 年，意大利国会为了保护意大利传统披萨的制作工艺及口感，出台了传统意大利披萨法案，规定了只有采用特定配方及工艺生产的披萨才能称为传统意大利披萨。2009 年，欧盟在意大利的申请下，通过了特色传统食品保证，即 *Traditional Speciality Guaranteed*，以保护传统拿破仑披萨。

披萨的原料复杂，包括小麦粉、蔬菜、肉类、各种调味剂等，因此增加了披萨保存的难度。通常，披萨在饭店现做现卖，同时许多超市售卖冷冻披萨，冷冻披萨中极少添加绿叶蔬菜等新鲜菜品。

4.3.2.2 披萨配方及加工工艺优化

传统披萨的生产工艺烦琐耗时，随着消费者对方便健康饮食需求的提高，可通过优化生产工艺，使披萨的加工时间从传统的 3h 缩短至 15min。例如，吴酉芝等（2017）的研究表明，当搅拌速率为 167r/min，搅拌时间为 90s，碳酸氢钠含量为 7%～8%，焙烤温度为 300℃，焙烤时间为 6min 时，披萨面饼有最佳的品质，体积比为 2.53。该研究结论对快速披萨制作工艺中的快速膨松工艺有较强的参考价值。

速冻披萨在意大利等地由于食用方便受到消费者的欢迎，目前工艺已经趋于成熟，酱汁与饼皮粘连以及饼皮在重新加热后变硬的问题已解决。购买的速冻披萨还需要再在烤箱中烤制方能食用。而今更多研究旨在开发披萨常温保存工艺，以提高披萨食用的方便性。

可通过将 NaCl 含量降低 15%～35%，即 NaCl 的添加量在 0.95～1.25g/100g，或使用 KCl 替代部分 NaCl，并通过延长发酵时间（12℃，21h；36℃，1.5h）来减少钠盐减少对面筋网络形成的负面影响。NaCl 添加量降低 10%不会影响披萨饼皮的微观结构，KCl 部分替代 NaCl 对较粗、较长蛋白丝形成的网状结构有增强作用（Isabelle et al.，2017）。

为迎合消费者需求，无麸质披萨应运而生，采用无麸质面粉、干燥蛋清等配成的披萨饼皮原料，能够制成品质良好的披萨，为麸质过敏者提供了更多饮食选择（Dacey and O’connor，2016）。将龙蒿酚类提取物加入披萨饼皮面团中，可以保护多不饱和脂肪酸和减少水分流失，并在烘烤过程中保持面团抗氧化能力，避免褐变（Andreia et al.，2016）。

披萨的普及和消费的增长提高了工业化生产披萨的自动质量检验要求，可采用计算机视觉与模糊逻辑相结合的方法来解决，分类精度可达 92%。采用计算机视觉技术对披萨基材和番茄酱的涂布质量进行检测，分析披萨基材的面积、空间比和圆度。对 25 个样品进行酱汁分布特性的测定，取酱汁面积和面积百分比为指标；建立模糊逻辑系统，将涂覆酱汁的披萨饼分为合格和不合格两类。与人工评价相比，基线分析的分类误差为 13%（Sun et al.，2003）。

4.3.3 披萨贮藏过程中的品质变化

由于披萨做法比较讲究，一般现做现卖，不能长期储存。原因主要是饼皮在贮藏过程中会发生老化。老化的饼皮会变硬，口感粗糙，容易掉屑，香味消失。长期贮藏更容易受霉菌的感染。目前，对披萨饼皮品质的评价普遍采用感官评价。

在贮藏过程中，披萨硬度与黏性呈极显著正相关，与黏聚性呈极显著负相关，与咀嚼性呈显著正相关；黏聚性与咀嚼性呈显著负相关。因此，硬度、黏聚性和咀嚼性作为披萨质量的主要评价指标。当披萨饼皮水分含量在 35%以上时，口感还是可以接受的，低于 35%时，披萨饼皮的口感明显变差（邓曼莉和徐学明，2008）。

密闭包装新鲜披萨在贮藏过程中，经常由于胀袋而品质受影响，多是由于酵母菌 *Kazachstania servazzii* 存在，该菌产气能力强，因此在运输及销售过程中易造成披萨的腐败。Eslami 等（2017）对伊拉姆（Ilam）地区的披萨、法兰克福香肠等即食食品进行了微生物污染调研，随机抽取 270 份样品检测，结果显示 27.77%的产品受到了不同程度的微生物污染，其中披萨较容易受到金黄色葡萄球菌和大肠杆菌的污染。

制作好的饼皮进行密封包装、常温贮藏，水分活度随着贮藏时间延长而降低，第 1 天为 0.95，到第 9 天降至 0.924，当水分活度降到 0.93 时口感明显变差，饼皮的硬度和咀嚼性明显增加（邓曼莉和徐学明，2008）。

4.3.4 披萨的贮藏方法

披萨由于具有原料丰富、加工工艺复杂、不易进行包装等特点，在生产及运输过程中极易受到有害微生物的污染。据 MENAFN 网站 2018 年报告，预计 2017～2021 年全球披萨销量复合增长率为 3.41%。冷冻披萨现在作为一种早餐食品越来越受欢迎，并被认为是传统早餐食品的美味替代品。冷冻披萨在各种聚餐中也很受欢迎。

为了提高披萨的贮藏性能，可在披萨饼皮中添加保水剂，如瓜尔豆胶、卡拉胶、黄原胶、海藻酸钠、明胶等。这类物质的加入能够抑制冷冻过程中冰晶对披萨饼皮淀粉颗粒的破坏，可以较好地控制披萨面饼的水分迁移，使披萨面饼品质在贮藏期得到改善，延缓披萨面饼的老化，保持披萨面饼的食用品质（赵彦星，2014）。将壳聚糖加入到面团中不能对披萨饼皮起到积极抗菌作用，而在预制披萨饼皮中使用 0.079g/100g 的乙酸壳聚糖作为可食用涂层可明显抑制青霉、交链孢霉等的生长，与使用防腐剂丙酸钙（0.103g/100g）或山梨酸钾（0.034g/100g）起到类似的作用（Rodríguez et al.，2003）。

阻碍冷冻披萨市场增长的主要因素之一是由原材料污染造成的产品召回。大多数冷冻披萨生产商从第三方采购肉类、蔬菜和一些乳制品等原料，对这些供应品的不当处理可能导致原料污染，从而影响最终产品的安全和质量。例如，2017 年 3 月，由于受到李斯特菌的污染，美国沃尔玛超市召回约 6700 份速冻披萨，PBR meat 公司因同样原因召回约 2.1 万磅披萨制品。利用基于离子迁移率的电子鼻系统可以预测披萨贮藏过程中猪肉馅料的贮藏品质（Jannie et al.，2004）。

披萨在贮藏期间，胶黏性和咀嚼性增加，同时具有黏结性和弹性。气调包装可以适当延长披萨的保质期，延缓披萨腐败，其中 100% CO_2 充气包装相比于 100% N_2，以及 N_2、CO_2 各 50%效果更好，且 CO_2 还能起到抑制微生物生长的作用。生产研究人员专注于高品质常温保鲜披萨的制作及包装的研究，在披萨成熟后温度降至 25℃时，立刻使用金属薄膜包装披萨，隔绝空气和光，披萨能够常温保存 70 天（Singh and Goyal，2011）。

4.4 其他面制主食的加工

4.4.1 乌冬面

乌冬面是日本产量和消费量最大的一类面制食品。乌冬面的主要原料包括小麦粉、盐和水，乌冬面制作中也可以添加鸡蛋，但不是必须。日本生产面制食品的小麦近 90%是从美国、加拿大、澳大利亚等国进口，通过其良好的制粉和品质控制技术，加工出优质的小麦面粉。其中，生产碱水面（中华面）使用蛋白质含量为 10.5%～12%的面粉，当地称为准高筋粉，主要采用加拿大西部硬红春小麦、美国硬红冬小麦等。加工乌冬面、饺子皮使用中筋粉（蛋白质含量为 8.0%～10.5%），原料主要为日本国产小麦及澳大利亚标准白小麦。使用美国西部白小麦制作的低筋粉（蛋白质含量 6.5%～8.5%）用于制作蛋糕、果子、天妇罗面衣等。鲜乌冬面的加水量一般在 40%～60%。加水量超过 45%的为多加水面。赞岐乌冬面加水量为 45%～50%，而稻庭乌冬面加水量则可高达 60%。

乌冬面面条色白较粗（厚度 1.5～3.0mm），有些可加入大米粉，口感介于切面与米粉之间，柔滑偏软（杨金枝等，2015）。鲜乌冬面的加水量在 35%左右，而半干乌冬面为 23%左右，干乌冬面为 14%左右，相对于鲜乌冬面几天的短暂保存期，半干乌冬面可以保存 3 个月以上，干乌冬面可以保存 6 个月以上。

鲜乌冬面的干燥很难控制，因为鲜乌冬面面条相对较厚，承受由快速干燥引起的内应力增加的能力有限。不适当的干燥条件会造成乌冬面内部水分分布不均匀，从而引起非均匀体积变化，同时受水分传递、物理性质和操作条件的相互影响，生产效率降低，变形不良，并形成裂缝。可以分别采用 2.0m/s 和 1.0m/s 作为乌冬面干燥的最初和主要干燥风速（Tadao et al.，2003）。

工业化生产的乌冬面采用食用酸与高温蒸汽相结合的方式杀菌，在不含防腐剂的条件下，常温可以保存一年，这种特殊的产品性质使得它对所使用的塑料软包装材料和热封口技术与检验方法都有着较高的要求，面体所使用的包装袋多选用双向拉伸尼龙（BOPA）/低密度聚乙烯（LDPE）干法复合“U”形袋。袋体的杂质、气泡、烫伤等微小瑕疵都有可能导致包装漏气和细菌侵入。一般情况下把热封温度控制在 200℃左右（于莉明，2016）。

为迎合消费者对营养健康的需求，乌冬面中逐渐引入了多种原料。将燕麦粉与小麦粉以适当比例混合，制作燕麦乌冬面，并进行酸浸渍处理，对其进行保鲜。最佳酸浸渍条件为：浸渍液 pH 2.5，浸渍时间 25s，浸渍温度 30℃，该燕麦乌冬面在常温（20℃）可保藏 2 天；在 4℃可保藏 6 天（张婷婷等，2013）。

4.4.2　日本拉面

拉面也是日本的面制主食品之一，拉面的原料中通常会加碱水，也就是说，拉面是碱水面。日本人认为碱水面的做法来自中国，所以碱水面在日本也称“中华面”。

水分含量低于 30%的“中华面”为低加水面，以博多拉面为代表；水分含量在 30%～34%的为中加水面，以东京拉面为代表；水分含量超过 35%的为高加水面，以喜多方拉面、札幌拉面为代表。总的来说，东日本拉面的水分含量较高，而西日本拉面的水分含量较低。

煮过之后的面条在冷藏条件下也能保存几日，如果冷冻则可长期保存。或者经有机酸液浸渍和高温杀菌（日本称为 LL 面），可以在常温下长期保存，但这种面往往带酸味。

主要参考文献

陈湘宁, 艾启俊, 黄漫青, 等. 2003. 不同添加剂对面包老化及面包品质影响的研究[J]. 食品科技, (4): 40-43.
楚炎沛. 2003. 几种冷冻面团面包的生产技术探讨[J]. 食品工业, (6): 20-22.
邓曼莉, 徐学明. 2008. 披萨饼皮的感官评定与质构分析[J]. 食品工业科技, (4): 137-140.

丁文慧, 陆利霞, 熊晓辉. 2012. 提高山梨酸及钾盐防腐效果的研究进展[J]. 食品工业科技, 33(3): 410-412.
豆康宁, 王飞, 程谦伟. 2014. 对面包防腐剂防腐效果的研究[J]. 食品工业, 35(4): 57-58.
豆康宁, 曾维丽, 高政. 2011. 酶制剂在面包粉改良中的应用[J]. 现代面粉工业, 25(4): 43-45.
黄武江, 石莹, 黄丽娟, 等. 2017. 冷冻面团现状及应用发展[J]. 轻工科技, 33(8): 20-21.
揭广川. 2001. 方便与休闲食品生产技术[M]. 北京: 中国轻工业出版社.
况伟, 赵仁勇, 王金水. 2002. 小麦蛋白质与面包烘焙品质之间的关系[J]. 郑州工程学院学报, 23(3): 95-98.
李昌文, 欧阳韶晖, 张国权, 等. 2003. 面粉中的脂类物质对面团特性和主要食品品质的影响[J]. 粮食与饲料工业, (10): 4-5.
李志西, 魏益民, 张建国, 等. 1998. 小麦蛋白质组分与面团特性和烘焙品质关系的研究[J]. 中国粮油学报, (3): 1-5.
吕银德, 赵俊芳. 2016. 栅栏技术在面包防腐中的应用[J]. 中国食品添加剂, (9): 164-168.
毛羽扬, 高蓝洋, 朱在勤, 等. 2008. 单甘酯和硬脂酰乳酸钙/钠对扬麦 16 面粉理化品质特性影响的研究[J]. 食品科学, (11): 65-68.
荣鸿裕, 沈益民. 1988. 乳化剂在烘焙食品中的应用技术[J]. 粮食与油脂, (1): 27, 30-36.
孙来华, 张志强. 2008. 乳酸链球菌素的特性及其在食品中的应用[J]. 食品研究与开发, (10): 119-123.
唐语轩, 蔡勇建, 邓欣伦, 等. 2018. 硬脂酰乳酸钠对冷冻面团及其烘烤面包品质的影响[J]. 现代食品科技, 34(9): 38-44, 87.
王飞, 豆康宁, 李素平. 2014. 面包防腐剂对面粉流变学特性的影响研究[J]. 食品工业, 35(9): 173-176.
王光瑞, 周桂英, 王瑞. 1997. 焙烤品质与面团形成和稳定时间相关分析[J]. 中国粮油学报, (3): 1-6.
王贤勇. 1988. 小麦淀粉在面包生产中的变化及其对面包品质的影响[J]. 郑州粮食学院学报, (3): 74-82.
王显伦, 王凤成. 2006. 复合乳化剂酶制剂对馒头品质的影响研究[J]. 中国粮油学报, (3): 241-244.
王向阳, 从俊峰, 丁冰. 2017. 五种食品添加剂对细菌和真菌的抑制研究[J]. 中国调味品, 42(12): 28-31.
吴孟. 1986. 面包生产技术[M]. 北京: 中国轻工业出版社.
吴酉芝, 陈菲, 吴琼. 2017. 快速披萨制作工艺的研究[J]. 食品工业, 38(9): 32-35.
徐兆飞. 2000. 小麦品质及其改良[M]. 北京: 气象出版社.
杨金枝, 王金永, 李世岩. 2015. 半干面工业化生产现状及发展趋势[J]. 粮油加工, (6): 47-50.
于莉明. 2016. 浅谈乌冬面的包装技术[J]. 黑龙江科技信息, (15): 92.
原林. 2017. 冷冻冷藏预制面制品微生物菌群分析和质量控制[D]. 郑州: 河南工业大学硕士学位论文.
张超, 孙建祥, 葛瑞来, 等. 2019. 冷冻面团在烘焙工艺中的研究进展[J]. 粮食加工, 44(1): 22-24.
张俊凯. 2017. 添加剂对面包品质产生的影响分析[J]. 现代食品, 7(14): 84-86.
张婷婷, 张美莉, 阿荣, 等. 2013. 燕麦乌冬面酸浸保鲜技术研究[J]. 食品与机械, 29(1): 190-194.
赵新, 王步军. 2008. 小麦蛋白质和淀粉性状与面包品质关系研究进展[J]. 中国农学通报,

24(12): 124-127.

赵彦星. 2014. 冷冻比萨面饼工艺优化与水分迁移控制的研究[D]. 天津: 天津科技大学硕士学位论文.

郑建仙, 朱斌昕. 1991. 杜伦与普通小麦粉品质差异及其对通心面品质影响的研究[J]. 粮食与油脂, (2): 1-4.

周美玲. 2008. 冷冻法式甜面团面包货架期的研究[D]. 无锡: 江南大学硕士学位论文.

祝团结, 何松, 段慧琴. 2011. 微胶囊脱氢乙酸钠在面包生产中的应用[J]. 现代食品科技, 27(6): 687-690.

Al E, Meada T, Myazaki M, et al. 2002. Dough and baking properties of high-amylose and waxy wheat flours[J]. Cereal Chemistry, 79(4): 491-495.

Andreia R, Lillian B, Ricardo C, et al. 2016. Tarragon phenolic extract as a functional ingredient for pizza dough: comparative performance with ascorbic acid (E300)[J]. Journal of Functional Foods, 26: 268-278.

Bárcenas M E, Rosell C M. 2006. Different approaches for improving the quality and extending the shelf life of the partially baked bread: low temperatures and HPMC addition[J]. Journal of Food Engineering, 72(1): 92-99.

Berteli M N, Marsaioli A. 2004. Evaluation of short cut pasta air dehydration assisted by microwaves as compared to the conventional drying process[J]. Journal of Food Engineering, 68(2): 175-183.

Bhattacharya M, Erazo-Castrejón, Sofia V, et al. 2002. Staling of bread as affected by waxy wheat flour blends[J]. Cereal Chemistry, 79(2): 178-182.

Brain A F, Allan G C. 1982. Food Science: A Chemical Approach[M]. 4th ed. Hoddler and Stoughton: University of London Press Ltd.

Carini E, Curti E, Cassotta F, et al. 2014. Physico-chemical properties of ready to eat, shelf-stable pasta during storage[J]. Food Chemistry, 144: 74-79.

Carini E, Vittadini E, Curti E, et al. 2009. Effects of different shaping modes on physico-chemical properties and water status of fresh pasta[J]. Journal of Food Engineering, 93(4): 400-406.

Charalambides M N, Wanigasooriya L, Williams J G, et al. 2006. Large deformation extensional rheology of bread dough[J]. Rheologica Acta, 46(2): 239-248.

Corsetti A, Gobbetti M, De Marco B, et al. 2000. Combined effect of sourdough lactic acid bacteria and additives on bread firmness and staling[J]. Journal of Agricultural and Food Chemistry, 48(7): 3044-3051.

Cristina C, Annalisa L, Marcella M, et al. 2010. Shelf life extension of durum semolina-based fresh pasta[J]. International Journal of Food Science & Technology, 45(8): 1545-1551.

Czuchajowska Z, Pomeranz Y. 1989. Differential scanning calorimetry, water activity, and moisture contents in bread center and near-crust zones of bread during storage[J]. Cereal Chemistry, 66(4): 305-309.

Dacey M, O'connor C. 2016. Ready-to-bake Gluten-free pizza dough formulations[P]. WO/2014/193417. 2014-04-12.

Da-Wen S, Tadhg B. 2003. Pizza quality evaluation using computer vision-part 1: pizza base and sauce spread[J]. Journal of Food Engineering, 57(1): 81-89.

Diantom A, Carini E, Curti E, et al. 2015. Effect of water and gluten on physico-chemical properties and stability of ready to eat shelf-stable pasta[J]. Food Chemistry, 195: 91-96.

Doerry W T. 1990. Water activity and safety of baked products[J]. American Institute of Baking Research Department Technical Bulletin, 12(6): 6.

Eslami A, Gholami Z, Nargesi S, et al. 2017. Evaluation of microbial contamination of ready-to-eat foods (pizza, frankfurters, sausages) in the city of Ilam[J]. Environmental Health Engineering and Management, 4: 17-122.

Ferreira S M R, de Mello A P, de Caldas Rosa dos Anjos M, et al. 2016. Utilization of sorghum, rice, corn flours with potato starch for the preparation of gluten-free pasta[J]. Food Chemistry, 191: 147-151.

Gaglio R, Alfonzo A, Polizzotto N, et al. 2018. Performances of different metabolic lactobacillus groups during the fermentation of pizza doughs processed from semolina[J]. Fermentation, 4(3): 61.

Goesaert H, Slade L, Levine H, et al. 2009. Amylases and bread firming-an integrated view[J]. Journal of Cereal Science, 50(3): 345-352.

Gray J A, Bemiller J N. 2003. Bread staling: molecular basis and control[J]. Comprehensive Reviews in Food Science and Food Safety, 2(1): 1-21.

Guinee T P, Harrington D, Corcoran M O, et al. 2000. The compositional and functional properties of commercial mozzarella, cheddar and analogue pizza cheeses[J]. International Journal of Dairy Technology, 53(2): 51-56.

Gupta R B, Batey I L, Macritchie F. 1992. Relationships between protein composition and functional properties of wheat flours[J]. Cereal Chemistry, 69(2): 125-131.

Hoseney R C, Finney K F, Pomeranz Y. 1970. Function (breadmaking) and biochemical properties of wheat flour components. VI. Gliadin-lip-glutenin interaction in wheat gluten[J]. Cereal Chemistry, 47(3): 135-139.

Isabelle B, Christian N, Alice V, et al. 2017. Structural, textural and sensory impact of sodium reduction on long fermented pizza[J]. Food Chemistry, 234(1): 398-407.

Jannie S V, Magni M, Pekka T. 2006. Application of an electronic nose system for prediction of sensory quality changes of a meat product (pizza topping) during storage[J]. LWT-Food Science and Technology, 40(6): 1095-1101.

Kruger J E, Mastsuo R B. 1996. Pasta and Noodle Technology[M]. Minnesota: American Association of Cereal Chemists International: 23-32, 61-65.

Legan J D. 1993. Mould spoilage of bread: the problem and some solutions[J]. International Biodeterioration & Biodegradation, 32(1-3): 33-53.

Legan J D, Voysey P A. 2010. Yeast spoilage of bakery products and ingredients[J]. Journal of Applied Bacteriology, 70(5): 361-371.

Matsuo R R, Dexter J E, Boudreau A, et al. 1986. The role of lipids in determining spaghetti cooking quality[J]. Cereal Chemistry, 63(6): 484-489 .

Merrier S, Marcos B, Moresoli C, et al. 2014. Modeling of internal moisture transport during durum wheat pasta drying[J]. Journal of Food Engineering, 124: 19-27.

Miller B S, Johnson J A, Palmer D L. 1953. A comparison of cereal, fungal, and bacterial alpha-amylases as supplements for breadmaking[J]. Food Technology, 7(1): 38-42.

Moonen J H E, Scheepstra A, Graveland A. 1982. Use of the SDS-sedimentation test and SDS-polyacrylamidegel electrophoresis for screening breeder's samples of wheat for bread-making quality[J]. Euphytica, 31(3): 677-690.

Mulla M Z, Bharadwaj V R, Annapure U S, et al. 2010. Effect of damaged starch on acrylamide formation in whole wheat flour based Indian traditional staples, chapattis and pooris[J]. Food Chemistry, 120(3): 805-809.

Narducci V, Finotti E, Galli V, et al. 2019. Lipids and fatty acids in Italian durum wheat (*Triticum durum* Desf.) Cultivars[J]. Foods (Basel, Switzerland), 8(6): 1-9.

Nisha A, Mike S, Christopher M F. 2012. Effect of soluble fibre (guar gum and carboxymethylcellulose) addition on technological, sensory and structural properties of durum wheat spaghetti[J]. Food Chemistry, 131(3): 893-900.

Oretta Z D V. 2009. Encyclopedia of Pasta[M]. San Francisco: University of California Press.

Paolo M, Annalisa R, Enzo C. 2018. The Neapolitan Pizza[M]. Italy: Prima Ristampa.

Peressini D, Sensidoni A, Pollini C M, et al. 2010. Rheology of wheat doughs for fresh pasta production: influence of semolina-flour blends and salt content[J]. Journal of Texture Studies, 31(2): 163-182.

Rodríguez M S, Ramos V, Agulló E. 2003. Antimicrobial action of chitosan against spoilage organisms in precooked Pizza[J]. Journal of Food Science, 68(1): 4.

Sahlström S, Bråthen E. 1997. Effects of enzyme preparations for baking, mixing time and resting time on bread quality and bread staling[J]. Food Chemistry, 58(1-2): 75-80.

Seiler D A L.1984. Preservation of bakery products[J]. Institute of Food Science and Technology Proceedings, 17: 31-39.

Silberbauer A, Schmid M. 2017. Packaging concepts for ready-to-eat food: recent progress[J]. Journal of Packaging Technology and Research, 3(1): 113-126.

Singh P, Goyal G K. 2011. Combined effect of refrigeration and modified atmosphere packaging on the shelf life of ready-to-serve pizza: biochemical and sensory attributes[J]. American Journal of Food Technology, 6(3): 202-214.

Smith J P, Daphne P D. 2004. Shelf life and safety concerns of bakery products-a review[J]. Critical Reviews in Food Science and Nutrition, 44: 19-55.

Steffolani M E, Ribotta P D, Perez G T, et al. 2012. Use of enzymes to minimize dough freezing damage[J]. Food and Bioprocess Technology, 5(6): 2242-2255.

Sun D W, Brosnan T. 2003. Pizza quality evaluation using computer vision-part 1: pizza base and sauce spread[J]. Journal of Food Engineering, 57(1): 91-95.

Tadao I, Ken-ichi I, Takeshi F. 2003. Effect of air velocity on fresh Japanese noodle (Udon) drying[J]. LWT-Food Science and Technology, 36(2): 277-280.

Wang S, Li C, Copeland L, et al. 2015. Starch retrogradation: a comprehensive review[J]. Comprehensive Reviews in Food Science & Food Safety, 14(5): 568-585.

Waniska R D, Graybosch R A, Adams J L. 2002. Effect of partial waxy wheat on processing and quality of wheat flour tortillas[J]. Cereal Chemistry Journal, 79(2): 210-214.

Zardetto S, Rosa M D. 2009. Effect of extrusion process on properties of cooked, fresh egg pasta[J]. Journal of Food Engineering, 92(1): 70-77.

Zawistowska V. 1984. Intercultivar variation in lipid content, composition and distribution and their relation to baking quality[J]. Cereal Chemistry, 61(6): 527-532.